高等学校机械类专业应用型本科“十四五”规划教材

机械工艺装备设计

主　编　张雪飞　高明明
副主编　郝胜杰　贾维维　张晓林
主　审　孙　军

武汉理工大学出版社
·武　汉·

内 容 简 介

本书是在总结教学经验的基础上，以培养学生的机床夹具设计能力为目标，突出基本概念，对基本理论和基本方法进行了较为全面的介绍，注重实际应用，为适应应用型人才培养教学模式改革的需要而编写。

本书共分为6章，分别是机床夹具概述、工件的定位及定位元件、工件的夹紧、夹具的对定、典型夹具、专用夹具的设计方法。在主要章节中还编有示例，以帮助读者更好地理解和掌握书中的内容。

本书深入浅出，力求精练，可供普通高等院校机械类专业教学使用，亦可供有关工程技术人员参考。

图书在版编目(CIP)数据

机械工艺装备设计 / 张雪飞，高明明主编. -- 武汉 ：武汉理工大学出版社，2024. 12.
ISBN 978-7-5629-7073-6

Ⅰ. TH16

中国国家版本馆 CIP 数据核字第 2024TR1640 号

项目负责人：王利永(027-87290908)
责 任 编 辑：黄玲玲
责 任 校 对：余士龙
版 式 设 计：正风图文
出 版 发 行：武汉理工大学出版社
地　　　址：武汉市洪山区珞狮路 122 号
邮　　　编：430070
网　　　址：http://www.wutp.com.cn
经　　　销：各地新华书店
印　　　刷：武汉市籍缘印刷厂
开　　　本：787mm×1092mm　1/16
印　　　张：14
字　　　数：349 千字
版　　　次：2024 年 12 月第 1 版
印　　　次：2024 年 12 月第 1 次印刷
定　　　价：40.00 元

凡购本书，如有缺页、倒页、脱页等印装质量问题，请向出版社发行部调换。
本社购书热线电话：027-87523148　027-87391631　027-87165708(传真)

前　言

本书是为适应普通高等院校机械类专业教学的需要而编写的。主要涉及工件的定位及定位元件、工件的夹紧、夹具的对定、典型夹具、专用夹具的设计方法等方面，整合了机床夹具设计理论知识和实践知识，内容广，专业性强，实现了课程内容的综合化。

本书的内容基于夹具设计的基本程序而编写，共由 6 章组成。第 1 章机床夹具概述，主要介绍各类夹具总体结构以及专用夹具的组成，使读者对机床夹具的作用、结构、分类及组成有一个总的概括认识；第 2～4 章，对工件在夹具中的定位、夹紧以及夹具的对定等内容进行详细分析和讨论，使读者对夹具的定位原理、定位元件的选用、装置的设计计算有一个初步的掌握；第 5 章主要介绍典型机床专用夹具的结构特点；第 6 章主要介绍专用机床夹具的设计方法以及夹具体的设计要点。

本书在内容上尽量做到少而精，由浅入深，体现以工程应用能力的培养为主线，注重理论联系实际。为使读者更好地理解和掌握书中内容，在主要章节中均编有示例并附有供教学使用的习题。

本书由沈阳城市建设学院张雪飞、高明明任主编，郝胜杰、贾维维、张晓林任副主编，商丽、于联周、范磊、邢智慧、高国伟、李继平、关天乙、孙晶、夏冰新、王丹等也做了很多工作，本书在编写过程中得到了沈阳城市建设学院智能制造产业学院的大力支持。全书由沈阳建筑大学孙军教授主审，沈阳城市建设学院王娜教授为本书编写提出了很多宝贵意见。本书在编写的过程中参考了许多专家和同行的有关文献和资料，在此，谨向他们表示衷心的感谢。

本书可供普通高等院校机械类专业教学使用，也可供机械制造企业中从事夹具设计与制造方面的技术人员参考。

由于编者水平所限，书中不当和疏漏之处在所难免，恳请读者批评指正。

编　者

2024 年 5 月

目　　录

1 机床夹具概述

【教学目标与要求】

工具(含夹具、刀具、量具与辅具等)是人类文明进步的标志,它随着现代制造技术与机械制造工艺自动化的发展处在不断的革新之中。其中的机床夹具对零件的加工质量、生产效率和生产成本都有直接的影响。因此,无论是在传统的制造系统还是现代制造系统中,夹具都是重要的工艺装备。

通过本章的学习,应达到以下目标:

(1) 掌握机床夹具的组成,夹具的分类,夹具的作用。

(2) 掌握夹具保证加工精度的原理。

(3) 了解现代机床夹具的发展方向。

1.1 工件装夹的基本概念

1.1.1 机床夹具定义

机械制造过程中,为了保证产品质量、提高生产效率、降低生产成本,实现生产过程自动化,除了需使用制造设备(金属切割机床等)以外,还需使用各种工艺装备,包括夹具、模具、刀具、测量工具及辅助工具。

在机械加工过程中,为了保证工件各加工表面的尺寸、几何形状及相互位置精度,必须将工件正确地安装到机床上。工件的安装一般包括定位和夹紧两个过程。首先应使工件相对于机床及刀具占有一个正确的位置,这就是工件的定位;然后将工件固定在这一既定的位置上,使这一位置在整个切削过程中保持不变,这就是工件的夹紧。这一整个过程称为工件的装夹。在机床上装夹工件所使用的工艺装备称为机床夹具(简称夹具)。

1.1.2 工件在机床上的装夹方法

在机床上对工件进行加工时,为了保证加工表面相对于其他表面的尺寸和位置精度,首先需要使工件在机床上占有准确的位置，并在加工过程中能承受各种力的作用而始终保持这一准确位置不变。前者称为工件的定位，后者称为工件的夹紧，整个过程统称为工件的装夹。

定位和夹紧一般是指装夹工件先后（有时是同时）完成的两个动作，是两个不同的概念，具有不同的功用。定位是使工件占有正确的位置；夹紧是使工件保持定位的位置不变，它并不起定位作用。完成了定位的工件不一定是被夹紧的，同样，被夹紧的工件未必就一定是定好位的。定位和夹紧不能混为一谈，即既不能用定位代替夹紧，也不能用夹紧代替定位。

由此可知，工件装夹的实质就是在机床上对工件进行定位和夹紧。工件装夹的目的则是通过定位和夹紧使工件在加工过程中始终保持其正确的加工位置，以保证达到该工序所规定的加工技术要求。

1.1.2.1 直接找正装夹

在机床上利用划针或百分表等测量工具直接找正工件位置的方法称为直接找正定位法。此方法生产率低，加工精度主要取决于工人操作技术水平和测量工具的精确度，一般用于单件小批生产。例如图 1.1 所示的偏心环毛坯，要在车床上加工与外圆表面 A 同轴的孔 C 和 D；用直接找正法装夹，如图 1.2 所示。先将工件以较小的夹紧力装在车床四爪卡盘的某一位置上，然后用划针盘找正工件外脚表面 A，使其轴线与车床主轴回转轴线同轴（即目测划针与外圆表面 A 之间的间隙，在工件回转一周中，其值应变化很小或不变）之后将工件夹紧。这种方法是用工件的表面 A 作为找正装夹的依据，即为直接找正装夹。

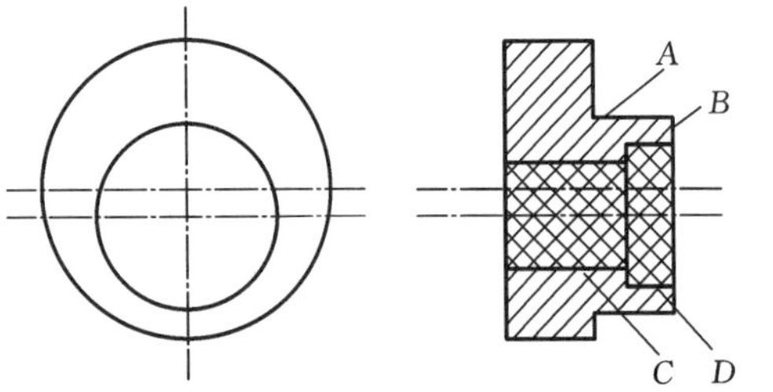

图 1.1 偏心环毛坯

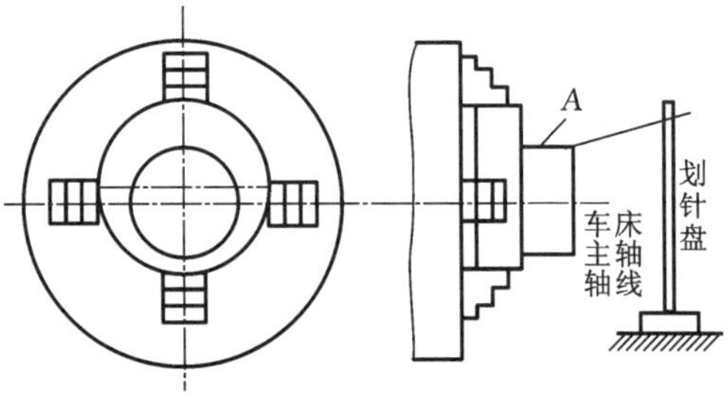

图 1.2 直接找正装夹

直接找正装夹的工艺特点：

① 装夹精度取决于工人的经验及所用的找正工具，一般误差在 0.1～0.5 mm。如果是经验丰富的工人及采用比较精确的找正工具，其误差在 0.005～0.01 mm。

② 找正工件位置所需的时间长，效率低。

③ 采用直接找正装夹，必须有技术较熟练的操作工人。另外，工件还必须具备可供找正的表面。

④ 直接找正的装夹方式，不需要专用夹具，所以在单件小批生产或修理、试制车间得以应用；此外，对工件装夹精度要求很高（例如误差在 0.005～0.01 mm，或更小），采用专用夹具不能保证时，可采用精密量具进行直接找正。

1.1.2.2 画线找正装夹

先根据工序简图在工件上画出中心线、对称线和加工表面的加工位置线等，然后在机床上按画好的线找正工件位置的方法称为画线找正法。该方法生产率低、加工精度低，一般用于生产批量不大的工件。如图 1.3 所示，装夹工件前，先在工件端面 B 上划出一个与外圆表面 A 的同轴圆 F。装夹工件时，用卡盘将工件轻夹(夹紧力小)在某一位置上，然后用划针找正 F 圆。目测 F 圆确实与机床主轴轴线同轴，即可最后夹紧工件。

画线找正装夹的工艺特点是：

① 装夹精度比直接找正装夹的低。主要是因为除目测误差外，还增加了画线误差和冲中心眼的误差(需按中心眼画 F 圆)，这些误差累积起来就造成了装夹精度低。

② 由于增加了画线工序，使工艺路线加长，而且画线要由技术熟练的工人来操作，耗费时间较长，生产效率较低。

③ 画线找正的装夹方式，一般应用在单件小批生产中或加工大型零件时，或采用专用夹具(不找正)不经济或没有直接找正的表面时，当毛坯制造误差很大，表面粗糙，工件结构复杂(如箱体件)，以致使用专用夹具装夹(不找正)不能保证加工表面有足够的余量或者余量不均匀，以及不能保证工件的加工面与不加工面之间的位置精度时，应采用画线找正装夹法。

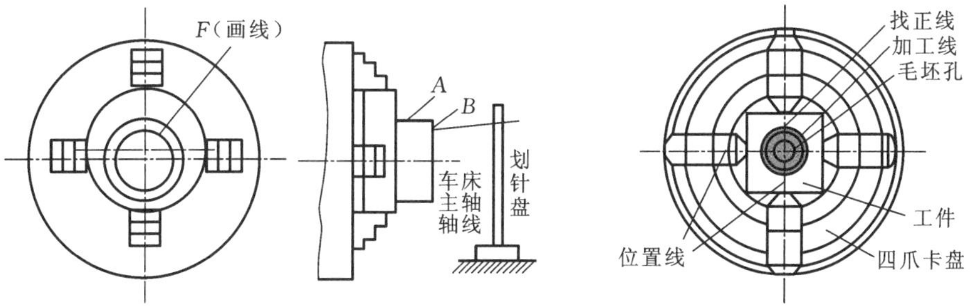

图 1.3 画线找正装夹

1.1.2.3 专用夹具定位装夹

中批以上生产中广泛采用专用夹具定位。如图 1.4 所示就是一个给轴套工件钻孔的夹具图，其要求加工 ϕ6H7 孔并保证轴向尺寸 $\phi 37.5 \pm 0.02$。图 1.4(b)为其钻床夹具，工件以内孔及端面为定位基准，通过夹具上的定位销 6 及其端面即可确定工件在夹具中的正确位置。拧紧螺母 5，通过开口垫圈 4 可将工件夹紧，然后由装在钻模板 3 上的快换钻套 1 导引钻头进行钻孔。用夹具定位可以大大地提高加工效率。

在生产批量较大或有特殊需要时，常采用专门为某一零件的某一工序而设计的专用夹具进行工件的安装。这时不需画线和找正，只要将工件安放在夹具中，即可确定工件与机床及刀具之间的正确位置，并将工件夹紧。

专用夹具定位装夹的工艺特点是：定位精度由夹具保证，不需要较高技术等级的工人就能保证较高的定位精度；降低了生产费用；减轻了工人的劳动强度；提高了劳动生产率。因此，这种装夹方式在成批、大量生产中得到了广泛的应用。

各种装夹方法的比较见表 1-1。

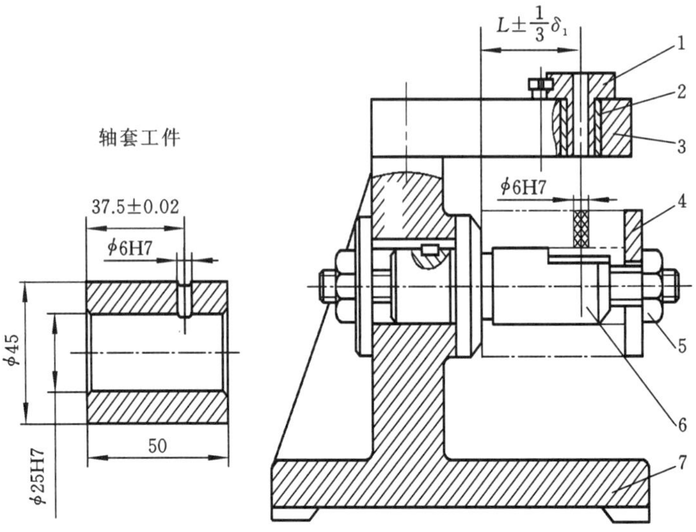

(a) (b)

图 1.4 钻床夹具

(a)轴套零件；(b)钻床专用夹具

1—快换钻套；2—衬套；3—钻模板；4—开口垫圈；5—螺母；6—定位销；7—夹具体

表 1-1 各种装夹方法的比较

装夹方法	直接找正	画线找正	专用夹具定位
夹具类型	通用夹具		专用夹具或通用改造
生产率、成本	费时、成本较高		迅速方便、成本低
定位精度	取决于量仪精度、工人技术水平、方法是否得当		可达到 0.01 mm，精度较高且稳定
	一般不高，使用高精度量仪可达高精度	一般不高，0.2～0.5 mm	
	技术高的工人可达到很高精度	还与画线粗细等有关	
适用零件	形状简单、加工面少	形状复杂、加工面多、位置要求不高、大重件	
生产批量	单件小批量		大批大量

1.2 机床夹具的作用、组成与分类

1.2.1 机床专用夹具的作用

(1) 保有更好的加工精度,稳定整批零件的加工质量

机床夹具的应用保证了工件的相对位置精度,可使同一批工件的装夹结果高度统一,稳定的装夹使各工件间的加工条件差异性大为减小。所以,采用夹具可以稳定、可靠地保证整批工件的加工质量。

(2) 提高劳动生产率

机床夹具可以快速而准确地完成工件的定位和夹紧,省去了逐个工件进行找正调整的装夹过程,大大缩短了每个工件的装夹辅助工时。这对于大批量生产的工件,尤其是外形轮廓较复杂、不易找正装夹的工件,其效用更高。

(3) 改善工人的劳动条件

采用夹具后,使工件装夹方便而快捷,降低了工人的劳动强度。

(4) 降低对操作工作的技术等级要求

夹具的应用使工件的装夹操作大为简化,使得一些对生产并不熟练的技术工人有可能被任用。

(5) 扩大了机床使用范围

专用夹具可扩大机床的使用范围,如在车床鞍上安装镗模,可进行箱体孔系加工。

1.2.2 机床专用夹具的组成

机床夹具虽然可以分成各种不同的类型,但它们都由下列基本功能部分组成。

(1) 定位装置

定位装置用于确定工件在夹具中占据正确的位置,它由各种定位元件构成。如图 1.5 所示专用夹具中的圆柱销 5、菱形销 9 和支承板 4 都是定位装置。

(2) 夹紧装置

夹紧装置用于保持工件在夹具中的正确位置,保证工件在加工过程中受到外力作用时,已经占据的正确位置不被破坏。如图 1.5 所示专用夹具中的开口垫圈 6、螺杆 8、螺母 7 都是夹紧装置。

(3) 对刀装置与导向装置

对刀装置用于确定刀具相对于夹具的正确位置,导向装置用于引导刀具进行加工。其中,对刀装置是在夹具中起对刀作用的零部件,如铣床夹具上的对刀块、塞尺等。导向装置是在夹具中起对刀和引导刀具作用的零部件,如图 1.5 所示的专用夹具中的钻套 1 是导向装置。

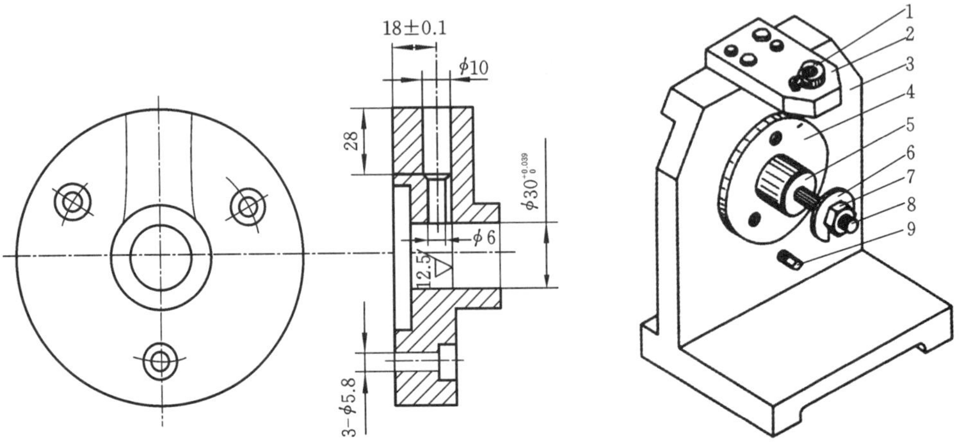

图 1.5　专用夹具组成

1—钻套；2—钻模板；3—夹具体；4—支承板；5—圆柱销；6—开口垫圈；7—螺母；8—螺杆；9—菱形销

(4) 夹具体

夹具体用于连接夹具上各个元件或装置，使之成为一个整体，并与机床的有关部位相连接，是机床夹具的基础件。如图 1.5 所示专用夹具的夹具体 3 将夹具的所有元件连接成一个整体。

(5) 对定装置(连接元件)

对定装置用于机床与夹具的对定，确保夹具与机床之间有一正确的相互位置。对定装置与选用的机床有关，不同的机床夹具与机床对定的方法各不相同。在设计夹具的对定装置时，要参考机床相关结构与联系尺寸，以确定夹具与之对定部分的结构和尺寸。

例如，如图 1.5 所示，夹具体 3 的底面为安装基面，保证了钻套 1 的轴线垂直于钻床工作台。因此，夹具体可兼作连接元件。车床夹具上的过渡盘、铣床夹具上的定位键都是连接元件。

(6) 其他装置

其他装置包括根据夹具上特殊需要而设置的装置和元件，如：分度装置、上下料装置、吊装搬运装置及工件的顶出让刀装置等。

以上这些组成部分，并不是对每种机床夹具都是缺一不可的，但是，定位装置、夹紧装置和夹具体作为夹具的基本组成部分，一般来说是不可缺少的。

机床专用夹具的工作原理，即工件通过定位心轴、支承板在夹具中占有正确的位置，夹具通过夹具体底面与钻床工作台面接触、钻头与钻模板中钻套的配合，占据了相对正确位置，从而保证了工件相对于机床、刀具的位置正确，最终保证工件加工要求。

【例 1-1】 加工如图 1.6 所示连杆盖的两个 A 平面和 B 平面，加工要求如图所示，生产类型为成批生产，在立式铣床上用立铣刀加工，图 1.7 所示就是为此工序设计的夹具，试分析该夹具的组成及工作原理。

解： 为了保证加工精度要求，需要限制工件的六个自由度。选用 D 平面及两个孔为定位基准。

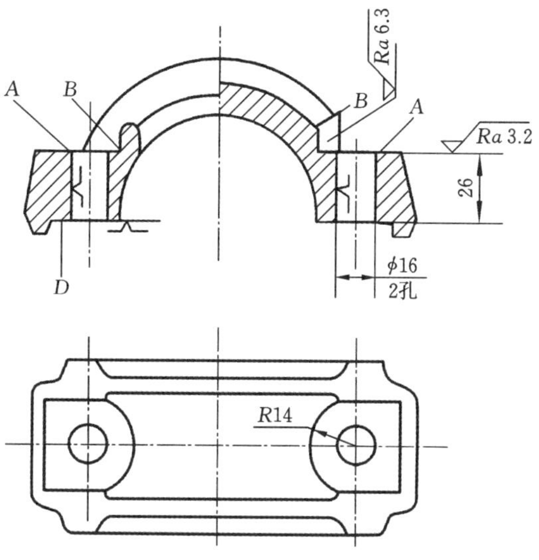

图 1.6 连杆盖加工示意图

夹具体左右两端的 U 形豁口用来穿螺栓，以便将夹具紧固在机床工作台上。夹具体 12 下面装两个定向键 13，用来插入铣床工作台的 T 形槽中(定向键侧面与 T 形槽配合)，起定向作用。夹具的对刀块 1 用来对刀，即用于使工件相对于刀具在垂直方向和水平方向保持应有的位置。夹具的定位板 11 和圆柱销 10、菱形销 2 是定位元件。在工件装夹时，将已加工好的两个孔分别套在两个定位销上，并使 *D* 面与夹具定位板贴紧，然后将压板 7 转移到工件上表面，拧紧螺母 4，用压板 7 压紧工件。该夹具定位板限制三个自由度，两个定位销也限制三个自由度。

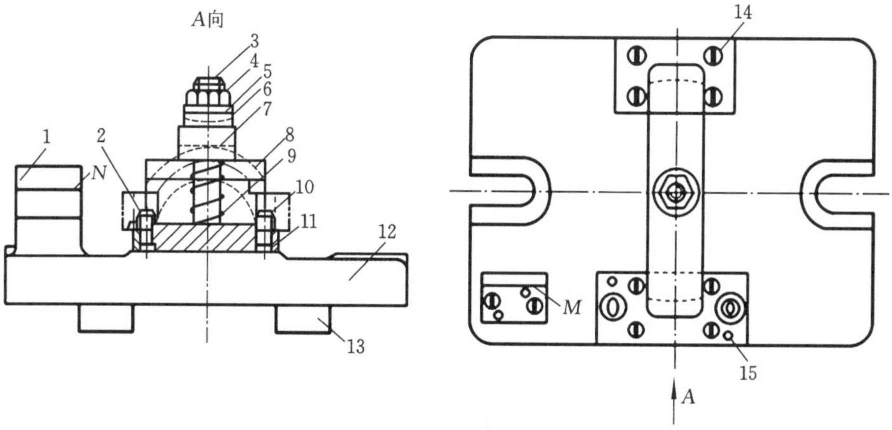

图 1.7 铣连杆盖凹台面的专用夹具

1—对刀块；2—菱形销；3—螺栓；4—螺母；5—球面垫圈；6—凹面垫圈；
7—压板；8—支承板；9—弹簧；10—圆柱销；11—定位板；12—夹具体；
13—夹具定向键；14—螺钉；15—销钉

1.2.3 机床专用夹具的分类

机床夹具种类繁多，可按不同的方式进行分类，常用的分类方法有以下几种。

1.2.3.1 按夹具的应用范围分类

(1) 通用夹具

通用夹具包括三爪自定心卡盘、四爪单动卡盘、机用虎钳、回转工作台、万能分度头、磁力工作台等，如图 1.8 所示。这类夹具已作为机床附件，可充分发挥机床技术性能和扩大工艺范围。

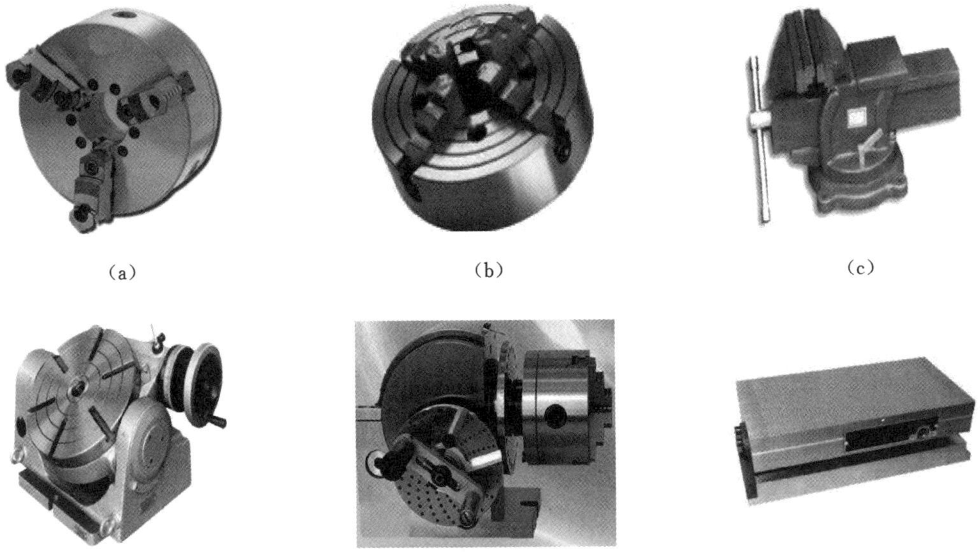

(a) (b) (c)

(d) (e) (f)

图 1.8 通用夹具外形图

(a)短圆锥三爪自定心卡盘；(b)短圆柱四爪单动卡盘；(c)机用虎钳

(d)回转工作台；(e)万能分度头；(f)磁力工作台

(2) 专用夹具

专用夹具是专为某一工件的某一道工序而设计和制造的夹具。其特点是结构紧凑、操作方便；可以保证较高加工精度和生产率；但设计和制造周期长，制造费用高。

如图 1.9 所示，在铣床专用夹具上加工套类零件上的通槽，工件以内孔及端面与夹具上定位心轴 1 及端面接触定位，通过开口垫圈 5、螺母 4 压紧工件。在铣床上，夹具通过底面和定位键 2 与铣床工作台面和 T 形槽面接触，确定夹具在铣床工作台上的位置。通过螺栓压板压紧夹具，然后移动工作台，让对刀块 3 工作面与塞尺、刀具切削表面接触确定其相对位置后加工工件，因对刀块 3 工作面到心轴轴线的位置尺寸是根据工件加工要求确定的，所以能满足工件加工要求。

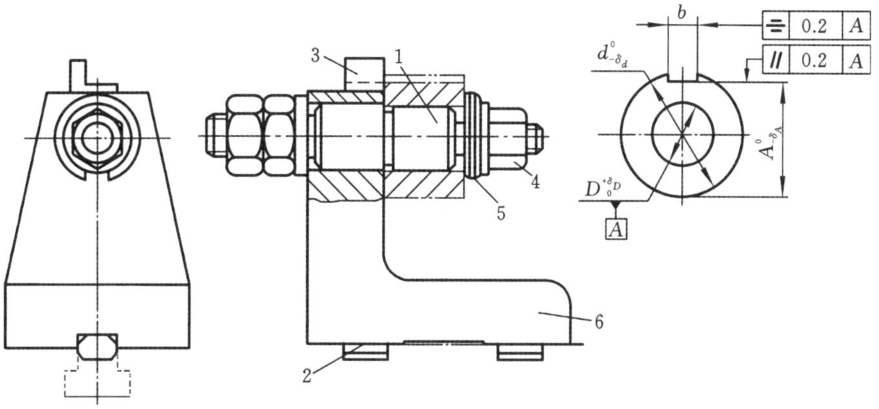

图 1.9 铣床夹具

1—定位心轴；2—定位键；3—对刀块；4—螺母；5—开口垫圈；6—夹具体

(3) 成组夹具

在成组工艺的基础上，针对某一组零件的某一工序而专门设计的夹具为成组夹具。在多品种小批量生产中，通用夹具的生产率低，采用专用夹具不经济。使用成组夹具，经少量调整或更换部分元件即可用于装夹一组结构和工艺特征相似的工件。这类夹具主要用于多品种、中小批量生产。

(4) 组合夹具

组合夹具是在夹具零部件标准化的基础上发展起来的一种适应多品种、小批量生产的新型夹具。它是由一套结构和尺寸已经规格化、系列化的通用元件、合件和部件构成，它们包括基础件、支承件、定位件、导向件、压紧件、紧固件、辅助件、合件和部件等。这些通用元件、合件和部件是由专业工厂生产供应的，使用单位可根据被加工工件的加工要求，很快地组装出所需要的夹具。夹具使用完毕后，可以将各组成元件、合件等拆开，清洗后入库，以备下次组合使用。这类夹具具有生产准备周期短，专用夹具的品种、数量少，专用夹具的存放面积小等优点，且组装后可达到较高的精度。

(5) 随行夹具

随行夹具是一种用于流水加工或流水装配线的夹具，如图 1.10 所示，是组合机床及流水

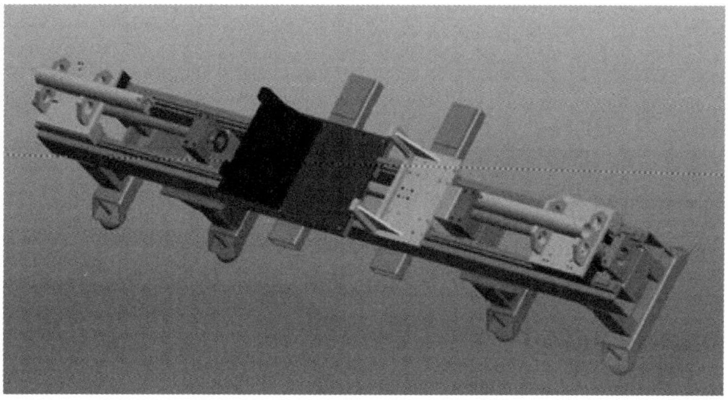

图 1.10 随行夹具示意图

线、自动线设计的重要内容之一。它主要完成工件在夹具上的定位，并承担沿流水线输送工件的任务。一般加工流水线所用的随行夹具运行至机床上后还需要连同工件一起在该工位上定位，以使工件在机床上获得正确的位置，即工件在随行夹具上定位，随行夹具在机床上定位。

机床夹具各自的特点如表 1-2 所示。

表 1-2　机床夹具各自的特点

分类	特　　点
通用夹具	通用性强，被广泛应用于单件小批量生产
专用夹具	专为某一工序设计，结构紧凑、操作方便、生产效率高、加工精度容易保证，适用于定型产品的成批和大量生产
组合夹具	由一套预先制造好的标准元件合成组装而成的专用夹具
通用可调夹具	不对应特定的可加工对象，使用范围宽，通过适当的调整和更换夹具上的个别元件，即可用于加工形状尺寸和加工工艺相似的多种工件
成组夹具	专为某一组零件的成组加工而设计，加工对象明确，针对性强。通过调整可适应多种工艺及加工形状、尺寸

1.2.3.2　按夹具上的动力源分类

(1) 手动夹具

此类夹具是以操作工人手臂之力作为动力源，通过夹紧机构来夹紧工件的。为了尽量减轻工人的操作强度和保证工件夹紧的可靠性，此类夹具的夹紧机构必须具有增力和自锁能力。手动夹具一般采用结构简单的螺旋或偏心压板机构，制造方便，但使用时的工作效率较低。

(2) 气动夹具

此类夹具是用压缩空气作为动力源，通过管道、气阀、汽缸等元件，产生夹紧工件的夹紧力的。当需要较大的夹紧力时，常在汽缸和夹紧元件之间增设斜楔式、铰链式或杠杆式的扩力机构。因气动夹具夹紧动作迅速、夹紧力稳定、操作方便，故其在机械加工中得到广泛的应用。

(3) 液压夹具

此类夹具是用压力油作为动力源，通过管道、液压阀、液压缸等元件，产生夹紧工件的夹紧力的。液压夹具具有气动夹具的各种优点，而夹紧动作则更为平稳。采用较高油压的液压夹具，一般不用增力机构即可直接夹紧工件，因而结构简单、体积较小。

(4) 电动夹具

此类夹具是以电动机的扭力作为动力源，通过减速器来产生夹紧工件的夹紧力的。此种夹具的传动部分常采用齿轮减速装置，因此显得结构比较复杂，夹紧动作比气动夹具和液压夹具的缓慢。

（5）磁力夹具

此类夹具是以电磁铁或永久磁铁产生的磁力作为动力源来直接夹紧工件的，一般多用于切削力较小的精加工，如车床上的电磁吸盘、平面磨床的磁力工作台等。近年来已设计制造出强力磁盘，正逐步推广应用到切削力较大的加工中去。

（6）真空夹具

此类夹具是利用真空泵或以压缩空气为动力源的抽气嘴筒，使夹具的内腔产生真空，依靠四周大气的压力将工件压紧的。这类夹具的夹紧力较小，故一般仅适用于本身刚度很低的工件，如磨削加工不导磁的薄形工件等。

（7）切削力、离心力夹具

切削力、离心力夹具，是一种不需要专门动力装置的机动夹紧夹具。这类夹具通常利用机床的运动或切削加工过程中产生的离心力或切削力来夹紧工件。

1.2.3.3　按夹具使用的机床分类

按夹具使用的机床分类，可将夹具分为车床夹具、铣床夹具、钻床夹具、镗床夹具、齿轮机床夹具、数控机床夹具、自动机床夹具、自动线随行夹具等。

1.3　机床专用夹具设计研究内容

机床专用夹具设计是工艺准备的重要工作内容之一。在机床专用夹具设计中，除工件的定位和夹紧外，还有一些问题需要分析、考虑，如专用夹具的设计方法、步骤，工件在夹具中加工精度分析，夹具的经济性分析等。

1.3.1　机床专用夹具设计及制造

1.3.1.1　机床专用夹具设计的基本要求

（1）保证工件的加工精度

保证工件的加工精度是机床夹具设计的根本目的。专用夹具应有合理的定位、夹紧方案，尤其对于精加工工序，应有合适的尺寸、公差和技术要求，并进行必要的精度分析，确保工件的尺寸公差、形位公差和表面质量等。

（2）提高生产率

专用机床夹具的复杂程度及先进性应与工件的生产规模相适应，根据工件的生产批量的大小进行合理的设置，以缩短辅助时间，提高生产率。

（3）工艺性好

专用机床夹具的结构应简单、合理，便于加工、装配、检验和维修。

（4）使用性好

专用机床夹具的操作应简便、省力，安全可靠，排屑方便，必要时可设置排屑装置。

（5）经济性好

应能保证专用夹具具有一定使用寿命和较低的夹具制造成本。适当提高夹具元件的通用化和标准化程度，以缩短专用夹具的制造周期，降低专用夹具成本。

专用夹具设计必须是上述几个方面达到辩证的统一，其中保证专用夹具质量是最基本的要求。为了提高生产效率采用先进的结构和传动装置，往往会增加专用夹具的制造成本，但当工件的批量增加到一定数量时，由于数量的分摊、生产效率的提高，从而降低工件的生产成本。因此所设计的专用夹具的复杂程度和工作效率必须与生产规模相适应，才能使提高生产效率和经济性相统一。但是，任何技术方案都会有所侧重，如对于位置精度要求很高的加工，往往着眼于保证加工精度；对于位置精度要求不高但加工批量较大的情况，则应侧重考虑提高专用夹具生产效率。

总之，在考虑上述几个因素的要求时，应在满足加工要求的前提下处理好几个因素的关系。

1.3.1.2 专用机床夹具的制造、安装与调试

（1）专用机床夹具的制造

与任何产品一样，专用机床夹具的制造也应根据其设计要求，应用零件加工工艺和装配工艺理论，设计合理的工艺规程。由于专用机床夹具通常为单件生产，因此，一般采用集中原则组织生产，加工设备大部分采用较高精度的通用机床。这种集中属于技术集中而非设备集中，生产中技术性要求较高。对于要求较高的零件精度不采用互换原则，多为单件配做；夹具装配中多采用修配法、调整法保证精度要求。

（2）专用机床夹具的安装

专用机床夹具只有安装于机床上，并保证夹具整体相对于机床有个准确确定的位置后，才能使其使用有一个基本的保证。专用机床夹具的安装其本质是夹具的定位元件相对于机床成形运动有准确的位置与运动关系。通常，专用机床夹具按照其装配基准安装于机床工作台上或主轴上。有的夹具也借助找正基面或导向面保证与机床进给运动间的相互关系，并依次保证夹具的正确安装。

（3）专用机床夹具的调试

专用机床夹具装配安装好后，并不能马上投入使用进行零件加工，还需要对夹具进行一系列的调整试验。专用夹具的静态精度调整工作，包括刀具位置和行程的调整、零件尺寸的调整以及静态精度调试等。

夹具经过静态精度调试后，只有通过样试切削，根据加工后工件的精度，才可判断夹具使用的动态精度如何。样试时，将零件毛坯按要求在夹具上装夹，按照零件加工工艺规程对其进行切削验证。经检测试切零件加工精度，才可确定夹具是否符合要求。因此样试切削是专用机床夹具装夹后必须进行的一项工作，只有通过样试切削验证后，夹具方可投入使用。

夹具的调试与验证可以在工具车间进行，也可以在加工车间完成。而在加工车间调试验证，更符合加工过程的实际情况和现场的使用条件。

从以上分析可知，利用专用机床夹具装夹工件的方法进行零件加工时，实际上进行了以

下三个方面的主要工作：

① 工件在专用夹具中的正确定位，是通过工件上的定位基准面和专用夹具上的定位元件的限位面接触（或相配合）而实现的。因此不再需要找正，便可将工件夹紧固定，也就是实现了工件的正确定位与合理夹紧。

② 由于专用夹具预先在机床上调整好位置（也有在加工过程中再找正的），因此，工件通过夹具相对于机床就占有了正确的位置，也就是完成了夹具的正确安装。

③ 通过专用夹具上的对刀装置保证了工件相对于刀具的正确位置，即完成了专用夹具的正确调整与检验。

专用夹具的设计与使用的重点是保证工件的正确定位与合理夹紧。

1.3.2 夹具保证加工精度的原理

图1.11(a)所示为铣轴上键槽的工序图，工件以外圆柱 $\phi 60.2$ 和端面 C 为定位基面，在V形块5和圆柱销6上定位，用液压传动的压板3夹紧，所采用的夹具结构如图1.11(b)所示。本工序加工中，键槽的技术要求能否保证取决于以下因素：

① 键槽的宽度 B 和表面粗糙度，由铣刀保证。

② 夹具通过两个定向键7与铣床工作台8的T形槽配合，由于T形槽与机床导轨方向一致，而夹具上的V形块5的轴线（即工件的轴线）与底面及定向键的一侧面（称为夹具的安装基面）平行，因而能保证所加工键槽的侧面和槽底与其轴线平行，其公差在0.1 mm以内。

③ 工件在V形块5上定位时，其轴线在V形块的对称中间平面上，而对刀块4的垂直工作面至V形块对称面的距离为 $B/2+S$（B 为铣刀宽，S 为塞尺厚），通过塞尺对刀，可使铣刀和V形块两者的对称面的对称度误差在0.2 mm之内。

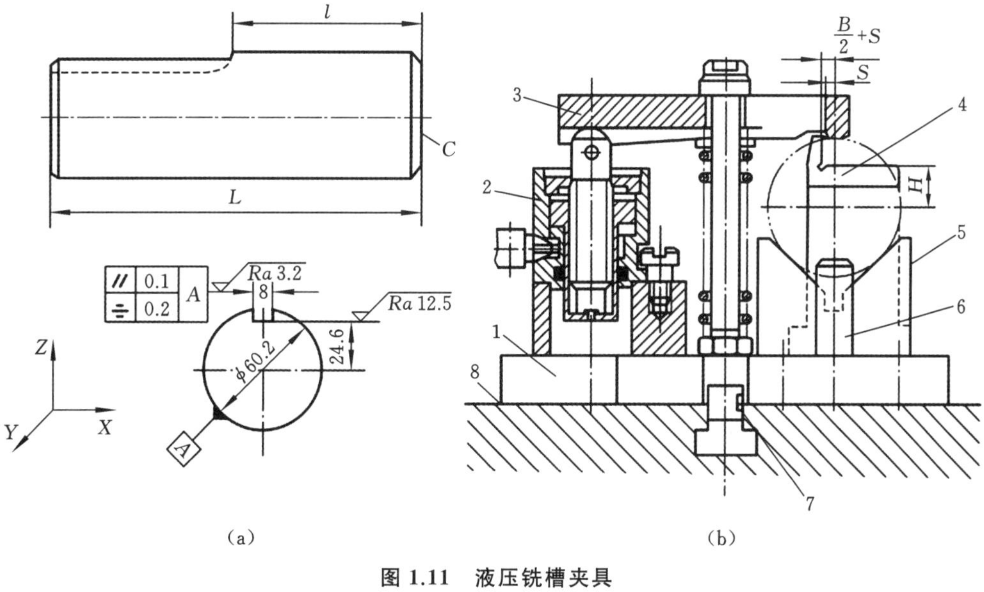

(a)　　　　　　　　(b)

图1.11 液压铣槽夹具

(a)铣轴上键槽；(b)铣床夹具

1—夹具体；2—液压缸；3—压板；4—对刀块；5—V形块；6—圆柱销；7—定向键；8—铣床工作台

④ 对刀块的水平工作面至V形块轴线的距离 $H=24.6-S$，通过塞尺对刀，又可使槽深的加工尺寸 24.6 mm 得到保证。

⑤ 工件定位时，其端面 C 紧靠圆柱销 6，故槽长 l 可由铣床工作台上的行程挡铁来控制。（图中未表示）。

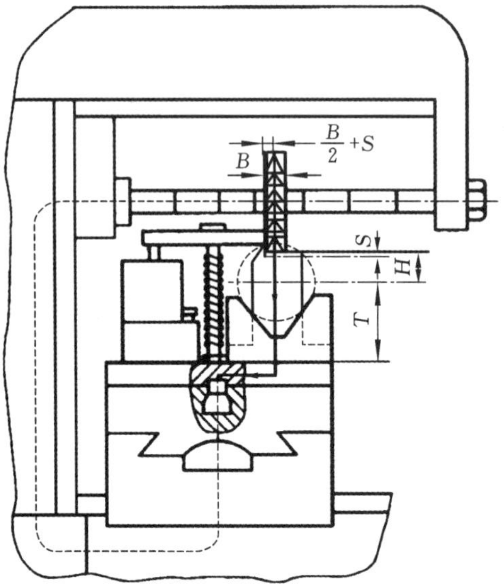

图 1.12　机械加工工艺系统

这样，该夹具就使同批工件在夹具中有一致的正确装夹位置；而且夹具借对刀块将刀具调到加工面的位置上；加工时，夹具又借定向键和底面正确安装在机床上。换句话说，夹具把工件、机床与刀具连接成一个封闭的终结链环，称为机械加工工艺系统（简称工艺系统），见图 1.12 中虚线所示。在此系统中，各环节的连接必须具有一定的几何关系，其中工件与刀具的连接是工艺系统中的主要环节，其他中间环节都是为了获得正确的终结环而建立的。

通过以上例子，可以得出夹具保证加工精度的原理是加工需要满足三个条件：

① 工件在夹具中占有正确的加工位置；

② 夹具在机床上安装应具有准确位置；

③ 刀具相对于夹具应具有准确位置。

可见，工件的定位是极为重要的一个环节。

1.4　现代机床夹具的发展方向

随着现代科学技术的进步和社会生产力的发展，机床夹具已由一种简单的辅助工具发展成为门类齐全的重要机械加工工艺装备。现代机床夹具的发展方向主要表现为高精度、高效率、柔性化和标准化等几个方面。

1.4.1　高精度

随着各类产品制造精度日益提高，对机床和夹具的精度要求也越来越高，为适应高精度产品的加工需要，高精度成为近代机床夹具发展的一个重要方向。目前，用于精密车削的高精度自定心卡盘，其定心精度可达±5 μm；高精度心轴的同轴度误差可控制在 1 μm 以内；用于轴承座圈磨削的电磁无心夹具，可使工件圆度误差控制在 0.2～0.5 μm。

1.4.2　高效率

高效率主要体现在高切速、大用量、重负荷三个方面，高效夹具除应适应高效加工的夹紧要求外，还表现在工件安装的自动化程度、准确性和灵活性上，以尽量减少装夹辅助时间，减少工人的劳动强度。在大规模的专业化生产中，常专门设置工件的安装工位，使工件装夹辅助时间与机械加工的走刀时间重合，以实现不停机的连续加工。现代夹具，尤其是应用于各类自动生产线上的夹具，基本上都采用气动、液动、电动和机动等动力夹具，使工件装夹快速、准确，并可实现远程控制。另外，多件夹具和复合夹具的应用也相当广泛，在高效生产中发挥很大作用。

1.4.3 柔性化

柔性化是指夹具依靠其自身的结构灵活性进行简单的组装、调整，即可适应生产加工不同情况的需要，是夹具对生产条件的一种自适应能力。随着数控机床、成组技术、柔性制造系统（FMS）加工技术的应用，对夹具的配套要求也越来越高，夹具与机床间的关系越来越密切，现代夹具将逐渐与机床融为一体，夹具与机床间的适应性发展，极大地提高了机床的加工能力、机动性能，使得原来功能较为单一的专用机床的功能不断扩展。具有自动回转、翻转功能的高效能夹具的普遍应用，已使得有些中、小批量产品的生产率逐渐接近于专业化的大批量生产水平。

1.4.4 标准化

标准化是夹具零件系列化、通用化的体现，是促使现代夹具发展的十分重要的一项技术措施。随着科学技术的飞速发展和我国改革开放步伐加快，我国技术标准与国际技术标准逐渐接轨。国家有关部门先后对夹具零部件的有关技术标准进行改革和完善，颁布了新的夹具零部件的推荐标准，为机床夹具的设计、制造及应用提供了规范性文件，推动了夹具的专业化生产。

本章小结

本章介绍了机床专用夹具的结构及主要类型，机床专用夹具的作用，夹具保证加工精度的原理，现代夹具的发展趋势。学生通过学习，应掌握专用机床夹具结构等相关知识，并了解工件装夹方法等相关知识。

思考与练习

一、判断题

1. 一般来说，通用夹具是机床夹具中的主要研究对象。（　）
2. 一般情况下，机床夹具具有使工件在夹具中定位和夹紧两大作用。（　）
3. 工件安装时，采用找正定位比采用夹具定位效率更高、精度更高。（　）
4. 机床夹具只能用于工件的机械加工工序中。（　）

5. 机床夹具一般已标准化、系列化，并由专门厂家生产。 （ ）

6. 定位装置一般由各种标准或非标准定位元件组成，它是夹具工作的核心部分。 （ ）

7. 自动、高效夹具的实际应用，可以相应地降低对操作工人的装夹技术要求。 （ ）

8. 在数控机床上加工零件，无须采用专用夹具。 （ ）

9. 所有机床夹具都必须设置夹紧装置。 （ ）

10. 车床夹具中，花盘通常作为定位元件。 （ ）

二、简答题

1. 机床夹具在生产中有什么作用?

2. 机床夹具三大组成部分的作用分别是什么?

2 工件的定位及定位元件

【教学目标与要求】

采用夹具装夹法加工时，为了保证零件在某一工序的加工精度（即工件加工表面相对其工序基准的尺寸和位置精度）要求，在加工前就必须使工件相对刀具及切削成形运动（通常由机床提供）处于准确位置。在加工过程中，通过使用夹具使被加工工件相对刀具及切削成形运动保持准确位置，并实现该工序的加工精度要求的。但在夹具设计中所提及的工件定位问题，一般仅限于工件在夹具中通过定位元件使工件占有某一固定位置而言。事实上，为了达到工件在加工时的准确位置，还需解决夹具在机床上的准确定位和夹具相对刀具的准确调整等问题。

工件在夹具中定位的作用和意义，对单个工件来说就是使工件准确占据定位元件所规定的位置；而对一批逐次放入夹具的工件来说，则是使它们都占有一致的位置。一批工件在夹具中位置的一致性，也是由工件上的定位基准表面与夹具中的定位元件相接触或相配合得到的，前者称为支承定位，后者称为对中或定心定位。因为夹具通常是用于加工一批工件的，所以设计夹具时，如何保证一批工件位置的一致性，是工件在夹具中定位的根本问题。本章着重研究一批工件在夹具中的定位规律及定位精度。通过本章的学习，应达到以下目标：

(1) 掌握机床定位原理。

(2) 掌握专用夹具常见的定位元件结构及应用。

(3) 能够理解定位误差产生的原因和计算方法。

2.1 基准的选择

2.1.1 基准及定位副

2.1.1.1 基准

零件上用以确定生产对象几何要素间几何关系所依据的那些点、线、面，称为基准。

2.1.1.2 设计基准

在零件图上用以确定点、线、面位置的基准，称为设计基准，其由产品设计人员确定。

2.1.1.3 工序基准

工序图上用以确定被加工表面位置的基准，称为工序基准。首先找到加工面，确定加工面位置的尺寸就是工序尺寸，其一端指向加工面，另一端指向工序基准。如图 2.1 所示键槽为加工面，h、L、b 为三个方向的工序尺寸，三个方向上的中心线为工序基准。工序基准由工艺人员确定。

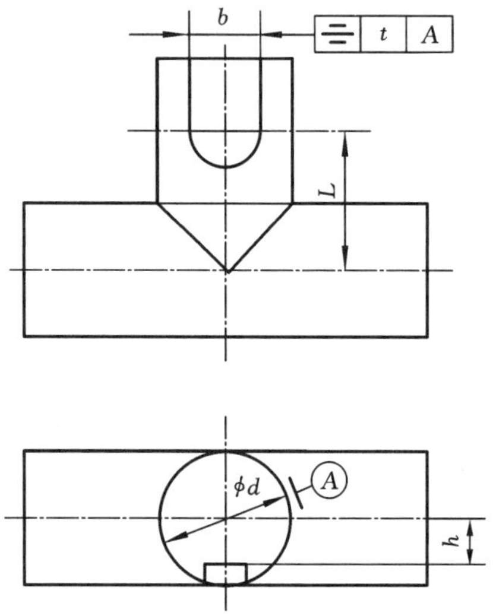

图 2.1　加工键槽的工序图

2.1.1.4 定位基准

确定工件在夹具中位置的基准，即与夹具定位元件接触的工件上的点、线、面。当接触的工件上的点、线、面为回转面、对称面时，称回转面、对称面为定位基面，其回转面、对称面的中心线称定位基准。

定位基准的选择是定位设计的一个关键问题。工件的定位基准一旦被确定，则定位方案也基本上确定了。定位基准有粗基准和精基准之分，定位基准的选择就有粗基准的选择和精基准的选择。零件开始加工时，所有的表面都未加工，只能以毛坯面作定位基准，这种以毛坯面为定位基准的称为粗基准。在随后的工序中，用加工后的表面作为定位基准的称为精基准。在加工中首先使用的是粗基准，但在选择定位基准时，为了保证零件的加工精度，优先考虑的是选择精基准，精基准选择之后，再考虑合理选择粗基准。

选择精基准时，重点考虑的是减少工件的定位误差，保证零件的加工精度和加工表面之间的位置精度，同时也要考虑零件的装夹方便、可靠、准确，一般应遵循以下原则：

① 基准重合原则。直接选用设计基准为定位基准，称为基准重合原则。采用基准重合

原则可以避免因定位基准和设计基准不重合而引起的定位误差，零件的尺寸精度和位置精度更易于保证。

② 基准统一原则。同一零件的多道工序，尽可能选择同一个或同一组定位基准，称为基准统一原则。定位基准统一可以保证各加工表面间的相互位置精度，避免或减少了因基准转换而引起的误差，并且简化了夹具的设计和制造工作。降低了成本，缩短了生产准备时间。基准重合原则和基准统一原则是选择精基准的两个重要原则，但有时会遇到两者相互矛盾的情况。这时，对尺寸精度要求较高的表面应服从基准重合原则，以避免允许的工序尺寸实际变动范围减小给加工带来困难。除此之外，主要考虑基准统一原则。

③ 自为基准原则。精加工和光整加工工序要求余量小而均匀，用加工表面本身作为精基准，称为自为基准原则。加工表面与其他表面之间的相互位置精度则由先行工序保证。

④ 互为基准原则。为使各加工表面间有较高的位置精度，或为使加工表面具有均匀的加工余量，有时可采用两个加工表面互为基准反复加工的方法，称为互为基准原则。

定位粗基准的选择，要重点考虑如何保证各个加工表面都能分配到合理的加工余量，保证加工面与不加工面的位置精度、尺寸精度，同时还要为后续工序提供可靠的精基准，一般按下列原则选择：

① 保证相互位置要求的原则。当必须保证不加工表面与加工表面间相互位置关系时，应选择该不加工表面为粗基准。

② 以加工余量最小的表面作为粗基准的原则。

③ 便于工件装夹的原则。选作粗基准的毛坯表面应尽量光滑平整，不应有浇口、冒口的残迹及飞边等缺陷，以免增大基准。

④ 粗基准尽量避免重复使用的原则。粗基准应尽量避免重复使用，原则上只能使用一次，并在第一道工序中加工使用。

2.1.1.5 对刀基准

确定刀具相对夹具(工件)位置的夹具上的基准，一般选与工件定位基准重合的夹具定位元件上的要素为对刀基准。

需要注意的是，当工件以回转面(圆柱面、圆锥面、球面等)与定位元件接触(或配合)时，工件上的回转面称为定位基面，其轴线称为定位基准。

如图 2.2(a)所示，工件以圆孔在心轴上定位，工件的内孔表面称为定位基面，其轴线称为定位基准。与此对应，心轴的圆柱面称为限位基面，其轴线称为限位基准。如图 2.2(b)所示，工件以平面与定位元件接触时，工件上的实际表面是定位基面，它的理想平面(平面度误差为零)是定位基准。从理论上说，定位基准与限位基准重合，而定位基面与限位基面接触。

为了简便，将定位基面与限位基面合称为定位副。当工件有几个定位基面时，限制自由度最多的定位基面称为主要定位基面，相应的限位基面称为主要限位基面。

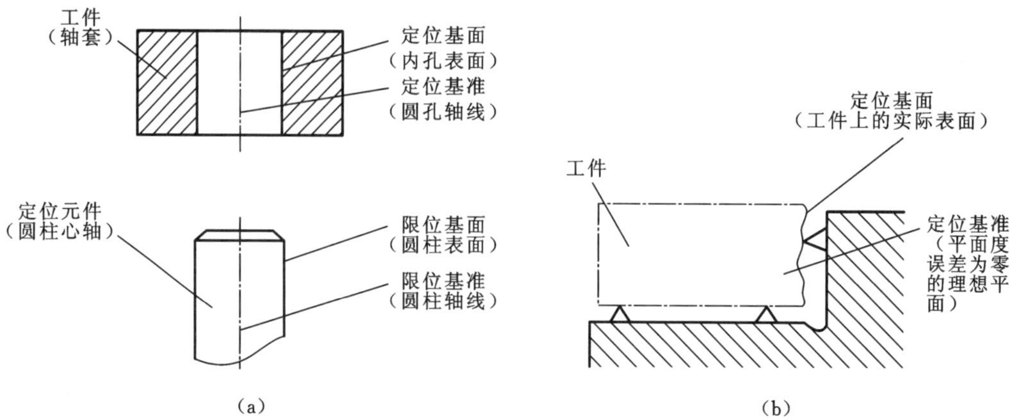

图 2.2　定位副的组成

(a)工件以内孔与圆柱心轴定位；(b)工作以平面定位

2.1.2　工件尺寸精度获得的方法

(1) 试切法

工序为：试切→测量→调刀，反复进行，达到要求。

(2) 定尺寸刀具法

由刀具尺寸确定加工要素尺寸。

(3) 调整法

事先调整好刀具与工件(夹具)的相对位置，在加工一批工件过程中，刀具位置不变。本书中涉及尺寸精度获得的方法一般为调整法。

(4) 自动控制法

通过自动控制机床、刀具的运动，达到规定尺寸精度。

2.2　工件定位的基本原理

2.2.1　工件的自由度

一个尚未定位的工件，其空间位置是不确定的。如图 2.3 所示，一个未定位的自由物体(双点画线所表示的长方体)，在空间直角坐标系中有六种运动的可能性，其中三种是移动，即能沿 OX、OY、OZ 三个坐标轴移动，三种是转动，即能绕 OX、OY、OZ 三个坐标轴转动。习惯上把这种运动的可能性称为自由度。因此，空间任一自由物体共有六个自由度。

图 2.3 所示为未定位工件的六个自由度，同时还规定如下：

① 沿 OX 轴移动,用 $\vec{X}$ 表示。
② 沿 OY 轴移动,用 $\vec{Y}$ 表示。
③ 沿 OZ 轴移动,用 $\vec{Z}$ 表示。
④ 绕 OX 轴转动,用 $\overset{\frown}{X}$ 表示。
⑤ 绕 OY 轴转动,用 $\overset{\frown}{Y}$ 表示。
⑥ 绕 OZ 轴转动,用 $\overset{\frown}{Z}$ 表示。

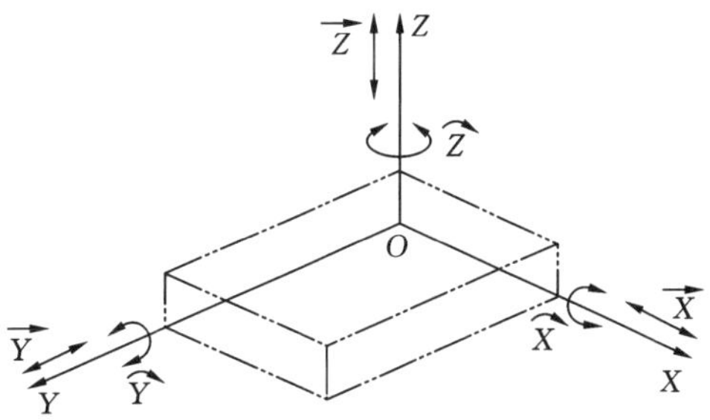

图 2.3　未定位工件的六个自由度

2.2.2　六点定位原则

工件要进行正确定位,首先要限制工件的自由度。设空间有一固定点,长方体的底面与该点保持接触,那么长方体沿 Z 轴的移动自由度即被限制了。定位,就是限制自由度。如果工件的六个自由度都加以限制了,工件在空间的位置也就完全确定下来了。

分析工件定位时,通常是用一个支承点限制工件的一个自由度。用合理设置的六个支承点,限制工件的六个自由度,使工件在夹具中的位置完全确定,这就是“六点定位原则”,简称“六点定则”。

2.2.2.1　箱体类工件六点定则的应用

箱体类零件具有规则的外形轮廓,并具有较大且稳定的安装平面,可以在其底面设置三个不共线的支承点 1、2、3[图 2.4(a)],限制工件的三个自由度 $\overset{\frown}{X}$、$\overset{\frown}{Y}$、$\vec{Z}$;侧面设置两个支承点 4、5,限制了两个自由度 $\vec{X}$、$\overset{\frown}{Z}$;后面设置一个支承点 6,限制自由度 $\vec{Y}$。于是总共限制了工件的六个自由度,实现了完全定位。在具体的夹具中,支承点是由定位元件来体现的。在图 2.4(b)中设置了六个支承钉,每个支承钉与工件的接触面很小,可将其视为支承点。习惯上,把箱体类工件的底面(面积较大的平面)称为工件的主要定位基准面,又称为第一定位基准面;把箱体类工件的侧面(相对较长的平面)称为工件的导向定位基准面,又称为第二定位

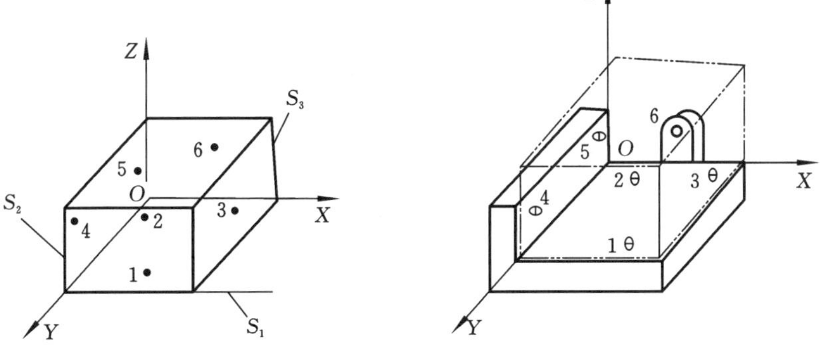

(a)　　　　(b)

图 2.4　箱体类工件六点定位

(a)箱体类工件支承点排布;(b)箱体类工件定位图

基准面；把箱体类工件的端面(相对较窄的平面)称为工件的止推定位基准面，又称为第三定位基准面。

对于箱体类工件定位，夹具上常设置三个不同方向上的定位基准来形成一个空间定位体系，这个体系称为三基面基准体系。

工件的六个自由度是否一定要全部被限制，或者只限制其中的某几个，需要根据工件的加工要求而定。

工件在坐标系中的定位不存在反方向定位的问题，即工件在一个方向上定位了，则认为工件在其反方向也获得了定位。

2.2.2.2 对于带槽或带孔的盘类工件六点定则的应用

如图 2.5 所示，盘类工件的特点：径向尺寸较大，高度尺寸较小。考虑到安装的稳定及可靠性，通常以较大端面作为主要定位基准面，即第一定位基准面，故夹具上通常为工件的大端面设置一个环形的安装面(三点)作为主要定位基准。1、2、3 三个支承点就起了这个作用，它们消除了 $\widehat{X}$、$\widehat{Y}$、$\vec{Z}$ 三个自由度。通过支承点 4、5 与工件接触，分别消除了 $\vec{X}$、$\vec{Y}$ 两个移动自由度，支承点 4、5 形成了工件中的第二定位基准面。对于盘类工件，习惯上称为定心基准。支承点 6 在定位时，保持与工件键槽的一个固定侧面接触，消除 $\widehat{Z}$ 自由度。

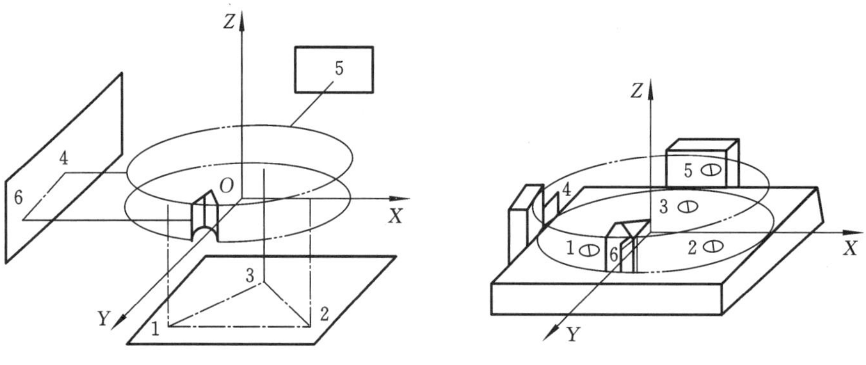

(a)　　　　　　　　(b)

图 2.5　盘类工件六点定位

(a)盘类零件位置图；(b)盘类零件定位图

2.2.2.3 对于带槽或带孔的轴类工件的六点定则的应用

如图 2.6 所示，对于轴类工件定位，夹具一般用两相互垂直平面与工件支承轴颈相接触，形成不共面的四个约束点，如图 2.6 所示 1、2、3、4 四个定位点，来保证工件公共轴线空间位置的正确性。定位点 1、2、3、4 形成了第一定位基准，它消除了 $\vec{X}$、$\vec{Z}$、$\widehat{X}$、$\widehat{Z}$ 四个自由度。第二、第三定位基准的顺序，依工序要求及定位精度而确定。当加工工序对对称度、位置度有较严格的要求时，防转基准 5 成为第二基准，限制 $\widehat{Y}$ 自由度，而止推基准销 6 成为第三基准，限制 $\vec{Y}$ 自由度。当加工工序对轴向尺寸有较严格的公差要求时，止推基准销 6 成为第二基准，防转基准 5 成为第三基准。

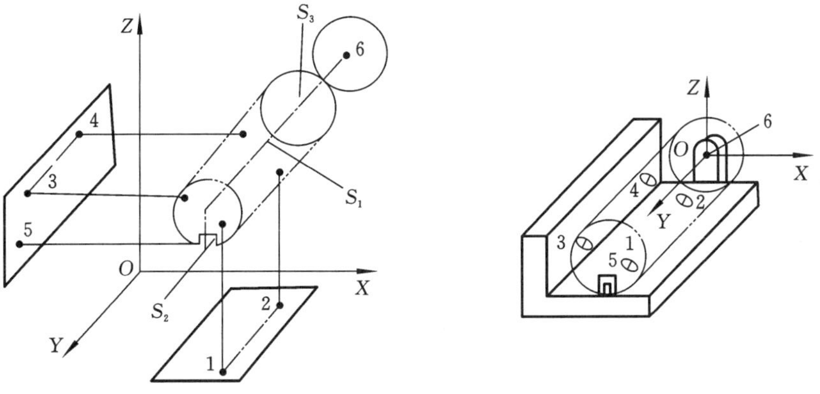

（a）　　（b）

图 2.6　轴类零件六点定位图

（a）轴类零件位置图；（b）轴类零件定位图

需要注意的是，“定位”通常在工件被夹紧之前完成，一旦工件的定位基准面离开了定位元件，就不能称其为“定位”。为保证工件的位置在加工过程中始终不变，需要依靠“夹紧”。

应用六点定位原则时的 5 个主要问题：

① 支承点分布必须适当，否则六个支承点限制不了工件的六个自由度。比如，上述长方体工件底面上布置的三个支承点不能在一条直线上，且三个支承点所形成的三角形的面积越大越好；侧面上的两个支承点所形成的连线不能垂直于底面三点所形成的平面，且两点的连线越长越好。

如图 2.7 所示的工件在夹具中加工键槽时，槽宽 B 的精度取决于铣刀的选择和加工性质，但槽的位置尺寸 $A\pm\delta_a$、$B\pm\delta_b$ 和 $C\pm\delta_c$ 的加工精度则与工件在夹具中的定位有关。在工件的主要定位基准面 M 下布置三个不在同一直线上的支承点 1，它们限制了工件的 $\overrightarrow{Z}$、$\widehat{X}$、$\widehat{Y}$ 三个自由度，以保证加工尺寸 $A\pm\delta_a$。由于主要基面要承受较大的外力（如夹紧力、切削力等），故三个支承点连接起来所组成的三角形面积越大，工件就放得越稳，也就越容易保证定位精度。在工件的垂直侧面 N 上布置两个支承点 2，这两点的连线不能与主要定位基准垂直，且距离越远，限制自由度越有效，本例中限制工件的 $\overrightarrow{X}$、$\widehat{Z}$ 两个自由度，以保证尺寸 $B\pm\delta_b$。侧面 N 称为导向定位基面。在工件的正垂面 P 上布置一个支承点 3，可限制工件的 $\overrightarrow{Y}$ 自由度，P 面称为止推定位基准，它保证尺寸 $C\pm\delta_c$ 并要承受加工过程中的切削力和冲击等，因此可选工件上最窄小、与切削力方向相对应的表面作为止推定位基准。

② 工件定位面与夹具的定位元件的工作面保持接触。一旦工件定位面与定位元件工作面脱离接触或配合，就丧失了定位作用。

③ 工件定位后，要用夹紧装置将工件紧固，因此要区分定位与夹紧的不同的概念。工件定位以后，为了使工件在切削力等外力作用下能保持既定的位置不变，通常需要夹紧工件，即将工件紧固，因此它们之间是不相同的。若认为工件被夹紧后，其位置不能动了，所以也就定位了，这种理解是错误的。此外，还有些装置能使工件的定位与夹紧同时完成，例如三爪自定心卡盘等。

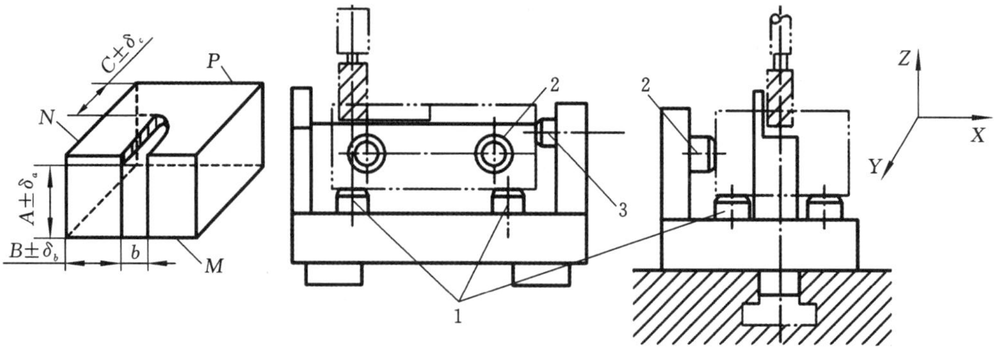

(a)　　　　(b)　　　　(c)

图 2.7　在夹具中铣键槽

④ 定位支承点所限制的自由度名称，通常可按定位接触处的形态确定。其特点如表 2-1 所示。注意，定位点分布应该符合几何学的观点。

表 2-1　典型单一定位基准的定位特点

定位接触形态	限制自由度数	自由度类别	特点
长圆锥面接触	5	三个沿坐标轴方向的自由度，两个绕坐标轴方向的自由度	作主要定位基准
长圆柱面接触	4	两个沿坐标轴方向的自由度，两个绕坐标轴方向的自由度	
大平面接触	3	一个沿坐标轴方向的自由度，两个绕坐标轴方向的自由度	
短圆柱面接触	2	两个沿坐标轴方向的自由度	不作主要定位基准，只能与主要基准组合定位
线接触	2	一个沿坐标轴方向的自由度，一个绕坐标轴方向的自由度	
点接触	1	一个沿坐标轴方向的自由度或绕坐标轴方向的自由度	

⑤ 有时定位点的数量及其布置不一定那么明显、直观，如自动定心定位就是这样。

如图 2.8 所示是一个内孔为定位面的自动动心定位原理图。工件的定位基准为中心要素圆的中心轴线。从一个截面上看[图 2.8(b)]，夹具有三个点与工件接触，但只有 $\vec{X}$ 和 $\vec{Z}$ 两个自由度被消除；该夹具采用两段各三个点即总共采用了六个接触点，只限制了工件长圆柱面的 $\vec{X}$、$\vec{Z}$、$\widehat{X}$、$\widehat{Z}$ 四个自由度，因此在自动定心定位中应注意这个问题。

2.2.3　定位方式

工件定位时，影响加工精度要求的自由度必须限制，不影响加工精度要求的自由度可以

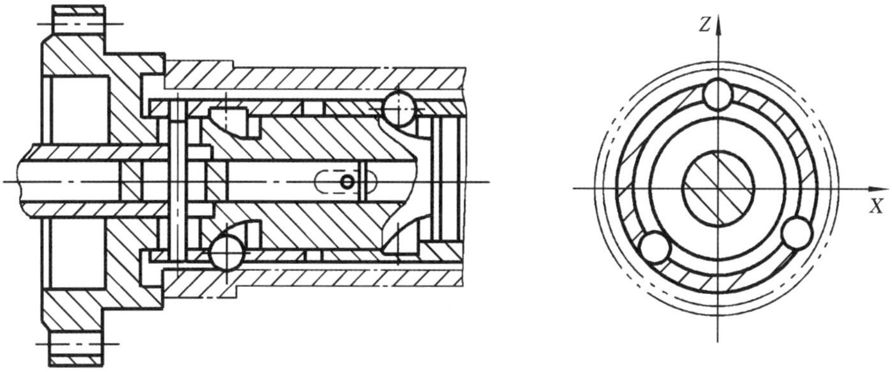

(a)　　　　　　　　　　　　　　(b)

图 2.8　内孔为定位面的自动定心定位原理图

(a)结构图;(b)截面图

限制,也可以不限制,视具体情况而定。按照工件加工要求确定工件必须限制的自由度,是工件定位时应解决的首要问题。

2.2.3.1　完全定位

工件的六个自由度全部被限制的定位,称为完全定位。当工件在 X、Y、Z 三个坐标轴方向上均有尺寸要求或位置精度要求时,一般采用这种定位方式,如图 2.9(a)所示。

2.2.3.2　不完全定位

根据工件的加工要求,并不需要限制工件的全部自由度,这样的定位称为不完全定位,如图 2.9(b)所示,平行六面体铣削通槽,$\vec{X}$ 自由度无须消除。加工通孔或通槽时,沿贯通轴的位置自由度可不限制。

毛坯(本工序加工前)是轴对称时,绕对称轴的角度自由度可不限制。

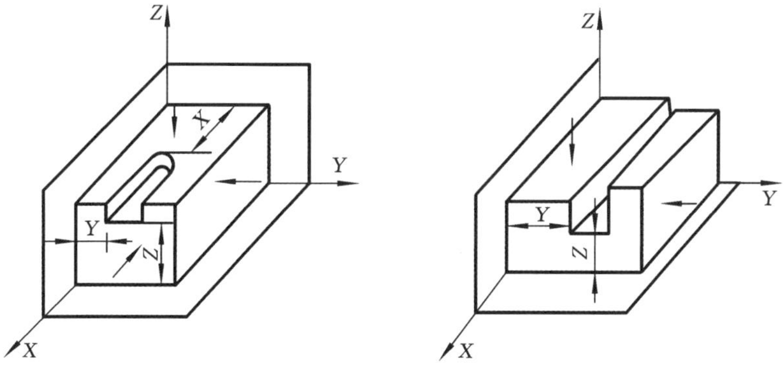

(a)　　　　　　　　　　　　　　(b)

图 2.9　工件的定位方式

(a)箱体加工不通槽;(b)箱体加工通槽

加工贯通的平面时，除可不限制沿两个贯通轴的位置自由度外，绕垂直加工面的轴的角度自由度也可不限制。

2.2.3.3 欠定位

根据工件的加工要求，应该限制的自由度没有完全被限制的定位，称为欠定位。欠定位无法保证加工要求，所以是绝不允许的。

2.2.3.4 过定位

夹具上的两个或两个以上的定位元件，重复限制工件的同一个或几个自由度的定位，称为过定位。如图 2.10 所示平面定位的过定位情况，若工件定位平面粗糙，支承钉[图 2.10(a)]或支承板[图 2.10(b)]的支承表面又不能保证在同一平面上，则这种定位是不允许的。若工件定位平面经过精加工，支承钉或支承板又在安装后经过一次磨平，则此定位是允许的，它的好处是支承面积大，刚性好，能减小工件在切削过程中的受力变形。

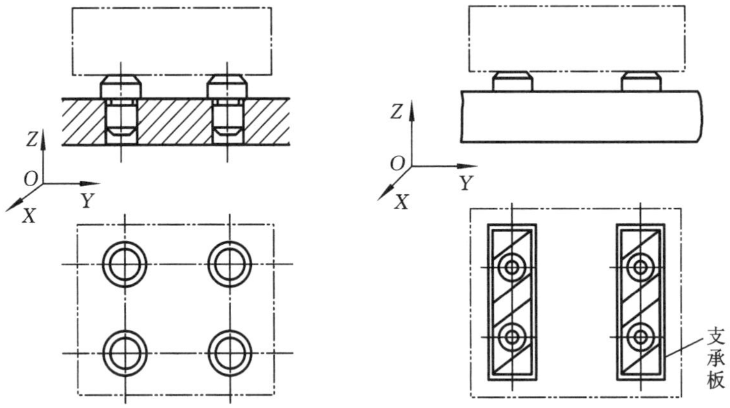

(a) (b)

图 2.10 平面定位的过定位

(a)支承钉过定位情况；(b)支承板过定位情况

如图 2.11(a)所示，连杆定位方案，长销限制了 XY 轴的移动和转动四个自由度，支承板限制了 XY 轴的转动和 Z 轴移动三个自由度，其中 XY 轴的转动被两个定位元件重复限制，这就产生了过定位。当连杆小头孔与端面有较大的垂直度误差时，夹紧力 F 将使长销弯曲或使连杆变形，见图 2.11(b)、(c)，造成连杆加工误差，这时为不可用过定位。若采用图 2.11(d)所示方案，将长销改为短销，就不会产生过定位。

在夹具设计过程中，采用过定位的方案，必须注意两个问题：其一是重复限制自由度的支承，不能影响工件的安装；其二是过定位会引起不良后果，在采取相应措施后，仍应保证工件的加工要求。

由以上分析可知，在机床专用夹具设计过程中，应尽量避免过定位。因此消除过定位及其干涉一般有两个途径：一是提高工件定位基面之间及夹具定位元件工作表面之间的位置

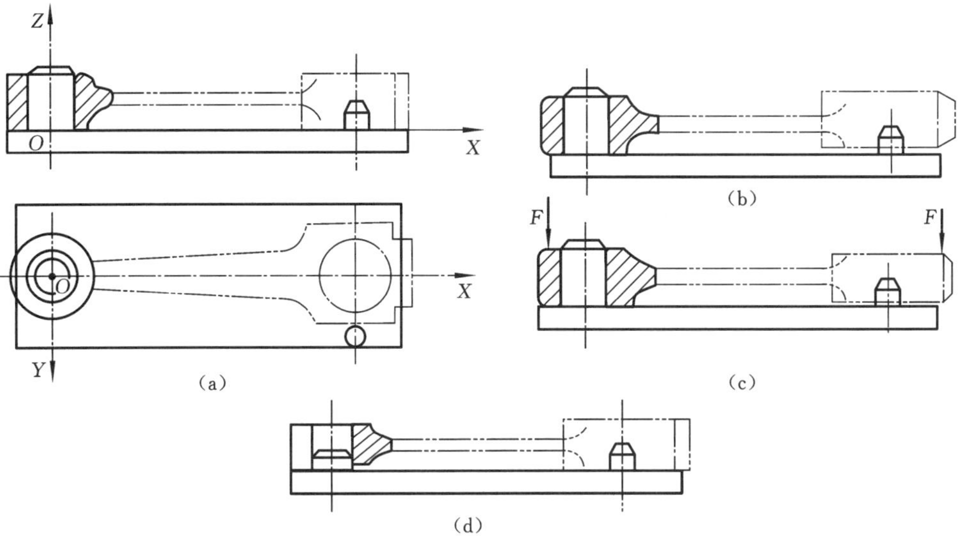

图 2.11 连杆大头孔加工时工件在夹具中的定位

精度，以减少或消除过定位引起的干涉；二是改变定位元件的结构，使定位元件在重复限制自由度的部分不起定位作用。

通常可采取下列措施来消除过定位：

① 减小接触面积，如图 2.12(b)所示。

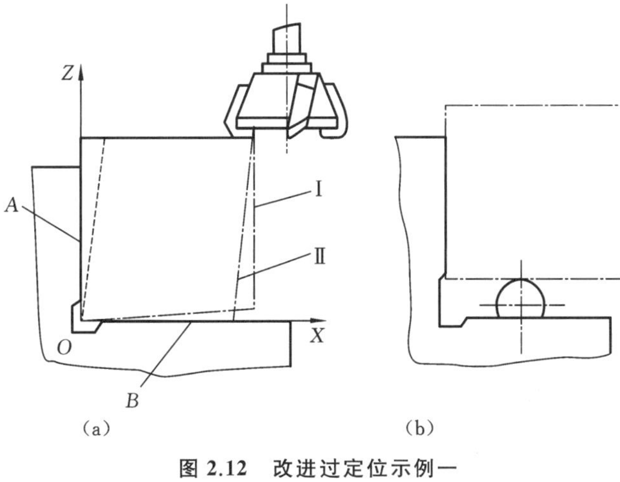

图 2.12 改进过定位示例一

(a)过定位；(b)改进定位结构

② 修改定位元件形状，以减少定位支承点。如图 2.13(b)所示。

③ 设法使过定位的定位元件在干涉方向上能浮动，以减少实际支承点的数目，如图2.14所示。

④ 拆除过定位元件。

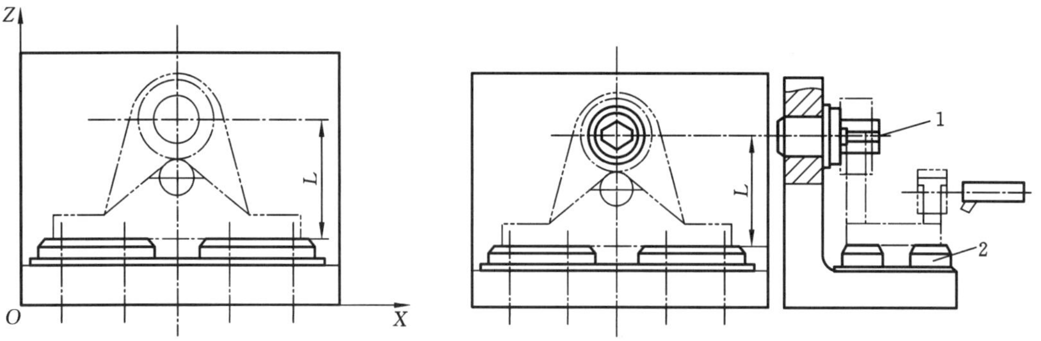

(a) (b)

图 2.13 改进过定位示例二

(a)过定位;(b)把圆柱销定位改为菱形销

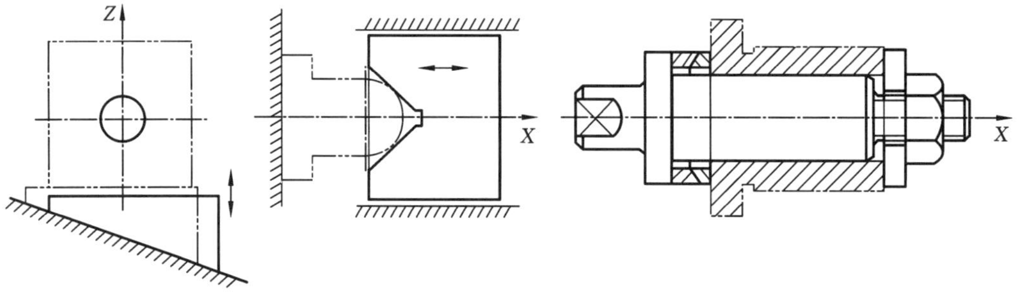

(a) (b) (c)

图 2.14 改进过定位示例三

(a)可浮动的平面支承($\overrightarrow{Z}$);(b)可浮动的 V 形块($\overrightarrow{X}$);(c)球面垫圈($\widehat{Y}$、$\widehat{Z}$)

2.2.4 限制工件自由度与加工要求的关系

工件定位时,影响加工精度要求的自由度必须限制;不影响加工精度要求的自由度可以限制也可以不限制,视具体情况而定。

2.2.4.1 工件定位基本要求

工件定位基本要求如下:

① 不允许出现欠定位。即根据加工要求应予限制的自由度而未被限制,以致使工件定位的实际支承点数目少于理论上应予限制的自由度数,它的正确位置就无法保证。

② 一般情况下,限制自由度数目越多,夹具结构越复杂,故为了简化夹具结构,在保证工件加工工艺要求下,限制自由度数目应尽量少;但在任何情况下所限制的自由度数不得少于三个,否则工件定位就会不稳定,而支承点的布置取决于工件的形状。

③ 有时为了便于夹紧或合理安放工件,实际采用的支承点数目允许多于理论分析的支承点数,但一般不能重复限制同一自由度。

一般情况下：保证一个方向上的加工尺寸需要限制一至三个自由度；保证两个方向上的加工尺寸需要限制四至五个自由度；保证三个方向上的加工尺寸需要限制六个自由度。

按照工件加工要求确定工件必须限制的自由度是工件定位中应解决的首要问题。

2.2.4.2　根据加工要求分析工件应该限制的自由度

工件定位时，其自由度可分为以下两种：

一种是影响加工要求的自由度，称第一种自由度；另一种是不影响加工要求的自由度，称第二种自由度。第一种自由度都必须严格限制，第二种自由度由具体的加工情况决定。

分析自由度的方法如下：

(1) 找出该工序所有的第一种自由度。

① 根据工序图，明确该工序的加工要求（包括工序尺寸和位置精度）与相应的工序基准。

② 建立空间直角坐标系，如图 2.15 所示。

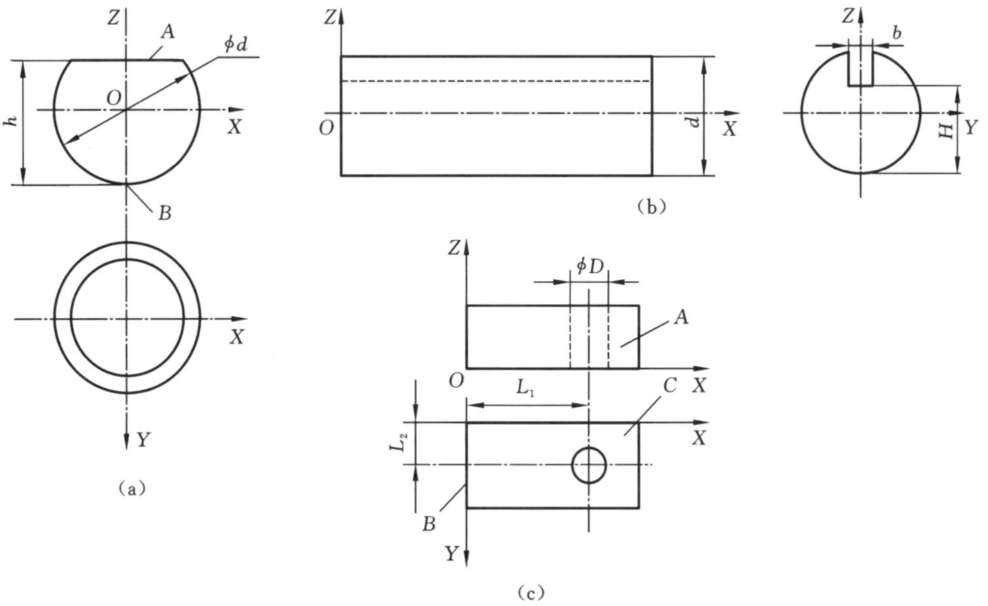

图 2.15　不同类型零件空间直角坐标系的建立

(a)以球心为坐标原点；(b)以直线为坐标轴；(c)以平面为坐标面

③ 依次找出影响各项加工要求的自由度。

④ 把影响所有加工要求的自由度累计起来便得到该工序的全部第一种自由度。

(2) 找出第二种自由度。

从六个自由度中去掉第一种自由度，剩下的都是第二种自由度。

(3) 根据具体的加工情况，判断哪些第二种自由度需要限制。

(4) 把所有的第一种自由度与需要限制的第二种自由度结合起来，便是该工序需要限制的全部自由度。

常见加工面必须限制的自由度见表 2-2。

表 2-2　常见加工面必须限制的自由度

工序简图	加工面	必须限制的自由度
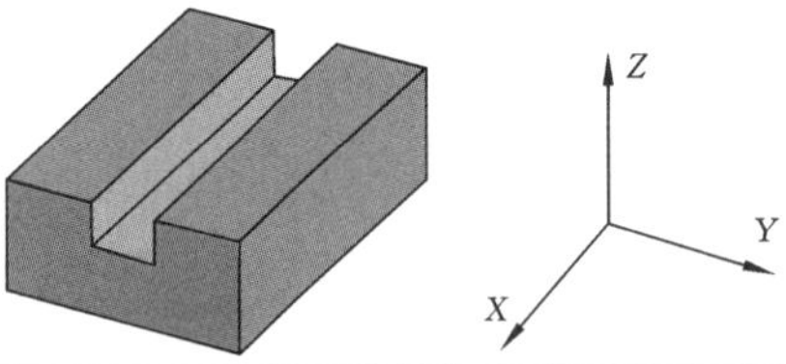	槽	$\overset{\curvearrowright}{X}$、$\overset{\curvearrowright}{Y}$、$\vec{Y}$、$\overset{\curvearrowright}{Z}$、$\vec{Z}$
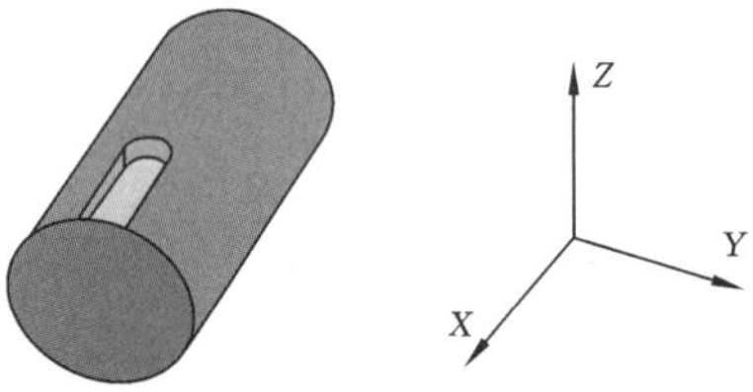	键槽	$\vec{X}$、$\overset{\curvearrowright}{Y}$、$\vec{Y}$、$\overset{\curvearrowright}{Z}$、$\vec{Z}$
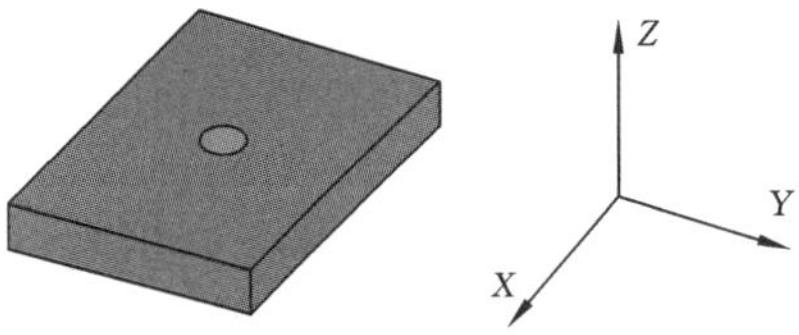	通孔	$\overset{\curvearrowright}{X}$、$\vec{X}$、$\overset{\curvearrowright}{Y}$、$\vec{Y}$、$\overset{\curvearrowright}{Z}$
	盲孔	$\overset{\curvearrowright}{X}$、$\vec{X}$、$\overset{\curvearrowright}{Y}$、$\vec{Y}$、$\overset{\curvearrowright}{Z}$、$\vec{Z}$
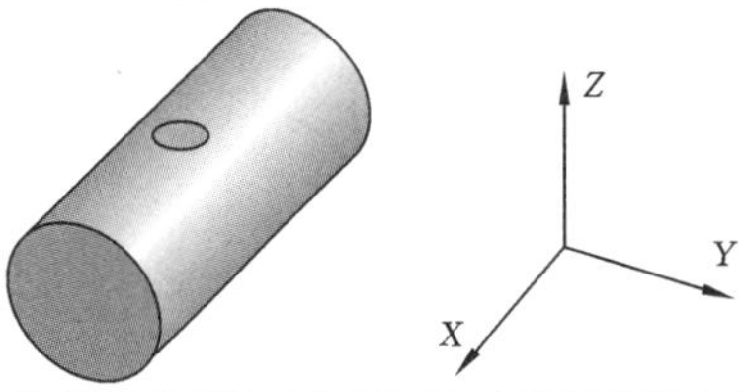	通孔	$\vec{X}$、$\vec{Y}$、$\overset{\curvearrowright}{Y}$、$\overset{\curvearrowright}{Z}$
	盲孔	$\vec{X}$、$\overset{\curvearrowright}{Y}$、$\vec{Y}$、$\overset{\curvearrowright}{Z}$、$\vec{Z}$

定位元件是与工件定位基准面接触的元件，用来确定工件在夹具中的位置。

2.2.4.3　对定位元件的基本要求

(1) 要有足够的精度

由于定位误差的基准位移误差直接与定位元件的定位表面有关，因此，定位元件的定位表面应有足够的精度，以保证工件的加工精度。通常，定位元件的定位表面还应有较小的表面粗糙度。

(2) 要有足够的强度和刚度

定位元件不仅限制工件的自由度，还要支承工件，承受夹紧力和切削力，因此应有足够的强度和刚度，以免使用中发生变形和损坏。

(3) 耐磨性好

工件的装卸会磨损定位元件的限位表面，导致定位精度下降。定位精度下降到一定程度，定位元件必须更换。为了提高夹具的使用寿命，延长定位元件的更换周期，定位元件应有较好的耐磨性。

(4) 设计时应协调好与有关元件的关系

在定位设计时，还应处理、协调好定位元件与夹具体、夹紧装置、对刀导向元件的关系。

有时定位元件还需留出排屑空间，以方便刀具进行切削加工。

（5）具有良好的结构工艺性

定位元件的结构应力求简单、合理，便于加工、装配和更换。

2.2.4.4　定位符号和夹紧符号的标注

在选定定位基准及确定了夹紧力的方向和作用点后，应在工序图上标注定位符号和夹紧符号。图 2.16 所示为典型零件定位符号和夹紧符号的标注。

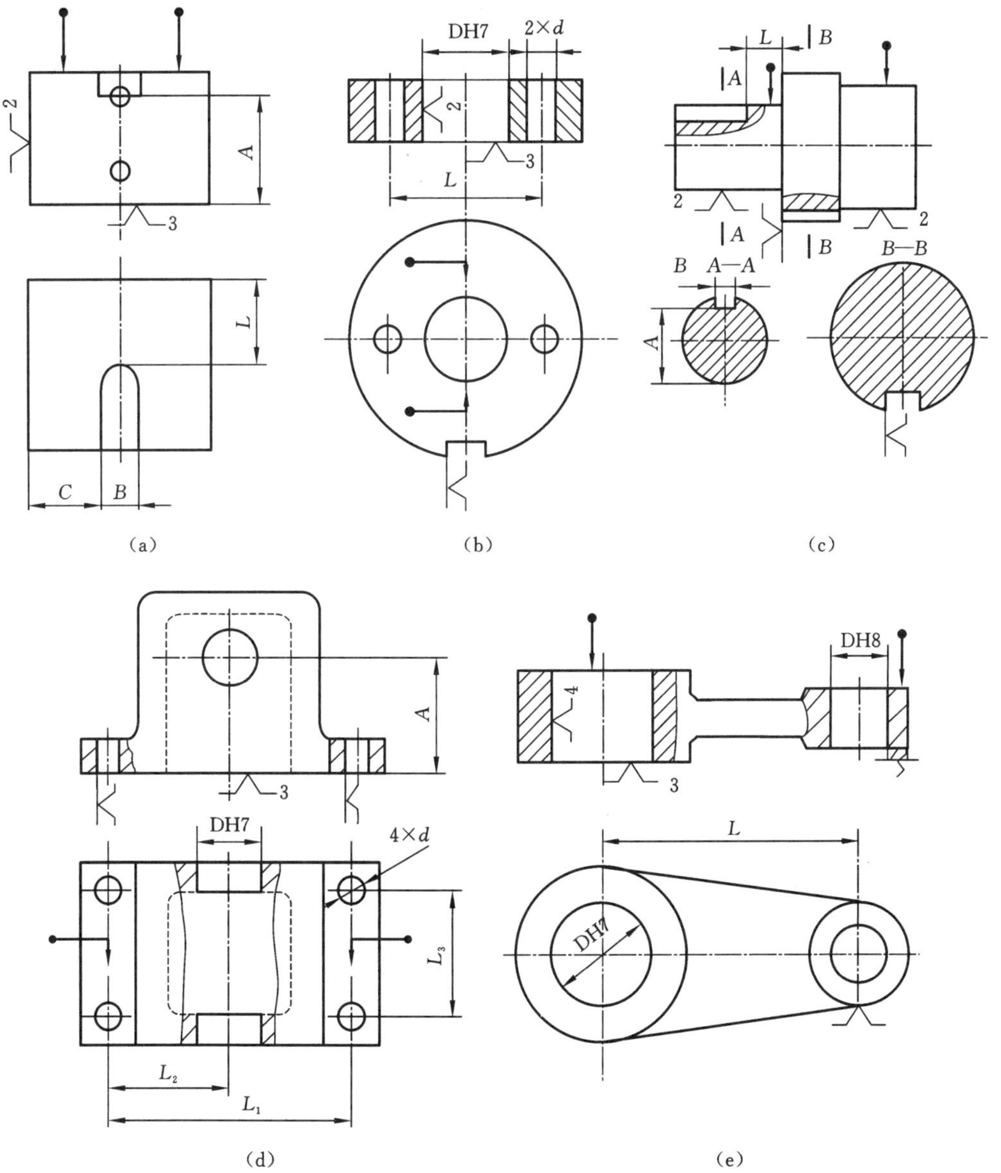

图 2.16　典型零件定位符号和夹紧符号的标注

(a)长方体上铣不通槽；(b)盘类零件上加工两个直径为 d 的孔；(c)轴类零件上铣小端键槽；(d)箱体类零件上镗直径为 DH7 的孔；(e)杠杆类零件钻小端直径为 DH8 的孔

2.3 常见定位元件

工件在夹具中定位，主要是通过各种类型的定位元件来实现的。在机械加工中，虽然被加工工件的种类繁多和形状各异，但从它们的基本结构来看，不外乎是由平面、圆柱面、圆锥面及各种成形表面所组成的。所以可根据各自的结构特点和工序加工精度要求，选择工件的平面、圆柱面、圆锥面或它们之间的组合表面作为定位基准。

同时，在分析工件定位原理时，为了简化问题、便于理论分析，我们引入了定位支承点这一概念。但是工件在夹具中实际定位时，是不能以理论上的"点"与工件的定位基面接触的，必须把支承点转化为具有一定结构、实在的定位元件(限位基面)来和定位基面相接触(或配合)。

定位元件的设计包括定位元件的结构、形状、尺寸及布置形式等的设计。工件的定位设计主要取决于工件的加工要求和工件定位基准的形状、尺寸、精度等，故在设计定位元件时要注意分析定位基准的形态。

2.3.1 工件以平面定位时的定位元件

工件以平面作为定位基准时，所用的定位元件一般可分为基本支承和辅助支承两类。基本支承用来限制工件的自由度，具有独立定位的作用；辅助支承用来加强工件的支承刚度，没有限制工件自由度的作用。

2.3.1.1 基本支承

基本支承有固定支承、可调支承和自位支承三种形式，它们的尺寸结构已系列化、标准化，可在夹具设计手册中查用。

(1) 固定支承

使用时高度不变的支承为固定支承，它有支承钉和支承板两种形式。支承钉如图 2.17 所示，支承钉有平头、圆头和花头之分，平头支承钉可以减少磨损，避免定位表面压坏，多用于精基准定位；圆头支承钉容易保证它与工件定位基准面间的点接触，位置相对稳定，但易磨损而失去精度，多用于粗基准定位。花头支承钉能增大接触面间的摩擦力，与工件定位基准表面有稳定的接触，但落入花纹中的切屑不易清除，故多用于侧面和顶面的粗基准定位。一个支承钉相当于一个支承点，可限制工件的一个自由度。三种支承钉与夹具体的配合关系为：可用过盈配合 H7/r6 或过渡配合 H7/n6 直接压入夹具体中。

当支承钉需要经常更换，应加衬套[图 2.17(d)]；衬套外径与夹具体用 H7/n6 配合，衬套内径与支承钉用 H7/h6 配合。支承钉材料采用 T8 钢棒，淬火硬度 55～60HRC，表面应进行防锈处理。

支承板如图 2.18 所示，支承板有两种标准形式，A 型支承板结构简单、紧凑，安装时固定螺钉的头部比支承板的定位平面低 1～2 mm，但切屑易落入螺钉头周围的缝隙中，且不易清除，因此多用于侧面和顶面的定位。B 型支承板在工作面上有 45°的斜槽，且能保持与工件定位基准面连续接触，清除切屑方便，所以多用于底面定位。两种支承板都适用于工件以精基准定位的场合。使用一组支承板定位时必须保证等高，故支承板的工作面装配后必须在一道工序中精磨，保证等高。一组支承板，相当于不在一条直线上的三个支承点，限制三个自由度；一块长支承板定位时，形成线定位，限制两个自由度。支承板一般以 2～3 个 M6～M12的螺钉紧固在夹具体上。在受力较大或支承板有移动趋势时，应增加圆锥销或将支承板嵌入夹具体槽内。

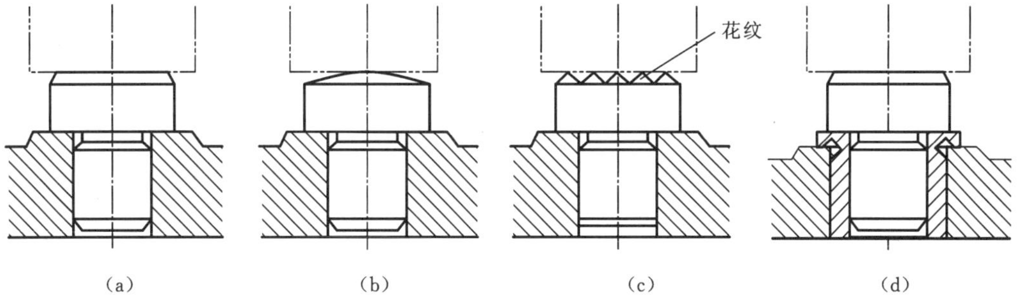

图 2.17 支承钉的应用

(a)平头支承钉；(b)圆头支承钉；(c)花头支承钉；(d)带衬套支承钉

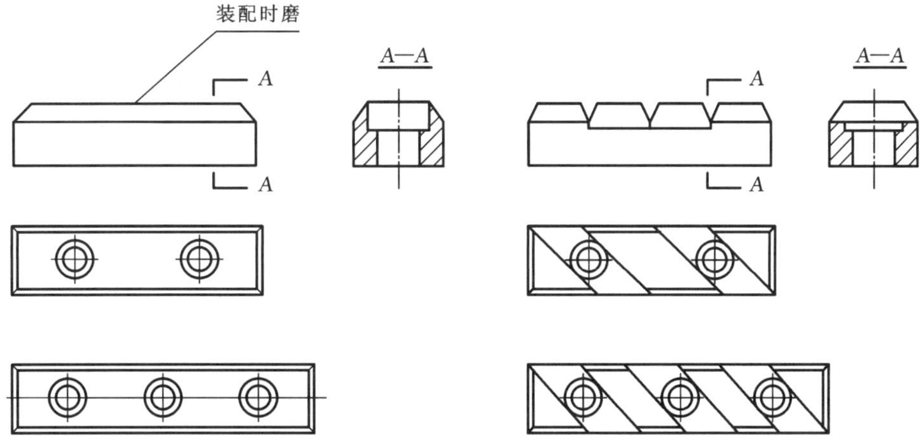

图 2.18 支承板的种类和形状

(a)A 型支承板；(b)B 型支承板

(2) 可调支承

可调支承的形式如图 2.19 所示，其中图 2.19(a)所示的球头可调支承可用手直接调节或用杠杆旋动进行调节，适用于支承小型工件；图 2.19(b)所示的锥头可调支承需用扳手调节，适用于粗基准定位；图 2.19(c)所示的自位可调支承需用扳手调节，支承钉 1 起自位支承作用；图 2.19(d)所示的侧向可调支承需用螺丝刀调节，适用于侧向定位情况。

可调支承是指高度可以调节的支承，一个可调支承限制工件一个自由度。可调支承一般只对一批毛坯调整一次，在同一批工件加工中，其位置保持不变，作用相当于固定支承，所以,可调支承在调整后必须用锁紧螺母 2 锁紧。可调支承具体结构如图 2.20 所示。

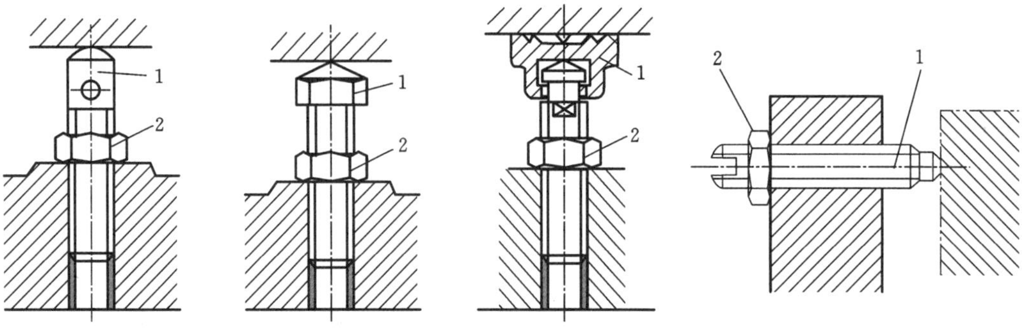

图 2.19 可调支承

(a)球头可调支承;(b)锥头可调支承;(c)自位可调支承;(d)侧向可调支承

1—支承钉;2—锁紧螺母

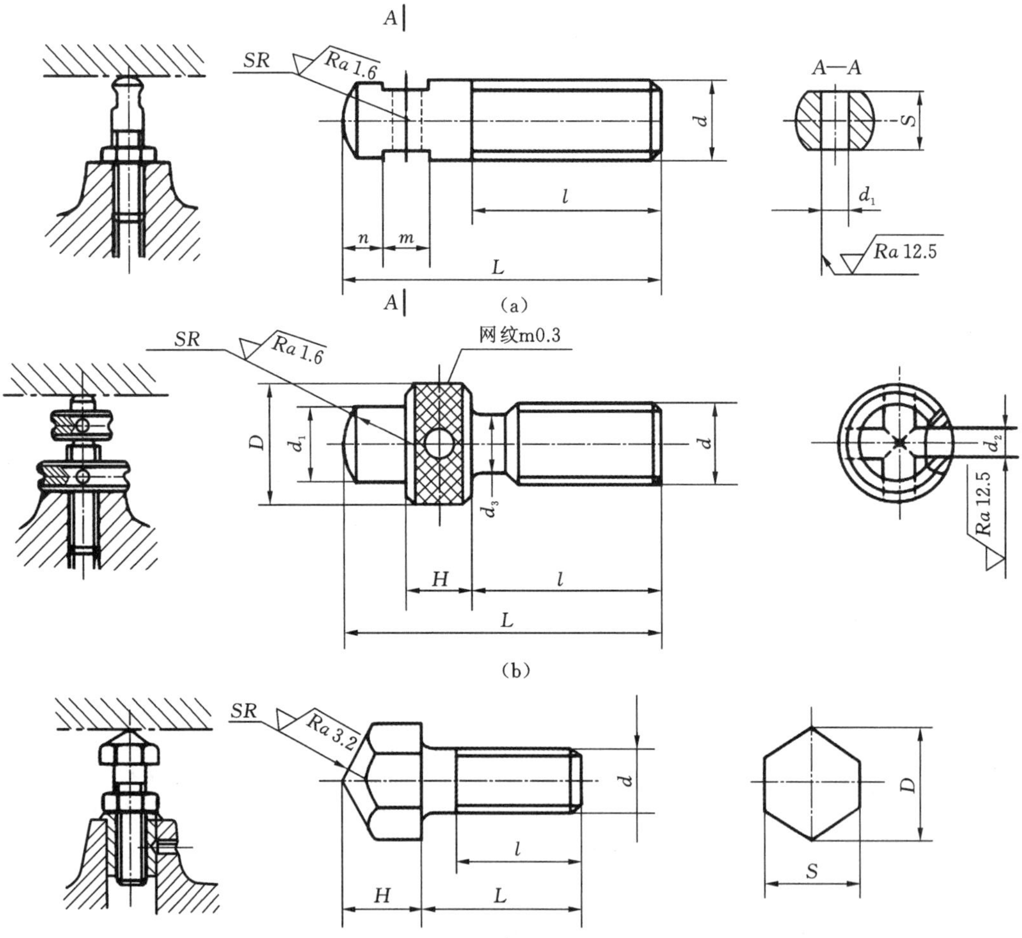

图 2.20 可调支承钉结构

① 工件的定位安装基面是毛坯面时，至少应设置一个可调支承。当毛坯精度不高，而又以粗基准定位时，若采用固定支承，由于毛坯尺寸不稳定，将引起工件上要加工表面的加工余量发生大的变化，影响加工精度。例如图 2.21 所示的箱体零件，第一道工序是铣顶面。这时，以未经加工的箱体底面作为粗基准来定位。由于毛坯质量不高，因此对于不同批毛坯而言，其底面至毛坯孔中心尺寸 L 发生的变化量 ΔL 很大，使加工出来的各批零件，其顶面到毛坯中心孔的距离发生由 H_1 到 H_2 的变化。其中：$H_2-H_1=\Delta L$。

这样，以后以顶面定位镗孔时，就会像图 2.21 中实线孔所表示的那样，使镗孔余量偏在一边，加工余量极不均匀。更为严重的是，使得单边没有加工余量。因此，必须按毛坯的孔心位置画出顶面加工线，然后根据这一画线的线痕找正，并调节与箱体底面相接触的可调支承，使其高度调节到找正位置，使可调支承的高度大体满足同批毛坯的定位要求。

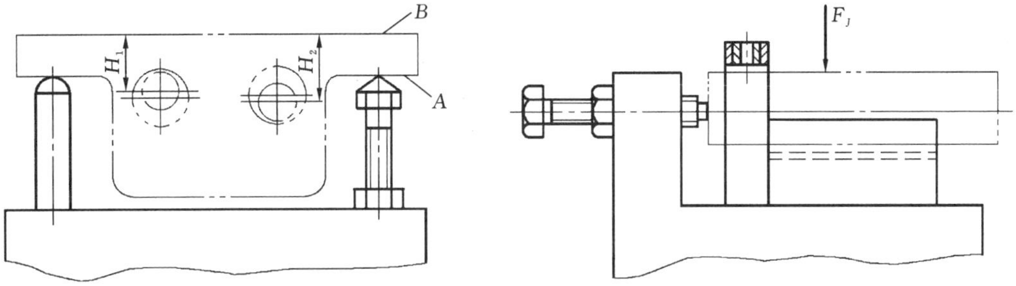

图 2.21 可调支承的应用示例一

(a)铸件铣 B 面；(b)轴钻径向孔

当毛坯质量极差时，则同批毛坯每一件均需画线、找正、调节，如此方可实现正确定位，以保证后续工序的加工余量均匀。因 H 有 ΔL 误差，当工件第一道工序以图示下平面定位加工上平面，然后第二道工序再以上平面定位加工孔，出现余量不均，影响加工孔的表面质量。若第一道工序用可调支承钉定位，保证 H 有足够精度，再加工孔时，就能保证余量均匀，从而可保证加工孔表面的质量。

加工过程中，一般先铣 B 面，再以 B 面定位镗双孔。为了保证镗孔工序有足够和均匀的余量，最好先以毛坯孔为粗基准定位，但装夹不太方便。此时可将 A 面置于可调支承上，通过调整可调支承的高度来保证 B 面与两毛坯孔中心的距离尺寸 H_1、H_2，对于毛坯比较准确的小型工件，有时每批仅调整一次，这样对于一批工件来说，可调支承即相当于固定支承。

② 在同一夹具上加工形状相似而尺寸不等的工件时，也常采用可调支承。如图 2.21(b)所示，在轴上钻径向孔。对于孔至端面的距离不等的几种工件，只要调整支承钉的伸出长度，该夹具便都可适用。在成组可调夹具中用图 2.22(b)所示夹具加工图 2.22(a)所示工件，因 L 不同，定位右侧支承用可调支承钉，问题方可解决。

可调支承在调节后必须用螺母锁紧，以防松动。可调支承应在同一批工件加工前进行调整，这样在同一批工件加工过程中，它就相当于固定支承，即可调支承一般只对一批毛坯调整一次。由于可调支承可以用作辅助支承，因此也可以认为是辅助支承中的一类。针对

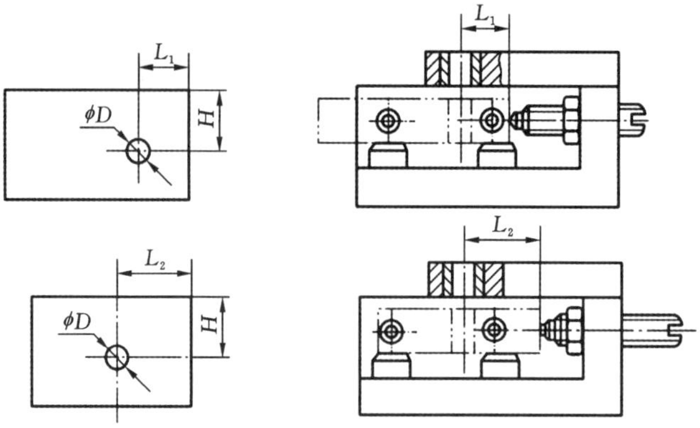

(a)　　　　　　　　(b)

图 2.22　可调支承的应用示例二

(a)工件;(b)可调夹具

固定支承钉、支承板和可调支承定位元件而言,小平面(1 个支承钉)限制一个自由度;窄长平面(2 个支承钉)限制两个自由度;大平面(3 个支承钉)限制三个自由度。

(3) 自位支承(浮动支承)

自位支承的结构形式,如图 2.23 所示,其中图 2.23(a)为 3 点浮动,图 2.23(b)、(c)为 2 点浮动。

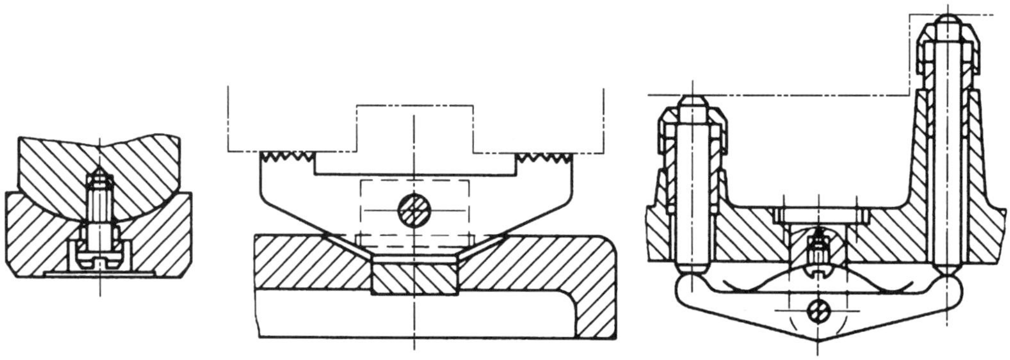

(a)　　　　　　　　(b)　　　　　　　　(c)

图 2.23　自位支承

(a)球形自位支承;(b)花台面转轴自位支承;(c)球面转轴自位支承

如图 2.24 所示的叉形零件,以加工过的孔 D 及端面定位,铣平面 C 和平面 E,用心轴及端面限制了 $\vec{X}$、$\vec{Y}$、$\vec{Z}$、$\widehat{X}$、$\widehat{Z}$ 五个自由度。为了限制自由度 $\widehat{Y}$,需设置一个防转支承。此支承单独设置在 A 处或 B 处,都因工件刚性差而无法加工。若 A、B 两处均设置防转支承,则属于过定位,夹紧后工件变形较大,这时应采用如图 2.24 所示的自位支承。自位支承是在工件定位过程中,能随工件定位基准面的位置变化而自动与之适应的多点接触的浮动支承,由于自位支承是活动的,支承点的位置能随着工件定位基面的位置不同而自动调节,定位基面压下其中一点,其余点便上升,其作用仍相当于一个定位支承点,限制工件的一个自由度。

由于接触点数的增多,可提高工件的支承刚度和定位稳定性,适用于粗基准定位或工件刚度不足的定位情况,常用于毛坯表面、断面表面、阶梯表面,以及有角度误差的平面或刚性不足的场合的定位。

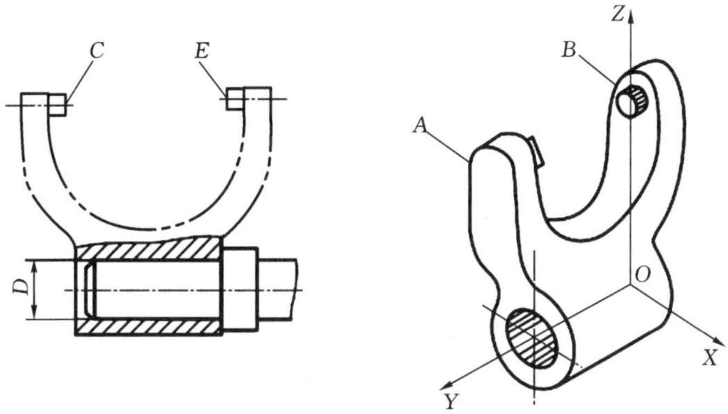

图 2.24 自位支承的应用

2.3.1.2 辅助支承

辅助支承不是定位元件,它的主要作用是增加工件的刚性,减少切削变形。在实际生产中,由于工件形状以及在夹紧力、切削力、工件重力等作用下,工件可能在定位后会产生变形或定位不稳定,为了提高工件的装夹刚性和稳定性,常需设置辅助支承。如图 2.25 所示,工件以内孔、端面及右侧面定位钻小孔。若右端不设支承,工件装夹好后,右边悬空,钻孔加工时,工件刚性很差。若在 A 处设置固定支承,属过定位,有可能破坏左端的定位。若在 A 处设置辅助支承,则能增加工件的装夹刚性,解决上述问题。

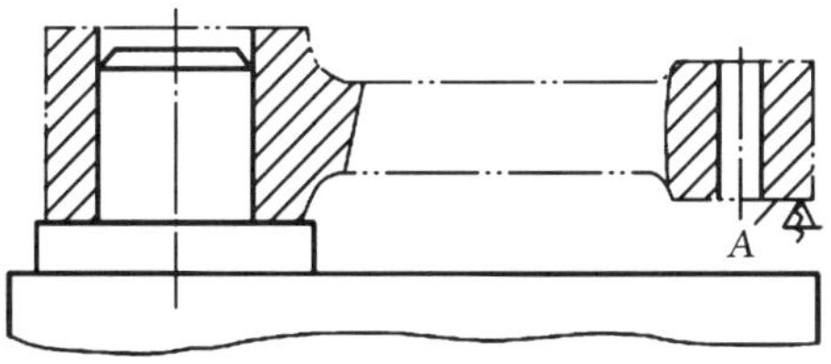

图 2.25 辅助支承的应用

零件夹紧力作用点靠近加工部位可提高加工部位的夹紧刚性,防止或减少工件振动。如图 2.26 所示,主要夹紧力垂直作用于主要定位基准面,如果不再施加其他夹紧力,因夹紧力没有靠近加工部位,加工过程易产生振动。所以,应在靠近加工部位处采用辅助支承并施加夹紧力或采用浮动夹紧装置,既可提高工件的夹紧刚度,又可减小振动。

可调支承与辅助支承的作用完全不同,可调支承起定位作用,而辅助支承不起定位作用;可调支承是先调整工件定位点,然后使工件在可调支承上定位,最后夹紧工件;辅助支承则是先将工件定位,然后夹紧工件,最后调整辅助支承。

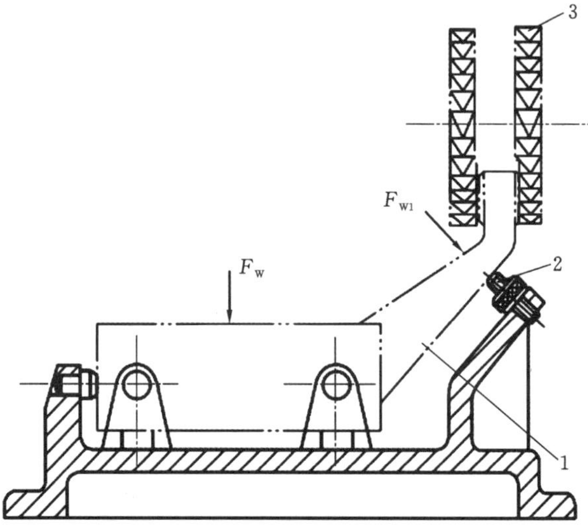

图 2.26 辅助支承提高工件的刚性

1—工件;2—辅助支承;3—铣刀

辅助支承有以下几种类型:

(1) 螺旋式辅助支承

螺旋式辅助支承如图 2.27(a)所示,这种支承结构简单,制造方便,但支承高度需手动调节,效率较低。

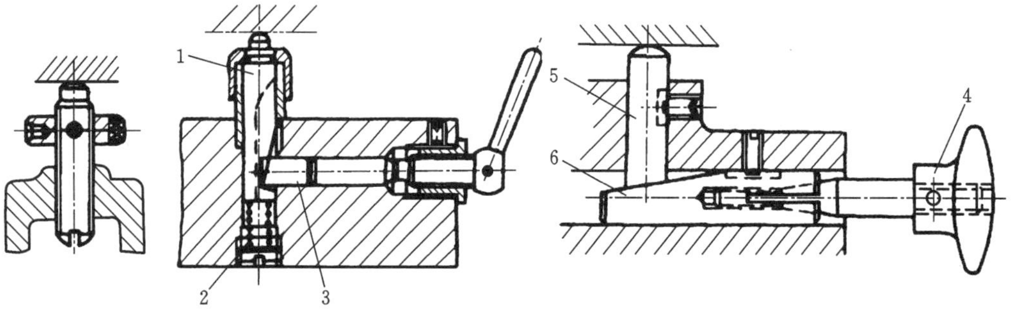

图 2.27 辅助支承的类型

(a)螺旋式;(b)自位式;(c)推引式

1、5—滑柱;2—弹簧;3—滑块;4—手轮;6—斜楔

(2) 自位式辅助支承

自位式辅助支承如图 2.27(b)所示,松开滑块 3,弹簧 2 推动滑柱 1 与工件接触,再用滑块 3 锁紧滑柱 1。弹簧力的大小应能使滑柱 1 弹出,但不能顶起工件,防止工件变形。

(3) 推引式辅助支承

推引式辅助支承如图 2.27(c)所示,它适用于工件较重、垂直作用的切削负荷较大的场合。工件定位后,推动手轮 4 使滑柱 5 与工件接触,然后转动手轮使斜楔 6 开槽部分胀开而锁紧,反转手轮则松开。

2.3.2 工件以内孔为定位基准

工件以内孔定位属于中心定位，定位基面为圆孔或圆锥孔的内表面，定位基准为圆孔或圆锥的中心线（中心要素），通常要求内孔（或内锥孔）基准面有较高的精度，在夹具设计中常采用的定位元件有圆柱销、菱形销、圆锥销、圆柱心轴和锥度心轴等。

2.3.2.1 定位销

如图 2.28(a)所示为固定式定位销，固定式定位销 A 型为圆柱销，直径 d 的作用是将定位销定位在夹具体上，一般与夹具体上的孔过盈配合；直径 D 的作用是给工件做定位，一般与工件上的孔间隙配合。当 $D>10\sim18$ mm 时，定位销的轴肩面与工件接触可以起定位作用，也可以不与工件接触不起定位作用，视夹具具体定位结构而定。一般情况下定位销只能限制工件的两个移动自由度。

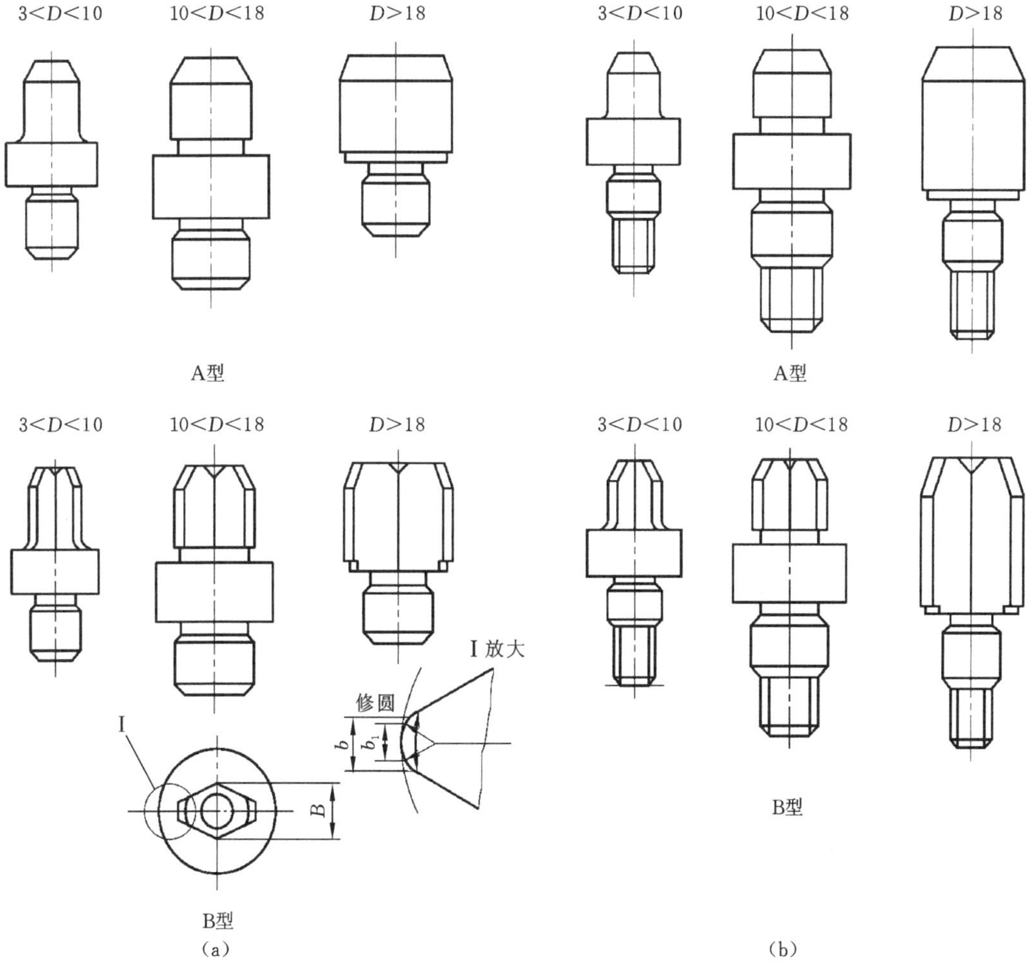

图 2.28 常见定位销

(a)固定式；(b)可换式

固定式定位销B型有时也称为菱形圆柱销(或称为削边销),也是一种常用的孔定位元件。菱形销是在定位销A型的基础上,将圆形截面 D 铣削成菱形截面而成。由于菱形销在宽度方向上与工件失去了配合,而不起定位作用,因此,一般情况下,菱形销只限制一个自由度。定位销A型常与定位销B型配合使用,组成一面两销定位,限制工件的六个自由度(如箱体类工件加工)。菱形销能够补偿工件的定位基准与夹具定位元件之间的实际尺寸误差,消除过定位。它的直径选择除留有必要的安装间隙外,还需要考虑补偿上述误差所需要的间隙。为了便于定位销的更换,可采用可换式定位销,见图2.28(b)。

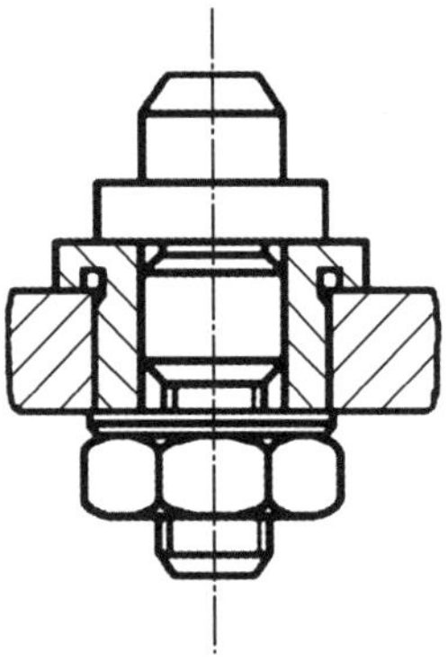

图2.29 带衬套的定位销结构形式

图2.29所示的带衬套的定位销结构形式,并用螺母拉紧以承受径向力和轴向力。定位销的工作部分直径可按g5、g6、f6、f7制造,定位销与夹具体的配合可用H7/r6、H7/n6,衬套与夹具体选用过渡配合H7/n6,其内径与定位销为间隙配合H7/h6、H7/h5。

2.3.2.2 心轴

心轴的结构形式有很多种,根据不同工件的特点,不同的工厂采用不同的设计。常用的几种心轴结构形式如下:图2.30所示为间隙配合心轴,由于心轴工作部分一般按h6、g6或f7制造,故工件装卸比较方便,但定心精度不高。采用间隙配合心轴时,工件常以内孔和端面联合定位。心轴限制工件四个自由度,心轴的小台肩端面限制工件一个自由度。图2.31所示为过盈配合心轴。心轴由引导部分1、工作部分2以及与传动装置(如拨盘、鸡心夹头等)相联系的传动部分3组成。引导部分的作用是使工件迅速而准确地套在心轴上,其直径 d_3 按e8制造,d_3 的基本尺寸等于工件孔的最小极限尺寸,其长度约为工件定位孔长度的一半。工作部分的直径按r6制造,其基本尺寸等于孔的最大极限尺寸。当工件定位孔的长度与直径之比 $L/d>1$ 时,心轴的工作部分应略带锥度,这时,直径 d_1 按r6制造,其基本尺寸等于孔的最大极限尺寸,直径 d_2 按h6制造,其基本尺寸等于孔的最小极限尺寸。这种心轴制造简单、定心精度高,无须另外设计夹紧装置,但装卸工件不便,且易损伤工件定位孔。因此,多用于定心精度要求高的精加工场合。图2.32所示为花键心轴,用于加工以花键孔定位的工件。设计花键心轴时,应根据工件的不同定心方式来确定定位心轴的结构。

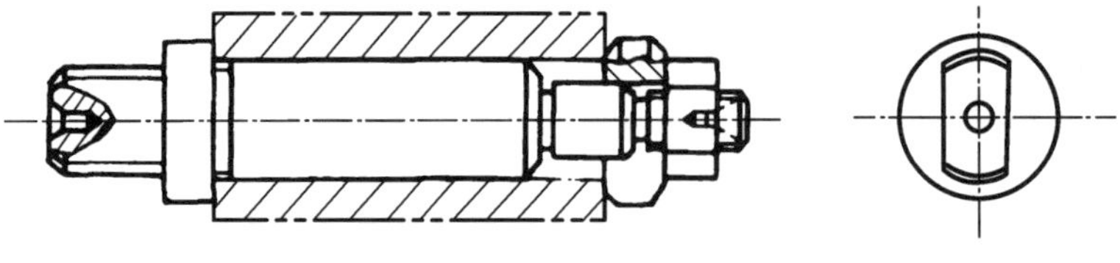

图2.30 间隙配合心轴

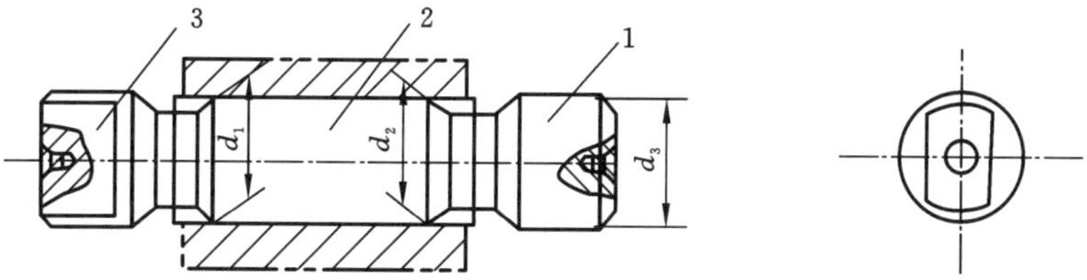

图 2.31 过盈配合心轴

1—引导部分;2—工作部分;3—传动部分

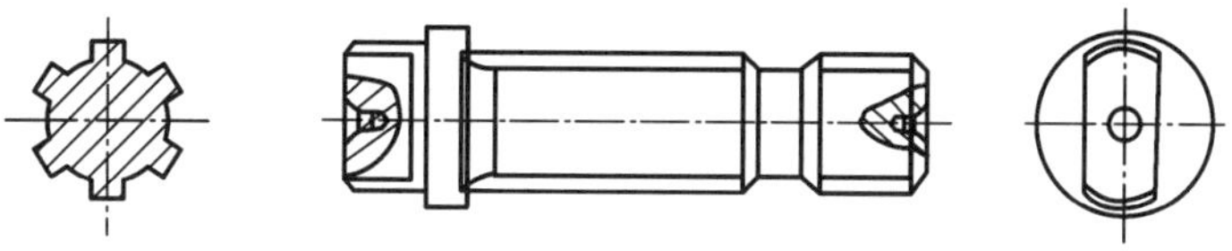

图 2.32 花键心轴

心轴在机床上的常用安装方式如图 2.33 所示。

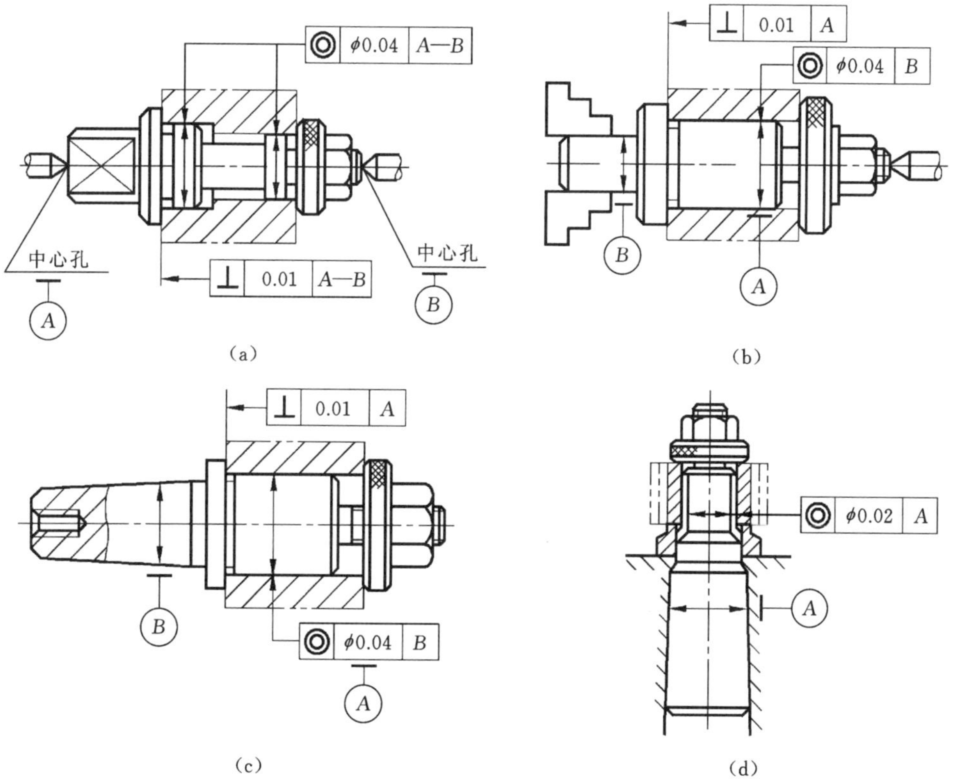

图 2.33 心轴在机床上的安装

(a)双顶尖式安装;(b)一夹一顶式安装;(c)主轴锥孔安装;(d)滚齿机心轴安装

2.3.2.3 锥面定位销

锥面定位销的工作面是圆锥面，如图 2.34 所示，锥面和基准孔的棱边接触形成理想的线接触，它限制工件 X、Z、Y 三个移动自由度。在实际应用中，为了减少基准孔棱边的误差对定位的影响，常采用图 2.34(a)所示的削边圆锥销，削边圆锥销多用于粗基准孔的定位设计中，锥顶角一般取为 90°；图 2.34(b)所示的圆锥销多用于精基准孔的定位设计中。

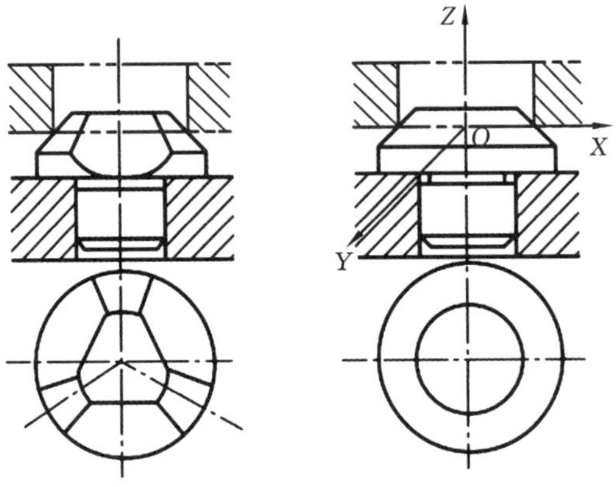

(a)　　(b)

图 2.34　锥面定位销

(a)削边圆锥销；(b)圆锥销

工件在单个圆锥销上定位容易倾斜，为此，圆锥销一般与其他定位元件组合定位，如图 2.35 所示。图 2.35(a)为圆锥-圆柱组合心轴，锥度部分使工件准确定心，圆柱部分可减少工件倾斜。图 2.35(b)以工件底面作主要定位基面，采用活动圆锥销，只限制 X、Y 两个移动自由度，即使工件的孔径变化较大，也能准确定位。图 2.35(c)为工件在双圆锥销上定位，左端固定锥销限制 X、Y、Z 三个移动自由度，右端为活动锥销，限制 Y、Z 两个转动自由度。以上三种定位方式均限制工件五个自由度。

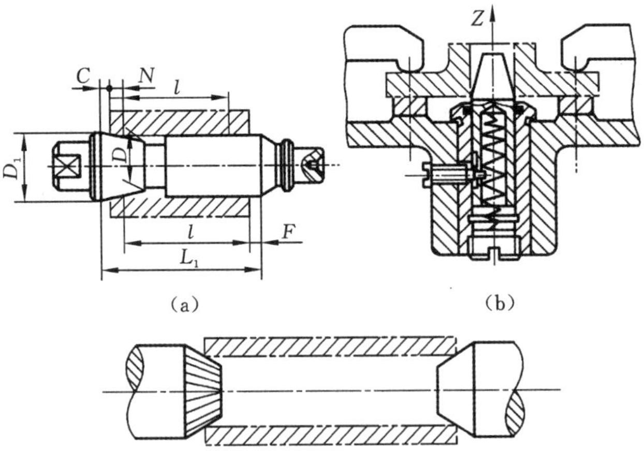

(c)

图 2.35　圆锥销的应用

(a)圆锥-圆柱组合心轴；(b)活动圆锥销；(c)双圆锥销定位

2.3.2.4 锥度心轴

锥度心轴，也称为小锥度心轴。如图 2.36 所示，工件在锥度心轴上定位，并靠工件定位圆孔与心轴限位圆锥面的弹性变形夹紧工件，限制工件五个自由度。这种定位方式的定心精度较高，可达到 ϕ(0.01～0.02)mm。但其缺点是工件的轴向位移误差较大，工件在心轴上的轴向位置视工件定位基准孔的实际尺寸和心轴的工作表面的锥度 C 而定；另一缺点是工件易倾斜。

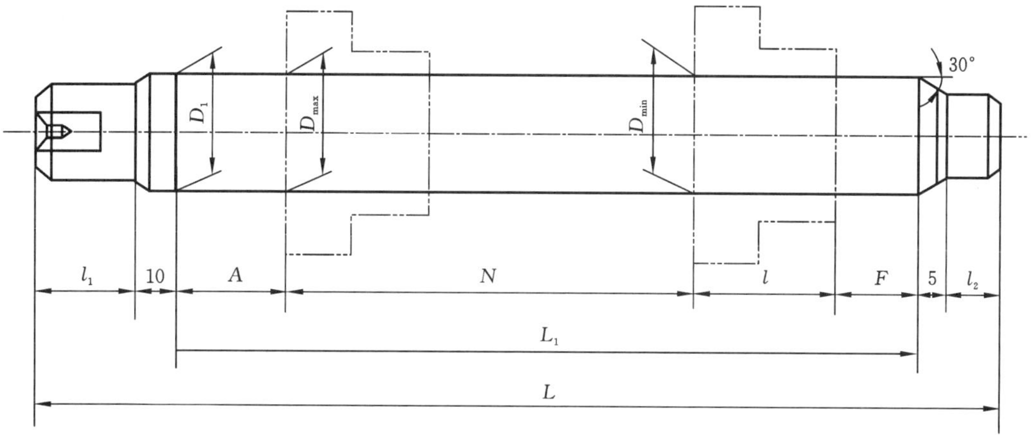

图 2.36 用锥度心轴定位

锥度心轴的结构尺寸按表 2-3 计算，心轴锥度见表 2-4。具体设计可查阅 GB/T 12875-91。心轴的长径比 L/D 一般小于 8。在保证定位精度要求和夹紧可靠的前提下，应尽量缩短心轴长度，以提高刚性。当 L 过长时，可将基准孔按公差范围分成 2～3 组，心轴也相应制造 2～3 根。

表 2-3 锥度心轴的尺寸计算

计算项目	计算公式及数据	说明
心轴大端直径	$D_1=D_{max}+(0.01\sim0.02)$	D_1：工件孔的基本尺寸； D_{max}：工件孔的最大极限尺寸； D_{min}：工件孔的最小极限尺寸； δ_{D_1}：工件孔的公差； F：工件孔的长度； l_1：心轴传动部分的长度； 当 $L/D>8$ 时，应分组设计心轴
心轴大端公差	$\delta_{D_1}=0.005\sim0.01$	
保险圆锥面长度	$A=(D_1-D_{max})/C$	
导向锥面长度	$F=(0.3\sim0.5)D$	
左端圆柱长度	$l_1=20\sim40$	
右端圆柱长度	$l_2=10\sim15$	
工件轴向位置的变动范围	$N=(D_{max}-D_{min})/C=\delta_D/C$	
心轴总长度	$L=A+N+l+F+l_1+l_2+15$	其结构尺寸见图 2.36

表 2-4 高精度心轴锥度推荐值

基准孔直径 D/mm	8～25	25～50	50～70	70～80	80～100	>100
锥度 C	$0.01/2.5D$	$0.01/2D$	$0.01/1.5D$	$0.01/1.25D$	$0.01/D$	0.01/100

2.3.3 工件以外圆为定位基准

在夹具设计中常用于外圆表面的定位元件有定位套、支承和 V 形块等。各种定位套对工件外圆表面主要实现定心定位，支承实现对外圆表面的支承定位，V 形块则实现对外圆表面的定心对中作用。

2.3.3.1 V 形块

工件以外圆柱面定位时，不管是粗基准还是精基准均可采用 V 形块这种定位元件。图 2.37 为常见的 V 形块结构形式。图 2.37(a)所示 V 形块用于较短的精基准面定位；图 2.37(b)所示的一对短的 V 形块组合紧固在夹具体上代替整体式 V 形块，用于较长的粗基准面和阶梯定位；图 2.37(c)所示 V 形块用于两端精基准面相距较远的定位。V 形块不一定要做成整体钢件，如工件定位基面直径很大时，则选用如图 2.37(d)所示的铸铁底座镶有淬硬钢垫或硬质合金板的 V 形块。V 形块的 V 形角有 60°、90°、120°三种，90°的 V 形块应用最广泛，其定位精度和稳定性介于 60°、120°V 形块之间，精度比 60°V 形块高，稳定性比 120°V 形块高。中小型尺寸 V 形块材料，选用 20 钢，渗碳淬火硬度为 58～63HRC。大尺寸 V 形块可选 T8A、T12A 或 CrMn，淬火至同样硬度 58～63HRC。

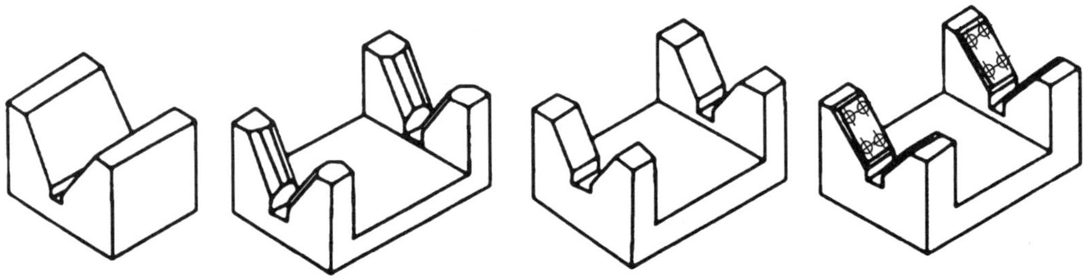

(a) (b) (c) (d)

图 2.37 V 形块的结构形式

(a)用于较短的精基准面定位；(b)用于较长的粗基准面和阶梯定位；
(c)用于两端精基准面相距较远的定位；(d)铸铁底座镶有淬硬钢垫或硬质合金板的 V 形块

设计 V 形块时，90°V 形块的结构和尺寸已标准化，可查阅有关国家标准。对于非标准的 V 形块可按图 2.38 进行有关尺寸的计算。V 形块分短 V 形块和长 V 形块两种。若 V 形块与工件定位面的接触长度小于工件定位直径时，属短 V 形块；若 V 形块与工件定位面的接触长度大于 1.5～2 倍工件定位直径时，属长 V 形块。短 V 形块，可限制工件两个自由度；长 V 形块，可限制工件四个自由度。

V形块的最大优点是对中性好，可使一批工件的定位基准(轴线)对中在V形块的两斜面的对称平面上，而不受定位基准面直径误差的影响，且装夹很方便。

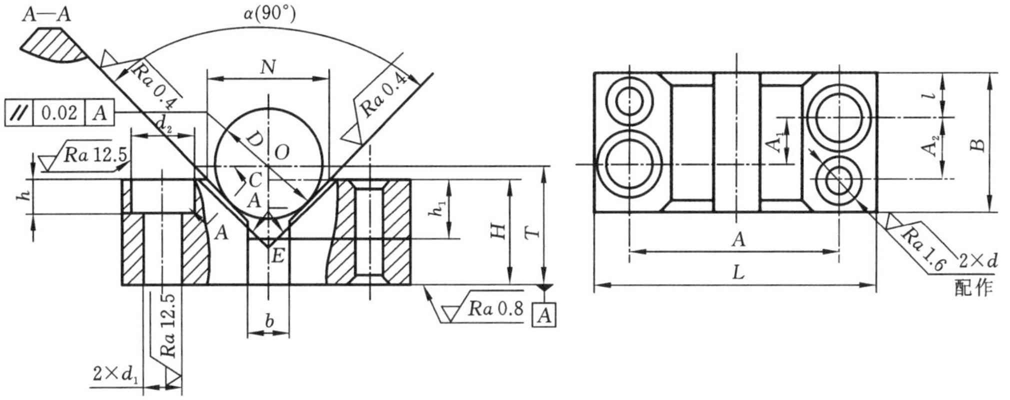

图 2.38 V形块结构尺寸

有些夹具还采用活动的V形块，它只限制工件的一个自由度。如图2.39(a)所示为加工连杆孔的定位方式，此时活动V形块只限制一个转动自由度，以补偿因毛坯尺寸变化而对定位的影响，同时还兼有夹紧的作用。图2.39(b)所示的活动V形块在弹簧作用下只限制一个移动自由度，也兼有夹紧作用。同样，图2.40所示的活动V形块对工件限制了一个自由度，并对工件起夹紧作用。

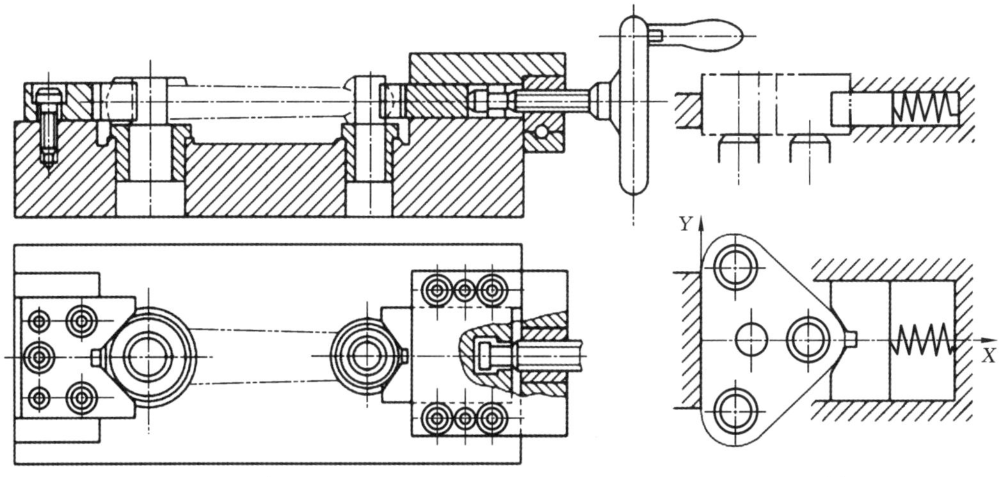

图 2.39 活动V形块的应用实例一

(a)加工连杆孔的定位方式；(b)V形块兼有夹紧作用

2.3.3.2 圆定位套

如图2.41所示为两种常见的圆定位套。为了限制工件的轴向移动自由度，圆定位套常与其端面(或支承板)配合使用。图2.41(a)所示是带小端面的长圆定位套，工件可以较长的外圆柱面在长圆定位套的孔中定位，限制工件四个自由度，同时工件可以端面在长圆定位套

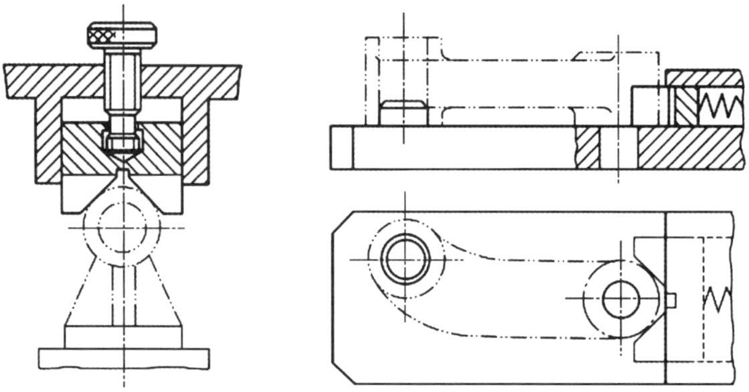

(a)　　　　　　　　(b)

图 2.40　活动 V 形块的应用实例二

(a)带小端面的长圆定位套;(b)活动 V 形块的使用

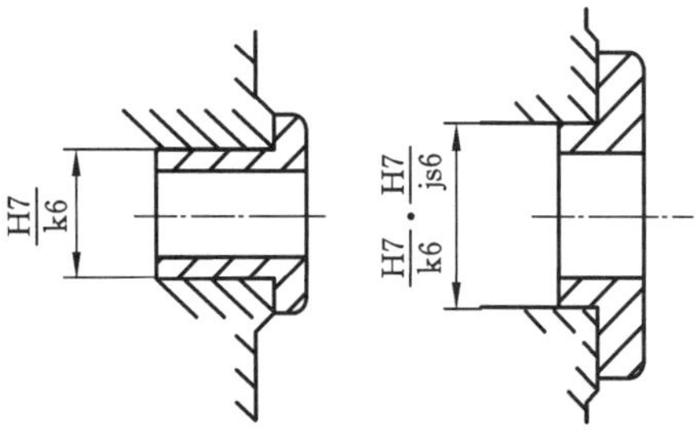

(a)　　　　　　　　(b)

图 2.41　圆定位套

(a)长圆定位套;(b)短圆定位套

的小端面上定位,限制工件一个自由度,共限制工件五个自由度。

如图 2.41(b)所示是带大端面的短圆定位套,工件可以较短的外圆柱面在短圆定位套的孔中定位,限制工件的两个自由度,同时,工件可以端面在短圆定位套的大端面上定位,限制了工件的三个自由度,共限制工件五个自由度。圆定位套结构简单,容易制造,但定心精度不高,只适用于工件以精基准定位,且为了便于工件的装入,在圆定位套孔口端应有 15°或 30°的倒角或圆角。

2.3.3.3　半圆套

如图 2.42 所示为两种半圆套定位装置,其下面的半圆套部分起定位作用,上面的半圆套部分起夹紧作用。图 2.42(a)所示为可卸式,图 2.42(b)所示为铰链式,后者装卸工件更方便。半圆套主要适用于大型轴类工件及从轴向进行装卸不方便的工件。

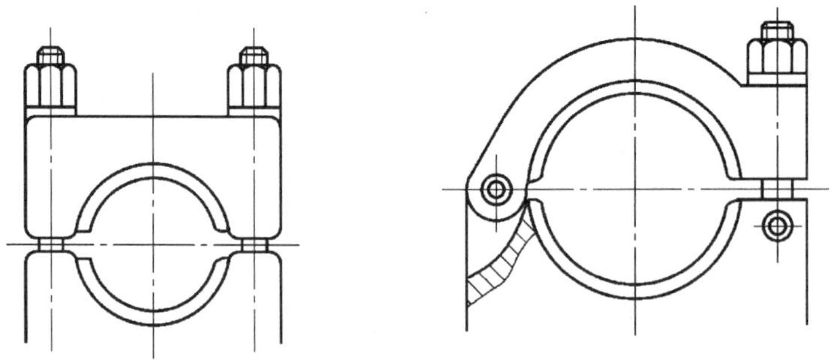

(a)　　　　　　　　(b)

图 2.42　半圆套

(a)可卸式;(b)铰链式

采用半圆套定位时，限制工件自由度的情况与圆定位套相同，但工件定位基准面的精度不应低于 IT8～IT9 级，半圆套的最小内径应取工件定位基准面的最大直径。

2.3.3.4 圆锥套

工件在圆锥套中定位见图 2.43，这是一种通用的“反顶尖”。工件以圆柱面的端部在圆锥套 3 的带齿纹锥孔中定位，齿纹能带动工件旋转。顶尖体 1 以锥柄插入机床主轴锥孔中，螺钉 2 用来传递转矩。为了防止工件倾斜，应增设后顶尖 4。圆锥套对工件定位，限制三个自由度。

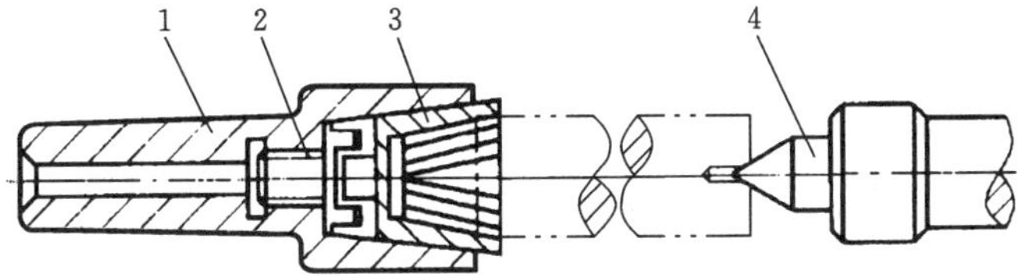

图 2.43 工件在圆锥套中定位

1—顶尖体；2—螺钉；3—圆锥套；4—后顶尖

各种类型定位套和定位销一样，也可根据被加工工件批量和工序加工精度要求，设计成固定式和可换式的。同定位销一样，固定式定位套在夹具中可获得较高的位置定位精度。

2.3.3.5 支承定位

如图 2.44 所示为支承定位分析，一般定位基准为接触的点、线，也可认为是中心线。点接触限制一个自由度、线接触限制两个自由度。常见定位情况所限制的自由度见表 2-5。

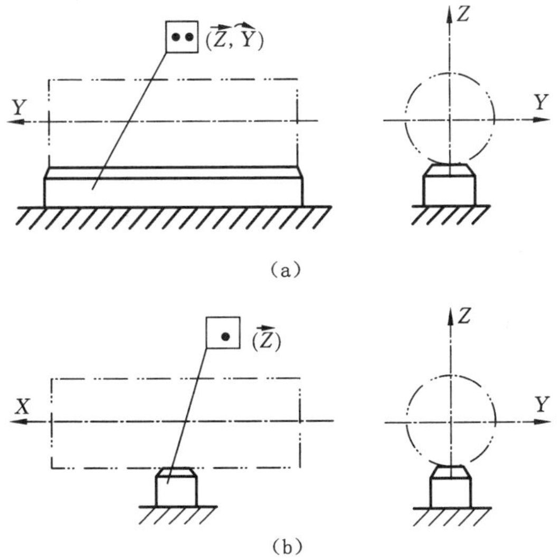

图 2.44 支承定位分析

表 2-5　常见定位情况所限制的自由度

工件的定位	夹具的定位元件				
平面	支承钉	定位情况	一个支承钉	两个支承钉	3 个支承钉
		示意图	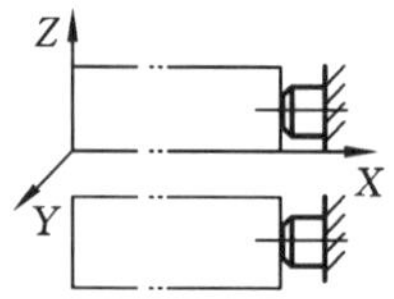	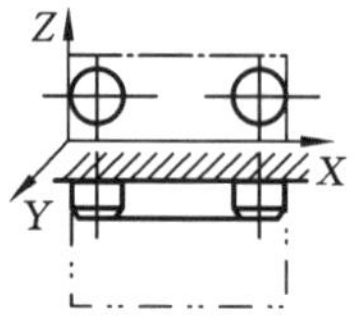	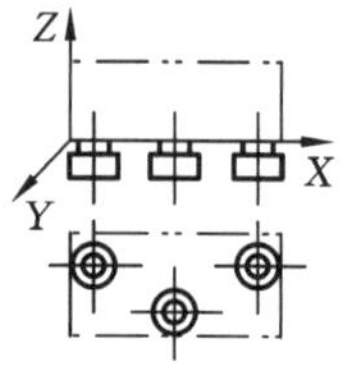
		限制的自由度	$\vec{X}$	$\vec{Y}$、$\overset{\frown}{Z}$	$\vec{Z}$、$\overset{\frown}{X}$、$\overset{\frown}{Y}$
	支承板	定位情况	一块条形支承板	两块条形支承板	一块大面积支承板
		示意图	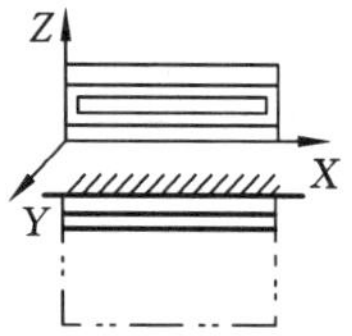	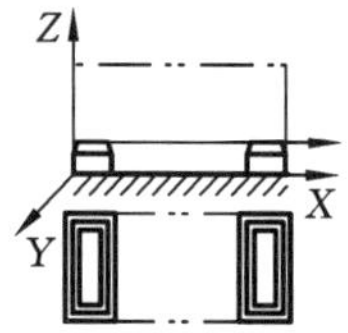	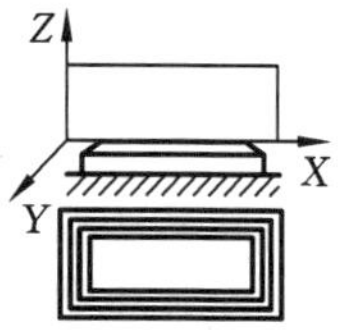
		限制的自由度	$\vec{Y}$、$\overset{\frown}{Z}$	$\vec{Z}$、$\overset{\frown}{X}$、$\overset{\frown}{Y}$	$\vec{Z}$、$\overset{\frown}{X}$、$\overset{\frown}{Y}$
圆柱孔	圆柱销	定位情况	短圆柱销	长圆柱销	两段短圆柱销
		示意图	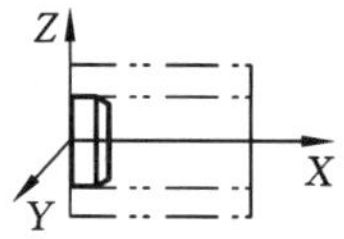	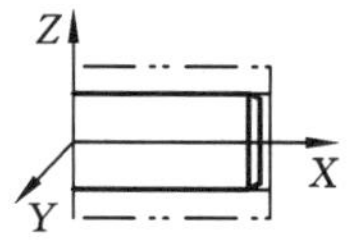	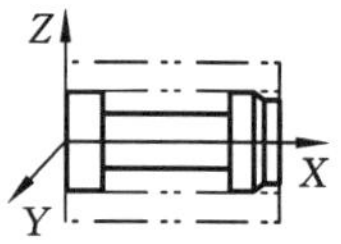
		限制的自由度	$\vec{Y}$、$\vec{Z}$	$\vec{Y}$、$\vec{Z}$、$\overset{\frown}{Y}$、$\overset{\frown}{Z}$	$\vec{Y}$、$\vec{Z}$、$\overset{\frown}{Y}$、$\overset{\frown}{Z}$
		定位情况	菱形销	长销小平面组合	短销大平面组合
		示意图	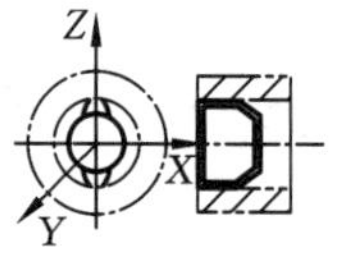	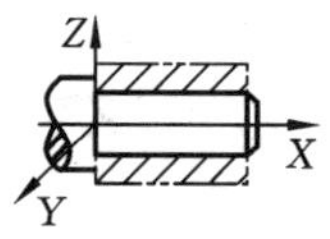	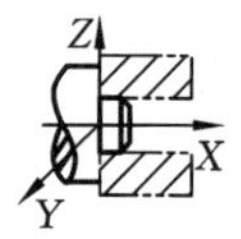
		限制的自由度	$\vec{Z}$	$\vec{X}$、$\vec{Y}$、$\vec{Z}$、$\overset{\frown}{Y}$、$\overset{\frown}{Z}$	$\vec{X}$、$\vec{Y}$、$\vec{Z}$、$\overset{\frown}{Y}$、$\overset{\frown}{Z}$
	圆锥销	定位情况	固定锥销	浮动锥销	固定锥销与浮动锥销组合
		示意图	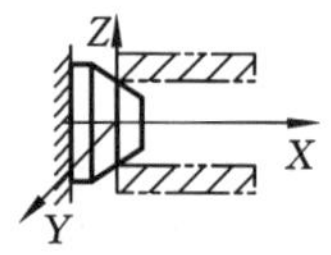	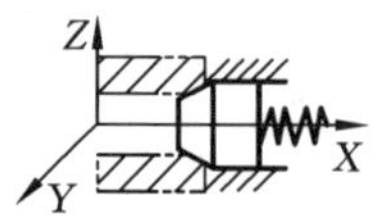	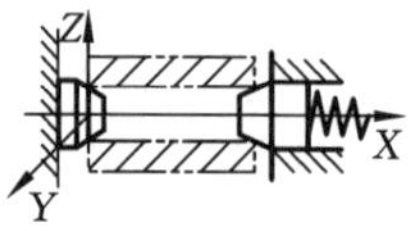
		限制的自由度	$\vec{X}$、$\vec{Y}$、$\vec{Z}$	$\vec{Y}$、$\vec{Z}$	$\vec{X}$、$\vec{Y}$、$\vec{Z}$、$\overset{\frown}{Y}$、$\overset{\frown}{Z}$

续表2-5

工件的定位	夹具的定位元件				
圆柱孔	心轴	定位情况	长圆柱心轴	短圆柱心轴	小圆柱心轴
		示意图	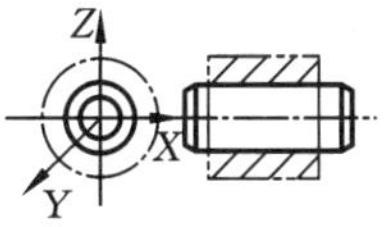	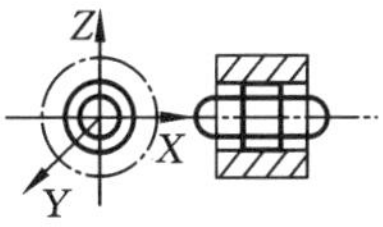	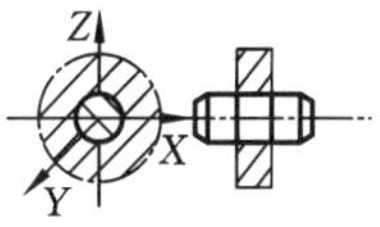
		限制的自由度	$\vec{X}$、$\vec{Z}$、$\overset{\curvearrowright}{X}$、$\overset{\curvearrowright}{Z}$	$\vec{X}$、$\vec{Z}$	$\vec{X}$、$\vec{Y}$
外圆柱套	V形块	定位情况	一块短V形块	两块短V形块	一块长V形块
		示意图	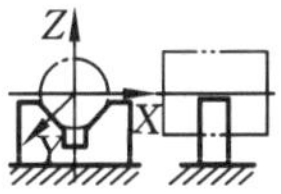	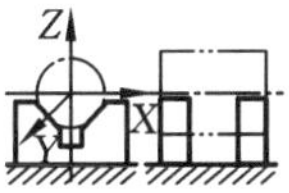	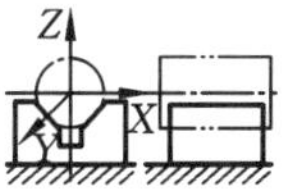
		限制的自由度	$\vec{X}$、$\vec{Z}$	$\vec{X}$、$\vec{Z}$、$\overset{\curvearrowright}{Y}$、$\overset{\curvearrowright}{Z}$	$\vec{X}$、$\vec{Z}$、$\overset{\curvearrowright}{X}$、$\overset{\curvearrowright}{Z}$
	定位套	定位情况	一个短定位套	两个短定位套	一个长定位套
		示意图	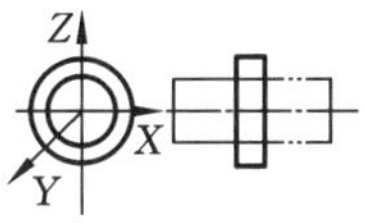	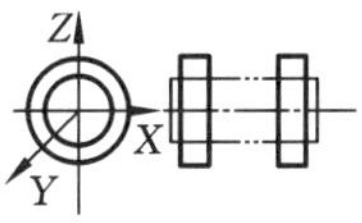	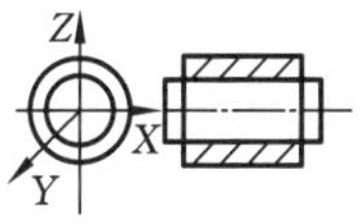
		限制的自由度	$\vec{X}$、$\vec{Z}$	$\vec{X}$、$\vec{Z}$、$\overset{\curvearrowright}{Y}$、$\overset{\curvearrowright}{Z}$	$\vec{X}$、$\vec{Z}$、$\overset{\curvearrowright}{X}$、$\overset{\curvearrowright}{Z}$
圆锥孔	顶尖和锥度心轴	定位情况	固定顶尖	浮动顶尖	锥度心轴
		示意图	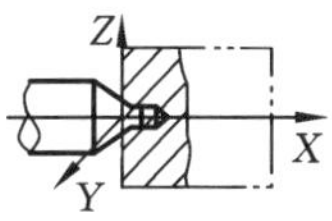	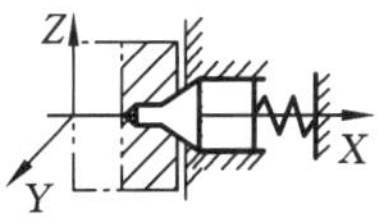	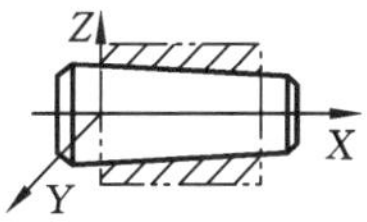
		限制的自由度	$\vec{X}$、$\vec{Y}$、$\vec{Z}$	$\vec{Y}$、$\vec{Z}$	$\vec{X}$、$\vec{Y}$、$\vec{Z}$、$\overset{\curvearrowright}{Y}$、$\overset{\curvearrowright}{Z}$

2.4 工件以组合表面定位时的定位元件设计

如果工件以两个或两个以上表面作定位基面，夹具定位元件也必须相应地以组合表面限位，这就是组合定位方式。实际上前面所述的定位方法中，如内圆柱孔与端面联合限位、圆锥与圆柱组合心轴定位，以及长方体工件的定位等，都属于一般的组合定位。工件往往需要利用平面、外圆、内孔等表面进行组合定位来确保工件在夹具中的正确加工位置。在组合定位中，要区分各基准面的主次关系。一般情况下，限制自由度数多的定位表面为主要定位基准面。

2.4.1 常用的几种组合定位形式

2.4.1.1 圆柱孔与端面

这种组合定位形式根据工件表面与定位元件表面接触的大小可分为：大端面短心轴定位和小端面长心轴定位。前者以大端面为主定位面，后者以内孔为主定位面，如图 2.45(a)、(b)所示。当孔和端面的垂直度误差较大时，在端面处可加一球面垫圈作自位支承，以消除定位影响，如图 2.45(c)所示。

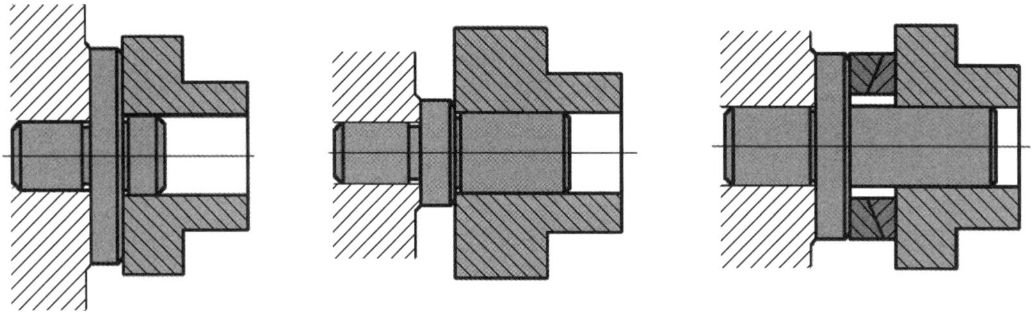

(a)　　(b)　　(c)

图 2.45　圆柱孔与端面组合定位

(a)大端面短心轴定位；(b)小端面长心轴定位；(c)球面垫圈支承

2.4.1.2 一个平面和两个与其垂直的外圆柱面的组合

如图 2.46 所示是工件在垂直平面定位后，再将工件左端用圆孔或 V 形块定位，工件右端外圆所用的 V 形块必须做成浮动结构，使其只能限制工件一个自由度，否则就会出现过定位。

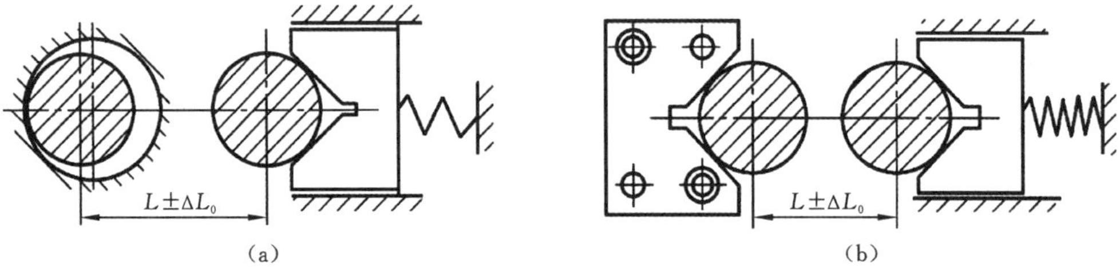

(a)　　(b)

图 2.46　工件以端面和两外圆定位

(a)内孔与活动 V 形块组合定位；(b)固定 V 形块与活动 V 形块组合定位

2.4.1.3 一个孔和一个平行于孔中心线的平面的组合

如图 2.47 所示零件，均需以大孔及底面定位，加工两小孔。视其加工尺寸要求的不同，图 2.47(a)所示零件选用图 2.47(c)所示定位方案，图 2.47(b)所示零件选用图 2.47(d)所示定位方案，均能避免过定位，并保证工件要求。

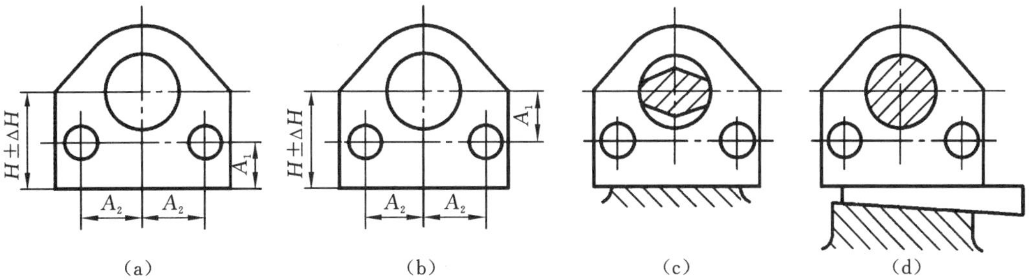

图 2.47 工件以一孔和一平面定位

2.4.1.4 一个平面和两个与其垂直的孔的组合

第一种方案:以两个等径短圆柱销及一个支承板实现限位,见图 2.48(c)。此时,支承板限制三个自由度,短圆柱销 1 限制两个自由度,仅剩 Z 转动自由度没有限制。短圆柱销 2 又限制两个自由度,即一个 X 移动自由度、一个 Z 转动自由度。于是 X 移动被重复限制,出现了过定位。若要使同批工件都能顺利装入,必须满足下列条件:当工件两孔径为最小($D_{1\min}$,$D_{2\min}$)、夹具两销直径为最大($d_{1\max}$、$d_{2\max}$)、孔心距为最大($L+\delta_{LD}$)、销心距为最小($L-\delta_{LD}$),或者孔心距为最小($L-\delta_{LD}$)、销心距为最大($L+\delta_{Ld}$)时,且 D_1 与 d_1、D_2 与 d_2 之间仍有最小间隙 $x_{1\min}$、$x_{2\min}$存在。否则工件在上述极端情况下,根本无法装进夹具,如图2.48(a)、(b)所示,这就是过定位引起的后果。为此夹具不能采用等径的双销,而必须减小短圆柱销 2 的直径,但这样使短圆柱销 2 与孔的间隙 x_2 增大,从而导致转角误差(也称角位移误差)增大,定位精度降低。

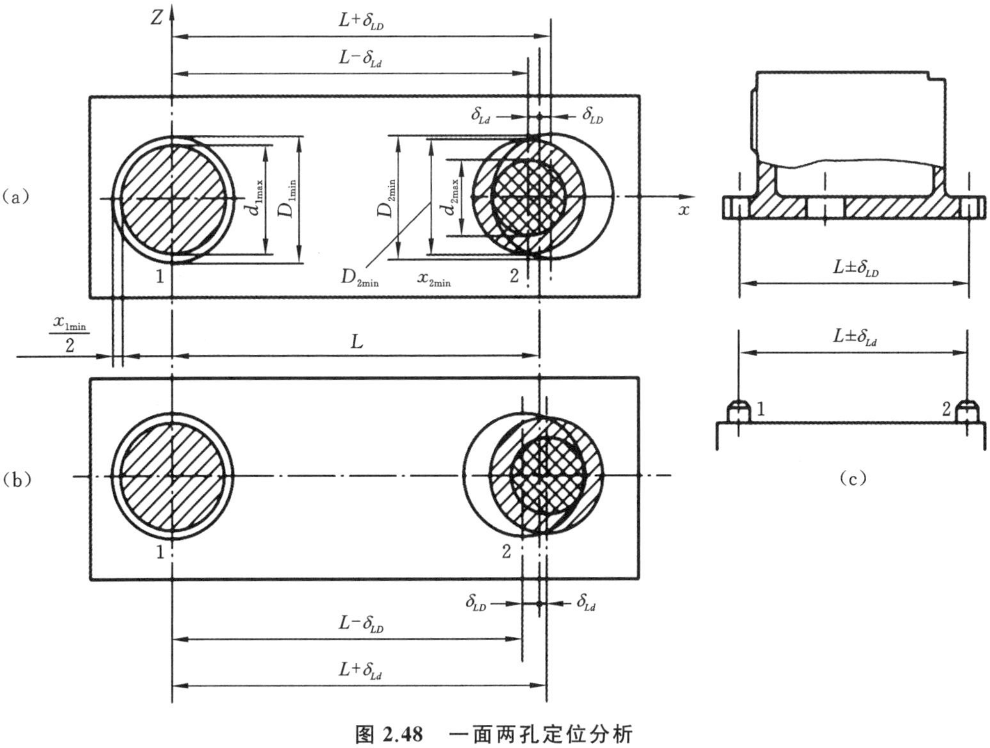

图 2.48 一面两孔定位分析

第二种方案:以一个短圆柱销和一个削边销及一个支承板限位。从图 2.48 中可以看出,为使工件的孔心距在极端情况下能装到双销上,若不减小短圆柱销 2 的直径,而采取改变短圆柱销 2 的形状,把短圆柱销 2 碰到孔壁的部分削去,只保留一部分圆柱面(见图 2.49)。这样,在双销连心线方向上,仍具有减小短圆柱销 2 的直径的作用。但在垂直于连心线方向上,由于短圆柱销 2 的直径并未减小,故不会增大工件的转角误差,有利于保证定位精度。

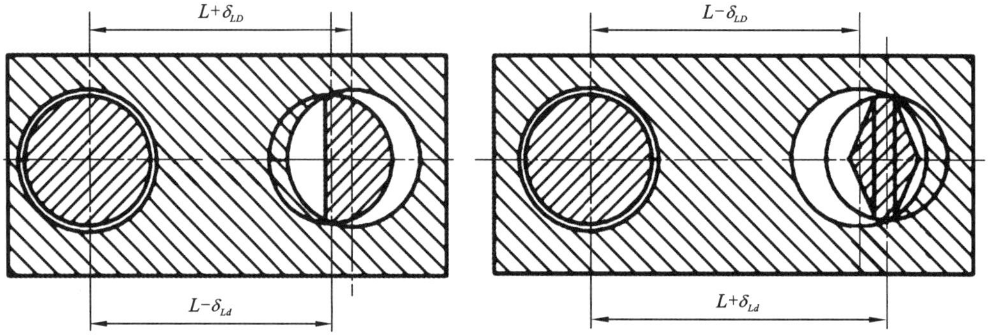

图 2.49　削边销的形成

为保证削边销的强度,一般采用菱形结构[故也称为菱形销,见图 2.50(a)、(b)、(c)],削边宽度部分 b_1 可修圆至 b[图 2.50(d)]。

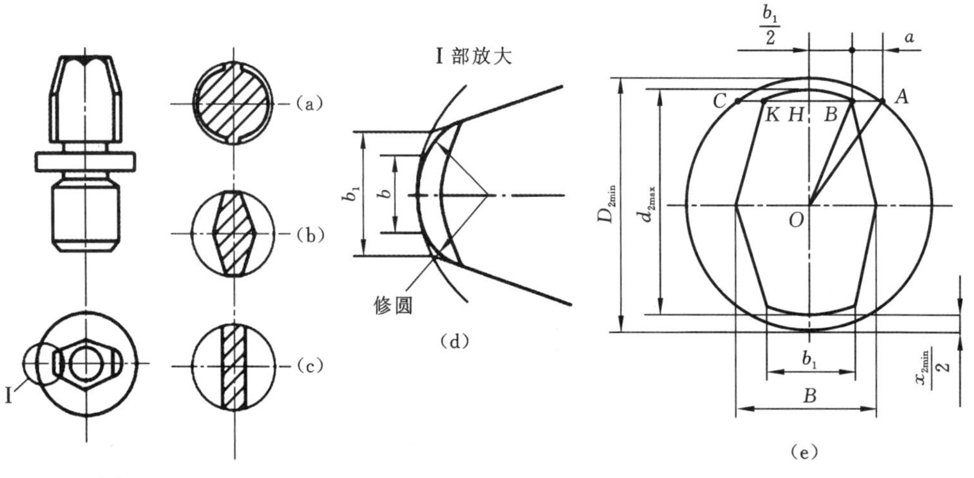

图 2.50　削边销的结构和尺寸

必须指出,装配削边销时应使其长轴垂直于双销孔连心线。为了装卸工件方便,可使削边销高度略低于圆柱销 3～5 mm,防止卡住(图 2.51)。定位元件主要由一个大支承板(起主要定位作用)、两条轴线与该板垂直的定位销组成,两个定位销中一个为圆柱销、一个为菱形销,如图 2.51 所示。在这种组合定位中,大支承板限制了工件三个自由度,圆柱销限制两个自由度,菱形销起防转作用,限制一个旋转自由度。菱形销在设计和装配时,其长轴方向应与两销中心连线垂直,正确选择其直径的基本尺寸和削边后圆柱部分的宽度 b。标准菱形定位销的结构尺寸如图 2.50 所示，在夹具设计时可按表 2-6 所列数值直接选取。

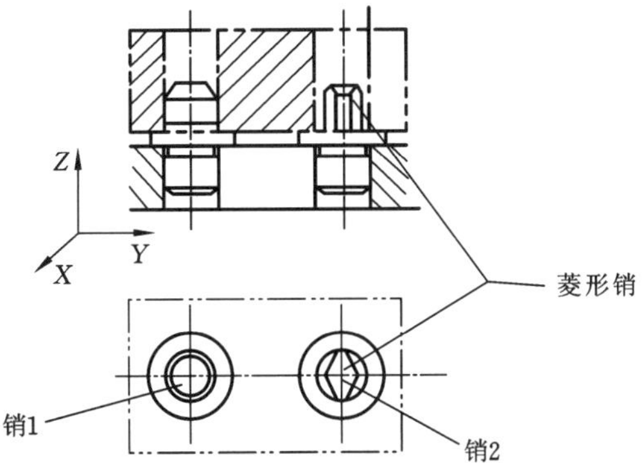

图 2.51 一面两孔组合定位

表 2-6 削边销的尺寸（单位：mm）

d_2	3～6	>6～8	>8～20	>20～25	>25～32	>32～40	>40～50	>50
B	$d_2-0.5$	d_2-1	d_2-2	d_2-3	d_2-4	d_2-5	d_2-6	—
b	1	2	3	3	3	4	5	—
b_1	2	3	4	5	5	6	8	14

2.4.2 两销的设计过程

一般采取以下步骤：

① 确定两定位销的中心距和尺寸公差：两销中心距的基本尺寸应等于工件孔心距的平均尺寸，其公差为两孔中心距公差的 1/3～1/5。

② 确定圆柱销尺寸及公差：圆柱销径的基本尺寸 d_1 应等于与之配合的工件孔的最小极限尺寸（$D_{1\min}$），公差取 g6 或 f7。（圆柱销直径的基本尺寸等于孔的最小尺寸）

③ 确定菱形销尺寸：

a. 选择菱形销宽度 b；

b. 计算菱形销的最小间隙 $x_{2\min}$：$x_{2\min}=b$（两孔公差＋两销公差）/孔的最小尺寸；

c. 计算菱形销的直径 d：$d=D_{2\min}-x_{2\min}$；

d. 确定菱形销的公差：一般取 h6。

至此，菱形销的尺寸便可得知。

④ 计算定位误差，分析定位质量。

2.5 组合定位中各定位元件限制自由度分析

几个定位元件组合起来定位一个工件相应的几个定位面，该组合定位元件能限制工件的自由度总数等于各个定位元件单独定位各自相应定位面时所能限制自由度的数目之和，不会因组合后而发生数量上的变化，但它们限制了哪些方向的自由度却会随不同组合情况而改变。

定位元件单个定位时，限制转动自由度的作用在组合定位中不变。

组合定位中各定位元件单个定位时限制的移动自由度，相互间若无重复，则在组合定位中该元件限制该移动自由度的作用不变；若有重复，其限制自由度的作用要重新分析判断，方法如下：

① 在重复限制移动自由度的元件中，按各元件实际参与定位的先后顺序，分首参定位元件和次参定位元件，若实际分不出，可假设。

② 首参定位元件限制移动自由度的作用不变。

③ 让次参定位元件相对首参定位元件在重复限制移动自由度的方向上移动，引起工件的动向就是次参定位元件限制的自由度。

【例 2-1】 分析图 2.52 所示定位方案。各定位元件限制了几个方向自由度？有无重复定位现象？

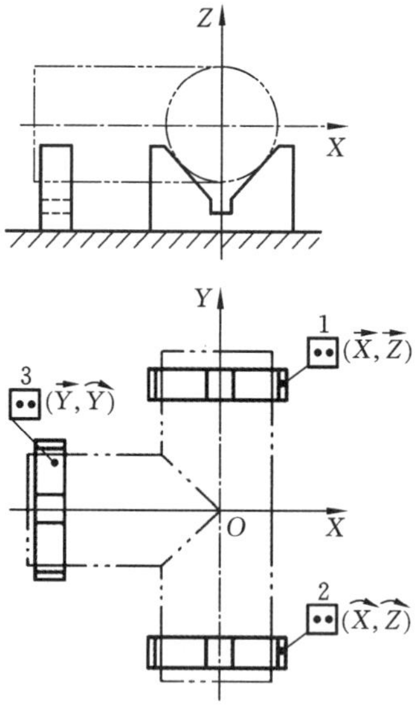

图 2.52 组合定位分析实例

1、2、3—固定短 V 形块

解：一个固定短 V 形块能限制工件两个自由度，三个固定短 V 形块组合起来共限制工件六个(2+2+2)自由度，不会因组合而发生数量上的增减。按图 2.52 所示坐标系，固定短 V 形块 1 限制 X、Z 方向移动自由度，固定短 V 形块 2 与固定短 V 形块 1 组合起限制 X、Z

方向转动自由度的作用，即固定短V形块2由单独定位时限制两个移动自由度转化成限制工件两个转动自由度。也可以把固定短V形块1、2组合来视为一个长V形块，用它来定位长圆柱体，共限制 X、Z 移动自由度和 X、Z 转动自由度四个自由度。两种分析是等同的。固定短V形块3限制了 Y、Z 移动自由度，其中单独定位时限制 Z 方向移动自由度的作用在组合定位时转化成限制 Z 方向转动自由度的作用。这是一个完全定位，没有重复定位现象。

2.6 定位误差的分析与计算

定位分析解决的是单个工件在夹具中占有准确加工位置的问题，但要达到一批工件在夹具中占有准确加工位置，还必须对一批工件在夹具中定位时会不会产生误差进行分析计算，即定位误差的分析与计算。

2.6.1 定位误差产生的原因及分类

2.6.1.1 调刀基准

在零件加工前对机床进行调整时，为了确定刀具的位置，还要用到调刀基准，由于最终的目的是确定刀具相对工件的位置，所以调刀基准往往选在夹具上定位元件的某个工作面。因此它与其他各类基准不同，不是体现在工件上，而是体现在夹具中，是通过夹具定位元件的定位工作面来体现的，它也是在加工精度参数（尺寸、位置）方向上调整刀具位置的依据。因此，加工精度参数是尺寸时，夹具图上应以调刀基准标注调刀尺寸。

调刀基准与定位基准的对应关系如图2.53所示。

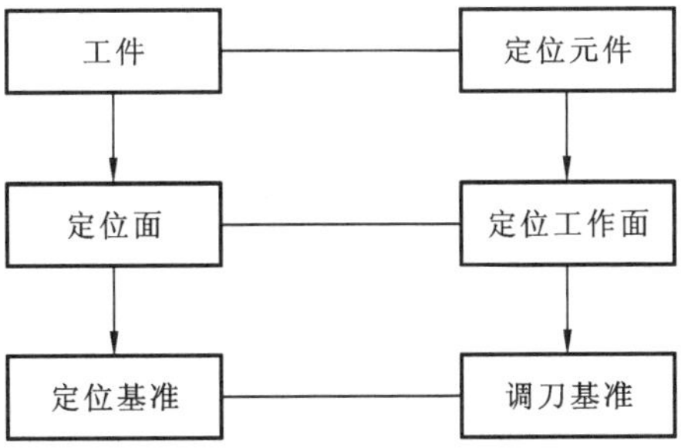

图2.53 调刀基准与定位基准的关系

2.6.1.2 定位误差产生的原因

定位误差是由于工件在夹具上定位不准确而引起的一种加工误差。对一批工件来说，刀具经调整后位置是不动的，即被加工表面的位置相对于定位基准是不变的。如果工件在夹具中定位得不准确，将会使设计基准在加工尺寸方向上产生偏移，往往导致加工后工件达不到要求。因此，设计基准在工序尺寸方向上的最大位置变动量，称为定位误差，以 Δ_{DW} 表示。计算定位误差的目的就是要判断定位精度，看定位方案能否保证加工要求。

根据误差产生的原理不同，定位误差可以分为基准不重合误差和基准位移误差两种。

（1）基准不重合误差

基准不重合误差是指定位基准与工序基准不重合产生的定位误差，即工序基准相对定位基准在加工尺寸方向上的最大变动量，用 Δ_{JB} 表示。如图 2.54 所示，零件先加工上表面，再加工台阶面，台阶面的工序尺寸为上表面。由于上表面的位置存在加工误差 ΔH，而其定位基准为工作台表面，这就会因为工序基准与定位基准不重合而产生误差，这就是基准不重合误差。为了避免这种误差，可以将零件垫高，同时采用上表面为定位基准，使之与设计基准重合。

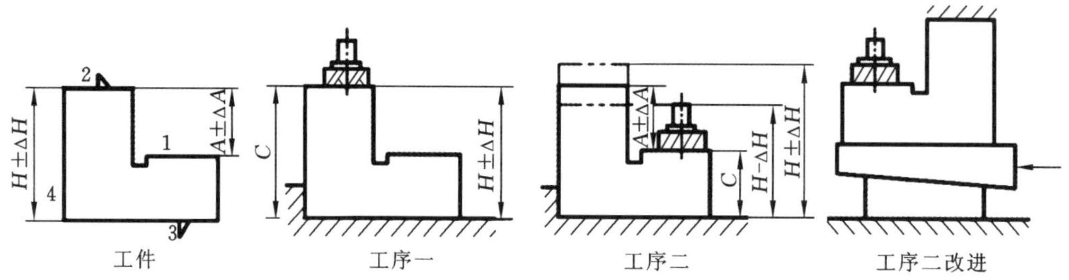

图 2.54　基准不重合产生的定位误差

（2）基准位移误差

基准位移误差是指定位副制造不准确产生的定位误差，即定位基准的相对位置在加工尺寸方向上的最大变动量，用 Δ_{JW} 表示。如图 2.55 所示，加工平面的定位基准与设计基准均为中心线，此时没有基准不重合误差，但由于二者是间隙配合，工件的定位孔与心轴的圆柱面制造误差及两者间隙配合的原因，工件孔在心轴上定位时因自重的影响，使工件的定位基准（孔的轴线）下移，这种定位基准的位置变动影响到加工尺寸 A 的大小，给尺寸 A 造成误差，这个误差就是基准位移误差。

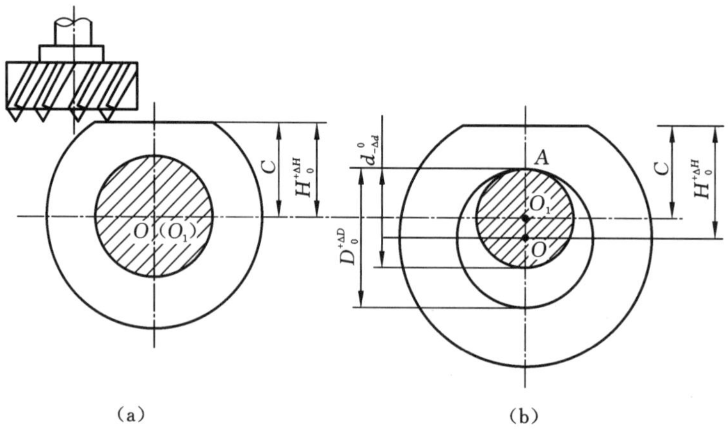

图 2.55　基准位移产生的定位误差

2.6.2 定位误差的计算

(1) 定位误差的计算公式

如前所述,定位误差是由基准不重合误差与基准位移误差两部分误差组成。计算时可以先根据定位方法分别计算出基准不重合误差 Δ_{JB} 和基准位移误差 Δ_{JW},然后将两者合成定位误差 Δ_{DW},即:

$$\Delta_{DW}=\Delta_{JW}\pm\Delta_{JB} \tag{2-1}$$

这里需要分析一下这两个误差对总定位误差的综合影响:若工序基准不在定位基面上,取"+"号;若工序基准在定位基面上,在定位基面尺寸变动方向一定的条件下,当 Δ_{JB} 与 Δ_{JW} 变动方向相同,即对工序尺寸影响相同时,取"+"号;当二者变动方向相反,即对工序尺寸影响相反时,取"-"号。

(2) 定位误差的设计要求

在用夹具定位工件的加工过程中,影响加工精度的因素包括夹具在机床上的装夹误差、工件在夹具中的定位和夹紧误差、机床的调整误差、工艺系统变形误差、机床和刀具的制造误差等,为了给其他类型的误差留有充足的空间,定位误差与加工精度一般应满足下列关系:

$$\Delta_{DW}\leqslant\left(\frac{1}{5}\sim\frac{1}{3}\right)T \tag{2-2}$$

式中 T——工件的工序尺寸公差或位置公差。

2.6.3 几种常见表面的定位误差计算

2.6.3.1 工件以平面定位

工件以平面定位时,定位基准为工件与夹具接触的表面,工序基准为图样上标注工序尺寸的表面,此时的基准位移误差和基准不重合误差,可做如下讨论:

① 工件以未加工过毛坯表面定位时(粗基准),只能用三个球头支承钉实现三点定位,消除工件的三个自由度。此时一批工件定位状况相差较大,如平面度误差为 ΔH,则基准位移误差:$\Delta_{JW}=\Delta H$。

② 工件以加工平面定位时(精基准),用平头支承钉、支承板等定位元件,消除工件的三个自由度。由于平面度误差很小,通常忽略不计,即基准位移误差:$\Delta_{JW}=0$。

③ 工件以平面定位时,若定位基准与工序基准重合,则不存在基准不重合误差。若二者不重合,则基准不重合误差一般为二者尺寸的公差值,即 $\Delta_{JB}=T$。

2.6.3.2 工件以心轴定位的定位误差分析

工件以内孔定位时,定位基准是内孔中心线。其可能产生的定位误差将随定位方式和定位时圆孔与定位元件配合性质的不同而各不相同，现分别进行分析和计算。

(1) 工件孔与定位心轴(或定位销)过盈配合定位

用定心机构定位(如弹性心轴)或用过盈配合定位心轴(圆柱定位销)定位时，可以实现无间隙配合，如图 2.56 所示，此时二者没有相对运动，所以基准位移误差 $\Delta_{JW}=0$。

此时，若工序基准与定位基准重合，如图 2.56(a)中的工序尺寸 H_1，则定位误差为：

$$\Delta_{DW}=\Delta_{JW}+\Delta_{JB}=0$$

若工序基准在工件定位孔的母线上，如图 2.56(b)中的 H_2、H_2'尺寸的定位误差均为：

$$\Delta_{DW}=\Delta_{JW}+\Delta_{JB}=\Delta_{JB}=\delta_d/2$$

若工序基准在工件外圆母线上，如图 2.56(c)中的 H_3、H_3'尺寸的定位误差均为：

$$\Delta_{DW}=\Delta_{JW}+\Delta_{JB}=\Delta_{JB}=\delta_D/2$$

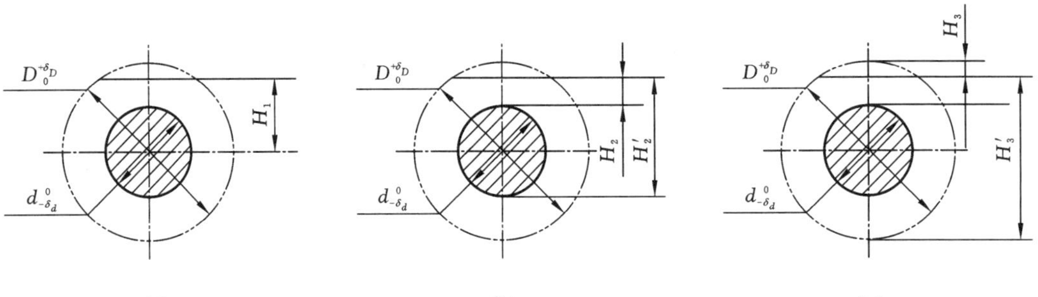

图 2.56 工件以圆柱孔在过盈配合心轴上定位时定位误差分析

(2) 工件孔与定位心轴(或定位销)间隙配合定位

用间隙配合定位心轴(或圆柱定位销)定位时，由于定位基面和定位元件的制造公差及配合间隙的存在，将产生基准位移误差 Δ_{JW}。此时孔与轴的接触有两种情况：

① 孔与定位心轴任意边接触

工件孔与定位心轴可能以任意边接触，应考虑加工尺寸方向两个极限位置及孔轴的最小配合间隙的影响。如图 2.57 所示，设孔与轴配合基本尺寸为 D，孔的极限尺寸为 D_{max}、D_{min}，公差为 δ_D；轴的极限尺寸为 d_{max}、d_{min}，公差为 δ_d。当孔的尺寸为 D_{max}，心轴尺寸为 d_{min}时，定位基准的变动量最大，等于孔轴的最大配合间隙 x_{max}，基准位置误差为：

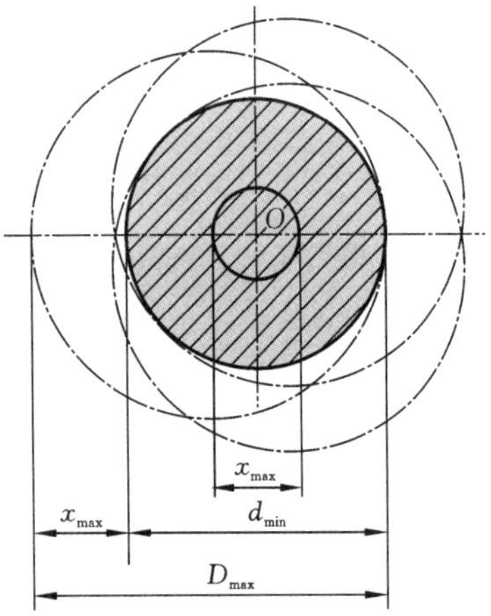

图 2.57 孔与定位心轴任意边接触时基准位移误差

$$\Delta_{JW}=x_{max}=\delta_D+\delta_d+x_{min} \tag{2-3}$$

② 孔与定位心轴固定边接触

此时工件由于自重作用，使工件孔与定位心轴的上母线始终单边接触，不能随意移动。

如图 2.58 所示，当定位销直径为 $d_{0\min}$，工件孔径为 $D_{\max}$时，定位基准位于 O_1，此时定位基准的位移量最大：$\Delta_{\max}=\dfrac{D_{\max}-d_{\min}}{2}$，当定位销直径为 $d_{0\max}$，工件孔径为 $D_{\min}$时，定位基准为 O_2，此时定位基准的位移量最小：$\Delta_{\min}=\dfrac{D_{\min}-d_{\max}}{2}$，基准位移误差为定位基准的最大变动量

$$\Delta_{JW}=\overline{O_1O_2}=\frac{\delta_D+\delta_d}{2} \tag{2-4}$$

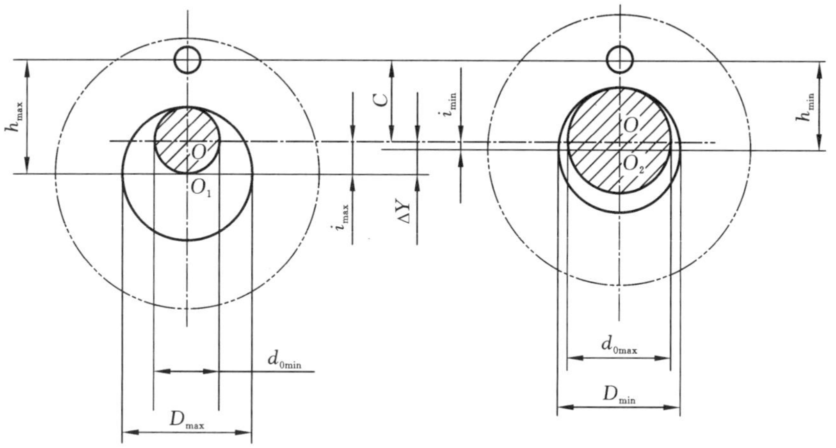

图 2.58　孔与定位心轴固定边接触时基准位移误差

此时的基准不重合误差需要看图样键槽标注的起始尺寸位置，如果键槽起始尺寸为定位基准中心孔，则基准不重合误差 $\Delta_{JB}=0$；若起始尺寸为某圆柱面的母线，则此时基准不重合误差 $\Delta_{JB}=T/2$。

2.6.3.3　工件以 V 形块定位的定位误差分析

这里主要分析外圆柱面在 V 形块上定位的情形。如图 2.59 所示工件以外圆柱面在 V 形块上定位铣键槽。定位基准是外圆柱面的中心线，外圆柱面是定位基面。

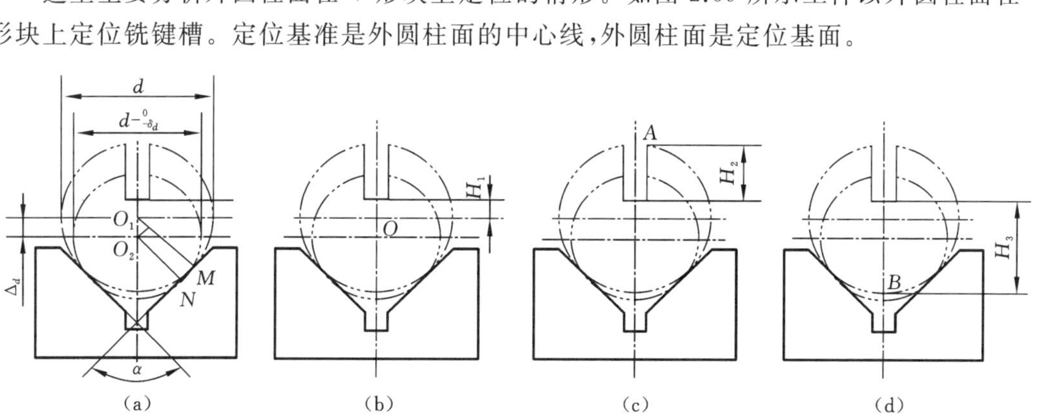

图 2.59　工件在 V 形块上定位时基准位移误差

由于V形块是一种对中元件，若不考虑V形块的制造误差，则工件定位基准在V形块的对称面上，因此工件中心线在水平方向上的位移为零。但在垂直方向上，因工件外圆柱面有制造误差 δ_d，而产生基准位置误差 Δ_{JW}。如图2.59(a)所示，设 O 是定位基准的理想状态，由于工件外圆柱面 d 的制造误差 δ_d 的存在，O 在 O_1、O_2 之间变动。定位基准的最大变动量 $\overline{O_1O_2}$ 为基准位移误差。由图2.59(a)所示几何关系可得，在竖直方向上定位误差为：

$$\Delta_{JW}=O_1O_2=\frac{O_1M-O_2N}{\sin\dfrac{\alpha}{2}}=\frac{\dfrac{1}{2}d-\dfrac{1}{2}(d-\delta_d)}{\sin\dfrac{\alpha}{2}}=\frac{\delta_d}{2\sin\dfrac{\alpha}{2}} \tag{2-5}$$

式中 δ_d——工件定位外圆柱面的直径公差；

α——V形块的夹角，°。

图2.59(b)中，工序基准为外圆柱面的中心线。工序尺寸为 H_1，工序基准与定位基准重合，因此，$\Delta_{JB}=0$，只有基准位置误差，故影响工序尺寸 H_1 的定位误差为：

$$\Delta_{DW}=\Delta_{JB}+\Delta_{JW}=\frac{\delta_d}{2\sin\dfrac{\alpha}{2}} \tag{2-6}$$

图2.59(c)中，工序基准为上母线 A，工序尺寸为 H_2。此时，工序基准与定位基准不重合，其误差为 $\Delta_{JB}=\delta_d/2$，基准位移误差 Δ_{JW} 同上。当工件直径尺寸减小时，工件定位基准将下移；当工件定位基准位置不变时，若工件直径尺寸减小，则工序基准 A 下移，两者变化方向相同，故定位误差为：

$$\Delta_{DW}=\Delta_{JW}+\Delta_{JB}=\frac{\delta_d}{2\sin\dfrac{\alpha}{2}}+\frac{\delta_d}{2} \tag{2-7}$$

图2.59(d)中，工序尺寸为 H_3，工序基准为下母线 B，其基准不重合误差 Δ_{JB} 与基准位移误差 Δ_{JW} 均同上。当工件直径尺寸减小时，定位基准将依然下移，但是，当工件定位基准位置不变时，若工件直径尺寸减小，工序基准将上移，两者变化方向相反，故定位误差为：

$$\Delta_{DW}=\Delta_{JW}-\Delta_{JB}=\frac{\delta_d}{2\sin\dfrac{\alpha}{2}}-\frac{\delta_d}{2} \tag{2-8}$$

可以看出，当以工件下母线为工序基准时，定位误差最小，而以工件上母线为工序基准时定位误差最大，所以图2.59(d)所示尺寸标注方法最好。另外，随V形块夹角 α 的增大，定位误差 Δ_d 减小，但夹角过大时，将引起工件定位不稳定，故一般多采用90°的V形块。

2.6.4 定位误差计算举例

下面举例说明集中典型定位方式中定位误差的计算方法。

【例2-2】 镗削如图2.60所示工件 $\phi15H7$ 的孔，试求其定位误差。

解：

(1) 工序基准在上平面，定位基准在下平面，基准不重合。

基准不重合误差：$\Delta_{JB} = \sum \delta_i \cos\alpha = (0.06 + 0.06)\cos 0° = 0.12$ mm

(2)工件以平面定位，基准位移误差：$\Delta_{JW} = 0$

(3) 定位误差为：$\Delta_{DW} = \Delta_{JB} = 0.12$ mm

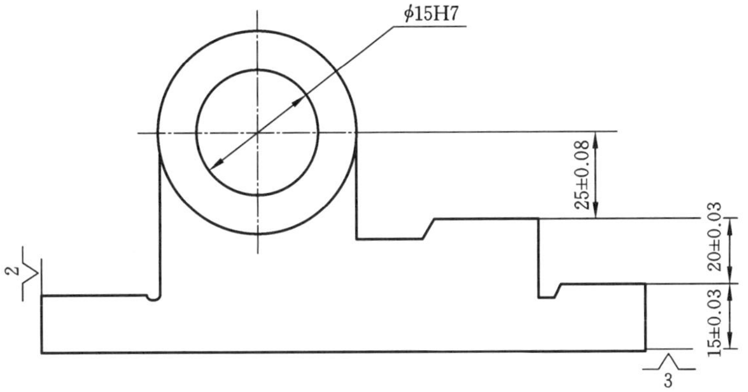

图 2.60 例 2-2 图

【例 2-3】 如图 2.61 所示，工件以底面定位加工斜面，求加工尺寸 A 的定位误差。

解：

(1) 定位基准为底面，工序基准为圆孔中心线 O，基准不重合。两者之间的定位尺寸为 50 mm，其公差为 $\delta = 0.2$ mm，由于工序基准的位移方向与加工尺寸方向间的夹角为 45°，基准不重合误差：$\Delta_{JB} = \delta\cos\alpha = 0.1414$ mm。

(2) 工件以平面定位，基准位移误差：$\Delta_{JW} = 0$。

(3) 定位误差 $\Delta_{DW} = \Delta_{JB} = 0.1414$ mm。

【例 2-4】 如图 2.62 所示，以 A 面定位加工 ϕ20H8 孔，求加工尺寸(40±0.1) mm 的定位误差。

解：

(1) 由图 2.62 可知，工序基准为 B 面，定位基准为 A 面，故基准不重合。基准不重合误差：$\Delta_{JB} = (0.05 + 0.1)\cos 0°$ mm $= 0.15$ mm。

(2) 工件以平面定位，基准位移误差：$\Delta_{JW} = 0$。

(3) 定位误差：$\Delta_{DW} = \Delta_{JB} = 0.15$ mm。

【例 2-5】 如图 2.63 所示铣工件上的键槽。如图所示工件以圆柱面在 $\alpha = 90°$ 的 V 形块上定位，求加工尺寸分别为 A_1、A_2 时的定位误差。

解：

(1) 加工尺寸 A_1 的定位误差

① 工序基准是圆柱轴线，定位基准也是圆柱轴线，两者重合，基准不重合误差 $\Delta_{JB} = 0$。

② 定位基准相对于限位基准有位移，且基准位移方向与加工尺寸方向一致，基准位移误差

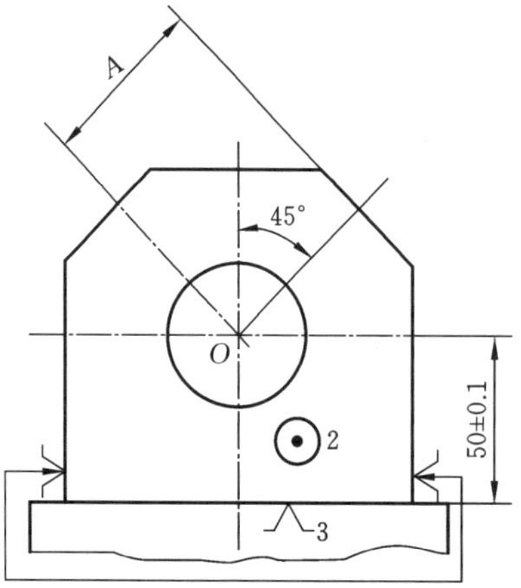

图 2.61　例 2-3 图

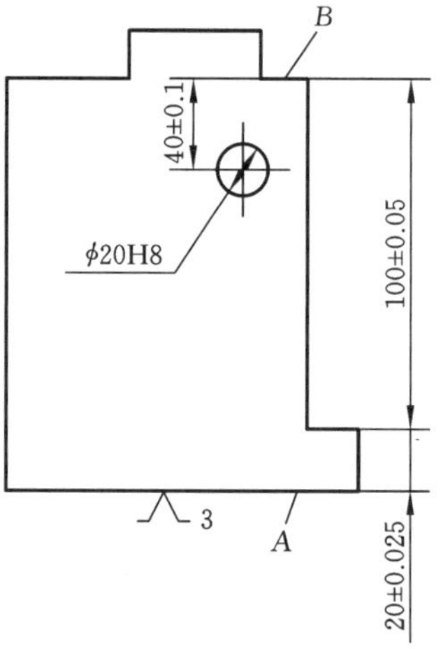

图 2.62　例 2-4 图

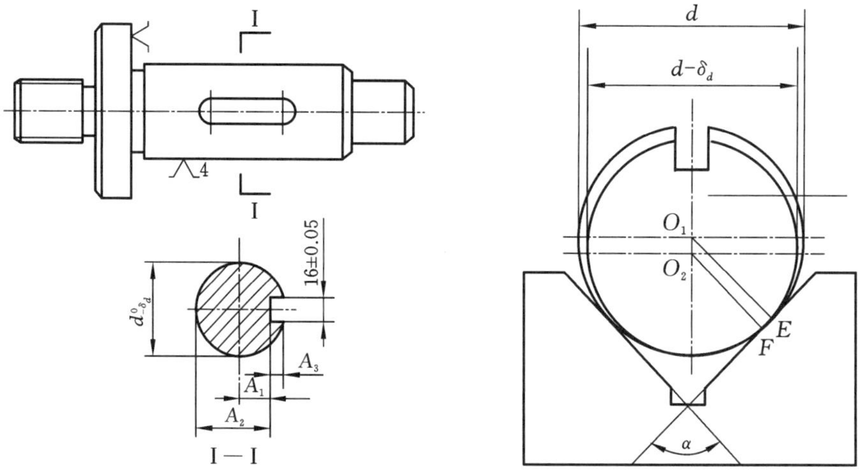

图 2.63　例 2-5 图

$$\Delta_{JW}=\frac{\delta_d}{\sin\frac{\alpha}{2}}=0.707\,\delta_d$$

③ 定位误差

$$\Delta_{DW}=\Delta_{JW}=0.707\,\delta_d$$

(2) 加工尺寸 A_2 的定位误差

① 工序基准是圆柱下母线,定位基准也是圆柱轴线,两者不重合,定位尺寸为外圆半径,基准不重合误差

$$\Delta_{JB}=\frac{\delta_d}{2}$$

② 定位基准相对于限位基准有位移,且基准位移方向与加工尺寸方向一致,基准位移

误差

$$\Delta_{JW}=\frac{\delta_d}{\sin\frac{\alpha}{2}}=0.707\,\delta_d$$

③ 定位误差：工序基准在定位基面上，当定位基面直径由大变小时，定位基准朝下变动；当定位基面直径由大变小，定位基准不动时，工序基准朝上变动。两者的变动方向相反，取“－”号，故

$$\Delta_{DW}=\Delta_{JW}+\Delta_{JB}=0.707\,\delta_d-0.5\,\delta_d=0.207\,\delta_d$$

【例 2-6】 如图 2.64 所示，工件以小端外圆 d_1 用 V 形块定位，V 形块上两斜面间的夹角为 90°，加工 ϕ10H8 孔。已知 $d_1=\phi 30_{-0.01}^{0}$ mm，$d_2=\phi 55_{-0.056}^{-0.010}$ mm，$H=(40\pm0.15)$ mm，同轴度误差 $t=0.03$ mm，求加工尺寸($H=40\pm0.15$) mm 的定位误差。

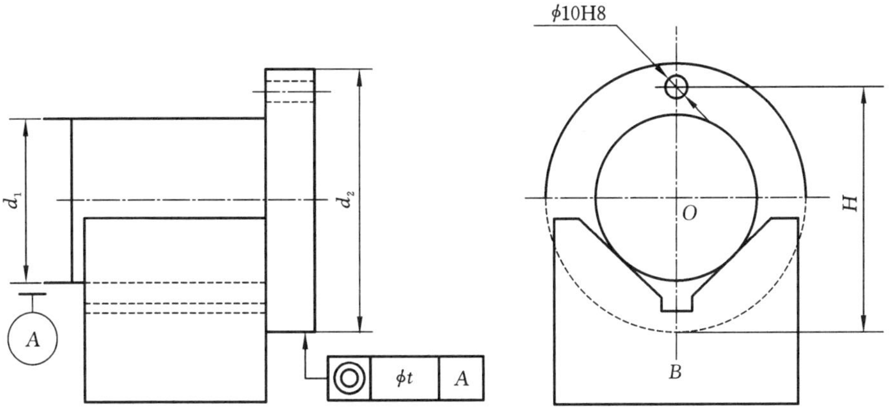

图 2.64　例 2-6 图

解：

(1) 定位基准是圆柱 d_1 的轴线，工序基准在外圆 d_2 的下母线 B 上，两者不重合，定位尺寸是外圆 d_2 的半径，并且考虑两圆的同轴度误差。

$$\Delta_{JB}=\frac{\delta_{d_2}}{2}+t=\frac{0.046}{2}+0.03=0.053\text{ mm}$$

(2) 定位基准相对于限位基准有位移，且基准位移方向与加工尺寸方向一致，基准位移误差

$$\Delta_{JW}=\frac{\delta_{d_1}}{\sin\frac{\alpha}{2}}=0.707\,\delta_{d_1}=0.007\text{ mm}$$

(3) 工序基准不在定位基面上，所以基准不重合误差和基准位移误差无相关公共变量

$\Delta_{DW}=\Delta_{JB}+\Delta_{JW}=0.053+0.007=0.06$ mm

【例 2-7】 如图 2.65 所示，工件以 $\phi 50_{-0.2}^{0}$ mm 的外圆柱面在 V 形块中定位铣削两斜面，要求保证尺寸 $A_{-0.30}^{0}$ mm，试分析定位误差和定位质量。

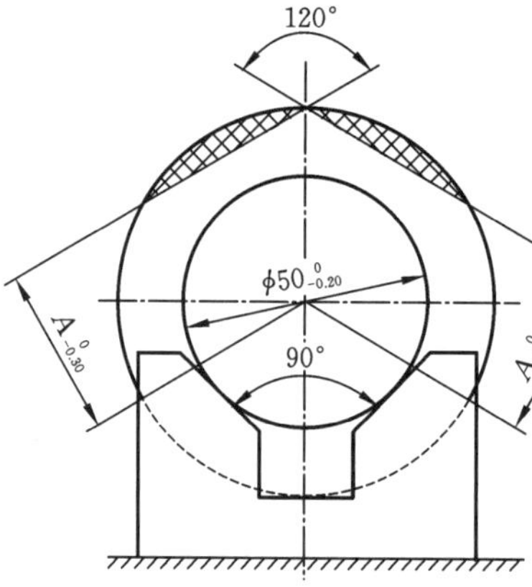

图 2.65　例 2-7 图

解：

(1) 工序基准和定位基准都为工件轴线，基准重合。

$$\Delta_{JB}=0$$

(2) 基准位移误差：

$$\Delta_{JW}=\frac{\delta_d}{2\sin 45^\circ}\times\cos 60^\circ=0.122\ \text{mm}$$

(3) 定位误差：

$$\Delta_{DW}=\Delta_{JW}=0.122\ \text{mm}$$

$$\frac{T}{3}=\frac{0.3}{3}=0.1\ \text{mm}$$

显然，$\Delta_{DW}>\frac{T}{3}$，所以该定位方案不能满足加工要求。

【例 2-8】 如图 2.66 所示，在支承盘上铣圆弧 R，要求保证与内孔轴线的距离为 h_1 或与外圆下母线的距离为 h_2。若内孔与心轴间隙配合，孔为 $\phi 20^{+0.021}_{\ 0}$ mm，轴为 $\phi 20^{-0.007}_{-0.020}$ mm，试分析工序尺寸 h_2 的定位误差。

解：

(1) 工序基准为外圆下母线，定位基准为内孔轴线，基准不重合误差，即为 Z 轴方向支承盘外圆半径的误差

$$\Delta_{JB}=\frac{\delta}{2}=\frac{0.10}{2}=0.05\ \text{mm}$$

(2) 基准位移误差

$$\Delta_{JW}=\delta_D+\delta_d+x_{\min}=0.021+0.013+0.007=0.041\ \text{mm}$$

(3) 由于工序基准不在定位基面上，基准不重合误差和基准位移误差无相关公共变量

$$\Delta_{DW}=\Delta_{JB}+\Delta_{JW}=0.041+0.05=0.091\ \text{mm}$$

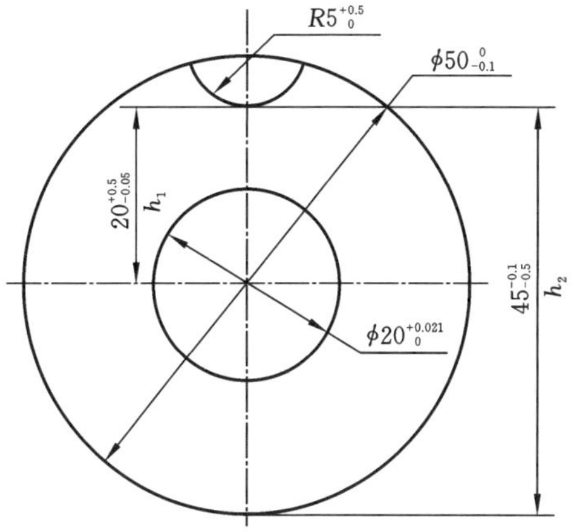

图 2.66 例 2-8 图

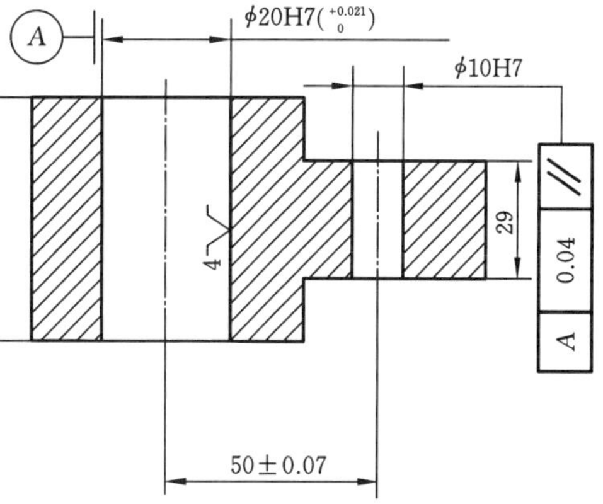

图 2.67 例 2-9 图

【例 2-9】 钻铰如图 2.67 所示零件上 $\phi10\text{H7}$ 孔，工件主要以 $\phi20\text{H7}^{+0.021}_{0}$ 孔定位，定位轴直径为 $\phi20^{-0.007}_{-0.016}$，求工序尺寸(50±0.07) mm 的定位误差。

解：

(1) 定位基准为孔 $\phi20\text{H7}^{+0.021}_{0}$ 的轴线，工序尺寸(50±0.07) mm 的工序基准也为 $\phi20\text{H7}^{+0.021}_{0}$ 孔的轴线，故定位基准与工序基准重合，即：$\Delta_{JB}=0$。

(2) 由于定位基准在任意方向偏移，得

$$\Delta_{JW}=\delta_D+\delta_d+x_{\min}=(0.021+0.009+0.007)=0.037\ \text{mm}$$

(3) 定位误差 $\Delta_{DW}=\Delta_{JW}=0.037$ mm。

【例 2-10】 钻铰图 2.68(a)所示凸轮上的两小孔($\phi16$ mm)，定位方式如图 2.68(b)所示，定位销直径为 $\phi22^{\ 0}_{-0.021}$ mm，求加工尺寸(100±0.1) mm 的定位误差。

解：

(1) 定位基准与工序基准重合，$\Delta_{JB}=0$。

(2) 由于夹紧力的作用，定位基准相对限位基准单方向移动，定位基准的移动方向与加工尺寸方向间的夹角为 30°±15′。

$$\Delta_{JW}=\frac{\delta_D+\delta_d}{2}=\frac{0.033+0.021}{2}=0.027\ \text{mm}$$

$$\Delta_{JW}\cos30^\circ=0.027\times\frac{\sqrt{3}}{2}=0.02\ \text{mm}$$

(3) 定位误差 $\Delta_{DW}=\Delta_{JW}\cos30^\circ=0.02$ mm。

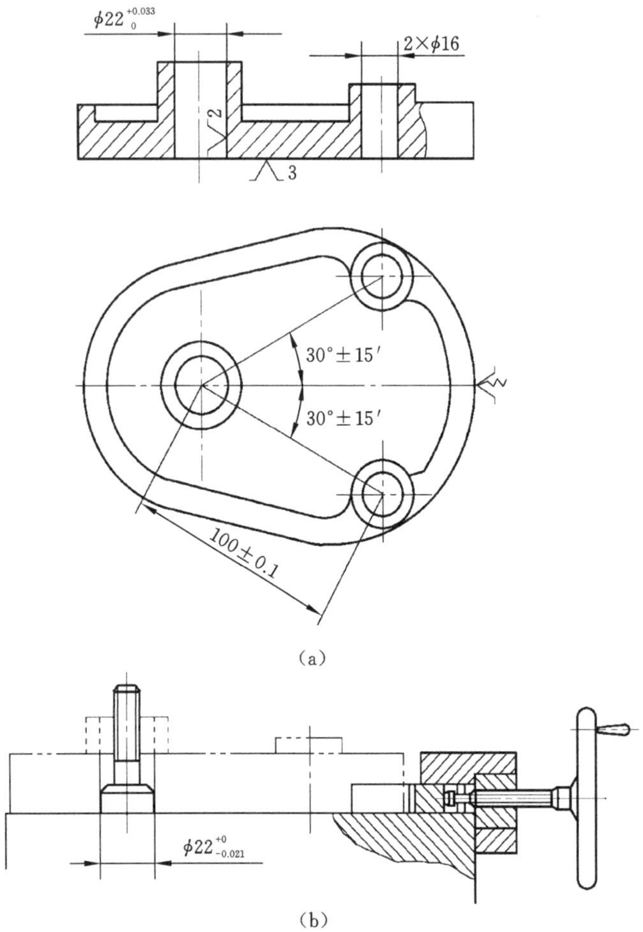

图 2.68　例 2-10 图

(a)钻铰两小孔工序简图;(b)工件定位图

本章小结

本章介绍了工件定位原理,常见的定位元件(包括支承钉、支承板、定位销以及 V 形块),定位图的应用等基本内容。学生通过学习,应掌握专用机床夹具定位的设计等相关知识,并学会定位误差的计算等相关知识。

思考与练习

一、判断题

1. 在平行六面体上铣削不通键槽时,无须消除工件的全部自由度。　(　　)

2. 任何条件下对工件的定位,所消除的自由度数不得少于三个,否则工件就不会得到稳定的位置。　(　　)

3. 工件加工需要进行完全定位时，其夹具定位元件应使工件的全部六个自由度都得到相应定位点的约束限制。（　　）

4. 实际加工中，有些工序的加工内容不需要消除全部六个自由度，只要消除部分自由度即可满足加工要求。（　　）

5. 通常来说，在夹具定位方案设计中，不完全定位的例子比较少见。（　　）

6. 工件的某些自由度不便消除，甚至无法消除时，应考虑采用不完全定位方案。（　　）

7. 在某些欠定位情况下进行加工，仍然能保证工序所规定的加工要求。（　　）

8. 欠定位不能保证加工精度要求，在确定工件的定位方案时，决不允许发生欠定位这样的原则性错误。（　　）

9. 夹具上定位支承点的布局不合理，将造成重复消除工件的一个或几个自由度的现象。（　　）

10. 在确定工件的定位方案时，应尽量避免重复定位。但在机械加工生产中，也常采用重复定位。（　　）

二、分析题

1. 比较完全定位、不完全定位、重复定位和欠定位。

2. 试说明如图 2.69 所示工件定位时，分别应消除哪些自由度？

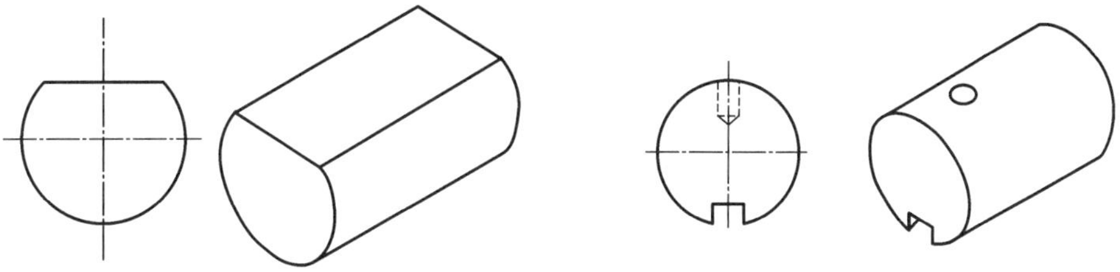

(a)　　　　　　　　　　(b)

图 2.69　工件加工示意图

(a)铣削平面；(b)钻盲孔

3 工件的夹紧

【教学目标与要求】

工件在夹具中的装夹包括定位和夹紧两个过程。定位问题已经在前面研究过，其关键在于解决工件的定位方法和保证必要的定位精度。仅仅定好位在多数场合下还无法进行加工，只有在夹具上设置相应的夹紧装置对工件实行夹紧，才能完成工件在夹具中装夹的全部任务。

夹紧装置的基本任务就是保持工件在定位中所获得的既定位置，以便在切削力、重力、惯性力等外力作用下，不发生移动和振动，确保加工质量和生产安全。有时工件的定位是在夹紧过程中实现的，正确的夹紧还能纠正工件定位的不正确位置。本章将着重论述有关夹紧装置设计和计算方面的基本问题。通过本章的学习，应达到以下目标：

(1) 掌握夹紧装置的组成及其设计要求；

(2) 掌握夹紧力的确定；

(3) 熟悉斜楔夹紧机构设计原理和方法；

(4) 了解圆偏心夹紧机构设计原理和方法。

3.1 工件在夹具中的夹紧

3.1.1 夹紧装置的组成

在机械加工过程中，为保持工件定位时处在所确定的正确加工位置，防止工件在切削力、惯性力、离心力及重力等作用下发生位移和振动，一般机床夹具都应有一个夹紧装置以将工件夹紧。

夹紧装置分为手动夹紧装置和机动夹紧装置两类。根据结构特点和功用划分，典型夹紧装置由动力源、夹紧机构组成。

(1) 动力源

动力源即产生原始作用力的部分。如果用人的体力对工件进行夹紧，称为手动夹紧；如果用气动、液压、气液联合、电动以及机床的运动等动力装置来代替人力进行夹紧，则称为机动夹紧。

(2) 夹紧机构

夹紧机构即接受和传递原始作用力，使之变为夹紧力，并执行夹紧任务的部分。它包括中间传力机构和夹紧元件。中间传力机构把来自人力或动力装置的力传递给夹紧元件，再由夹紧元件直接与工件接触，最终完成夹紧任务。

根据动力源的不同和工件夹紧的实际需要，一般中间传力机构在传递夹紧力的过程中，可起到以下作用：

① 改变作用力的方向；

② 改变作用力的大小；

③ 具有一定的自锁性能，以保证夹紧可靠，在手动夹紧时尤为重要。

夹紧装置的构成如图 3.1 所示。

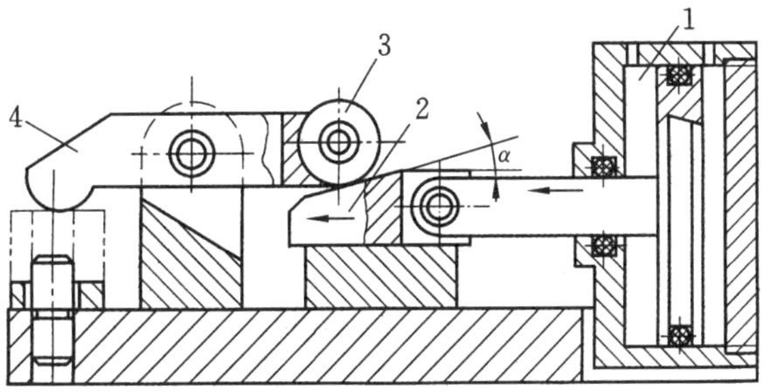

图 3.1　夹紧装置的构成

1—汽缸；2—斜楔；3—滚子；4—压板

3.1.2　夹紧装置的基本要求

夹紧装置的设计和选用正确合理，对于保证加工质量、提高生产率、减轻工人劳动强度有很大影响。为此，对夹紧装置提出了如下基本要求：

① 夹紧力应有助于定位，而不应破坏定位；

② 夹紧力的大小应能保证加工过程中工件不发生移动和振动，并能在一定范围内调节；

③ 工件在夹紧后的变形和受压表面的损伤不应超出允许的范围；

④ 应有足够的夹紧行程，手动时要有一定的自锁作用；

⑤ 结构紧凑、动作灵活，制造、操作、维护方便，并且省力、安全，有足够的强度和刚度。

为满足上述要求，其核心问题是正确地确定夹紧力。

3.2 夹 紧 力

工件在夹具中的夹紧是通过夹紧装置对其施加一定的夹紧力来实现的。所以，在设计夹紧装置时，首先要考虑如何施加夹紧力，然后再确定机构。因此，夹紧力的确定，在夹具设计中占有重要的地位。

夹紧力与其他力一样，具有三个要素：力的作用方向、力的作用点和力的大小。确定夹紧力是一个综合性的问题，必须结合工件的加工要求和特点、定位元件的结构形式和工件的自身重力和所受外力作用的情况来考虑。

3.2.1 夹紧力的方向

(1) 夹紧力应垂直于主要定位基准面

为使夹紧力有助于定位，则工件应紧靠支承点，并保证各个定位基准与定位元件接触可靠。一般来讲，工件主要定位基准面的面积较大、精度较高，限制的自由度多，夹紧力垂直作用于此面上，有利于保证工件的加工质量。

如图 3.2(a)所示，在直角支座上镗孔，本工序要求所镗孔与 A 面垂直，故应以 A 面为主要定位基准面。在确定夹紧力方向时，应使夹紧力朝向 A 面即主要定位基准面，以保证孔与 A 面的垂直度，如图 3.2(d)所示。反之，若朝向 B 面，由于工件 A、B 两面有垂直度误差，无法保证镗刀进给方向与工件竖直面垂直，因而也无法保证所镗孔与 A 面垂直的工序要求，如图 3.2(b)、(c)所示。

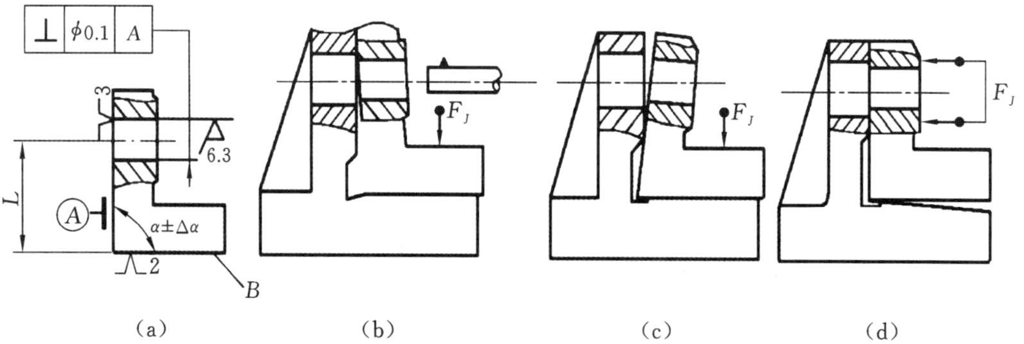

图 3.2 夹紧力方向的确定

(2) 夹紧力的作用方向应与工件刚度最大的方向一致

由于工件在不同方向上刚度往往是不等的，不同的受力表面也因其接触面积大小而不同。尤其在夹压薄壁零件时，更需注意。如图 3.3 所示的薄壁套筒工件，由于套筒轴向刚度远大于径向刚度，所以应沿轴向均匀施加夹紧力。若用图 3.3(a)所示的三爪卡盘将薄壁套筒径向夹紧，将会引起较大的变形，若采用图 3.3(b)所示的特制螺母轴向夹紧，则不容易产生变形。

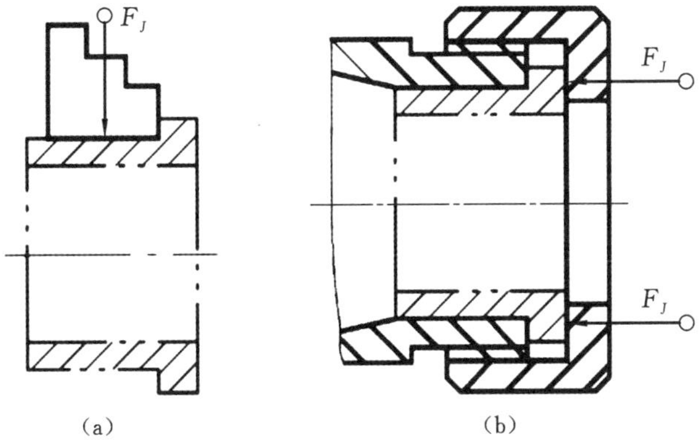

图 3.3 薄壁套筒工件的夹紧力方向

(a)三爪长盘夹紧;(b)特制螺母夹紧

(3) 夹紧力作用方向应尽量与工件的切削力、重力等的作用方向一致

在保证夹紧可靠的情况下,减小夹紧力可以减轻工人的劳动强度,提高生产效率,同时可以使机构轻便、紧凑以及减少工件变形。为此,应使夹紧力的方向最好与切削力、工件的重力方向一致,这时所需要的夹紧力最小。

如图 3.4 所示,在钻床上钻孔的情况。图 3.4(a)中夹紧力 F、切削力 P、工件的重力 G 三力方向一致,所以此时夹紧力 F 最小,是最为理想的情况;在图 3.4(b)中,P、G 均与 F 反向,F 要大于 $G+P$,此方案的夹紧力 F 比图 3.4(a)中所需的夹紧力大得多;在图 3.4(c)中,P、G 都与 F 垂直,为避免工件加工过程中移位,应使夹紧后产生的摩擦力 $F \cdot f_s$ 大于 $G+P$,这时所需的夹紧力 F 最大。由以上分析可知,夹紧力大小与夹紧方向直接相关。在考虑夹紧方向时,只要满足夹紧条件,夹紧力越小越好。

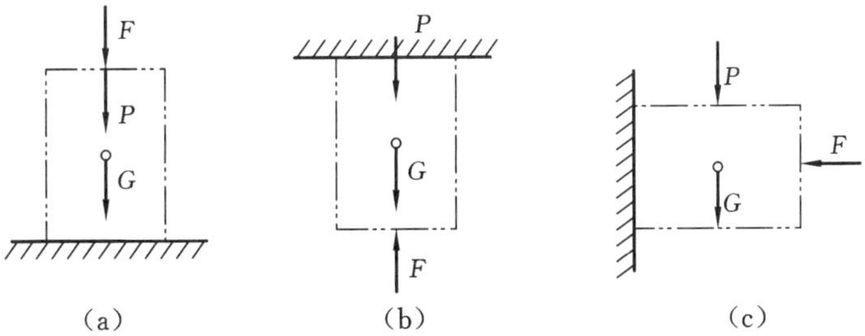

图 3.4 钻床上钻孔夹紧力的方向

(a)F、P、G 同向;(b)F 与 P、G 反向;(c)F 与 P、G 垂直

3.2.2 夹紧力的作用点

夹紧力的作用点是指夹紧元件与工件相接触的小块面积。夹紧力的作用点对工件的可靠定位、夹紧后的稳定和变形有显著影响,选择作用点的问题是在夹紧力方向已定的情况下才提出来的。选择夹紧力作用点位置和数目时,应考虑工件定位可靠,防止夹紧变形,确保

工序的加工精度。

(1) 夹紧力的作用点应落在支承元件或几个支承元件形成的稳定受力区域内

如图 3.5(a)所示,夹紧力虽垂直于主要定位基准面,但作用点却在支承范围以外,夹紧力与支反力构成力矩,工件将产生偏转使定位基准与支承元件脱离,从而破坏原有定位,因此,应将夹紧力作用在如图 3.5(b)所示的稳定区域内。如图 3.6 所示也是夹紧力作用点选择不合理的例子,图 3.6(a)作用力应落在两个支撑点中间,图 3.6(b)作用力应与水平支撑点共线,否则都将产生使工件侧翻的力。

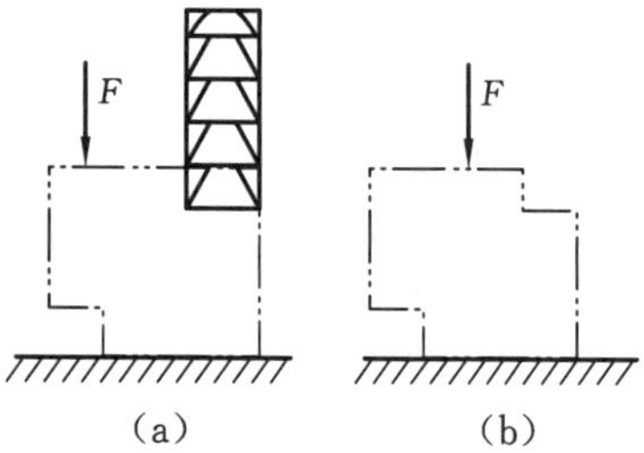

图 3.5　夹紧力作用点选择与修正

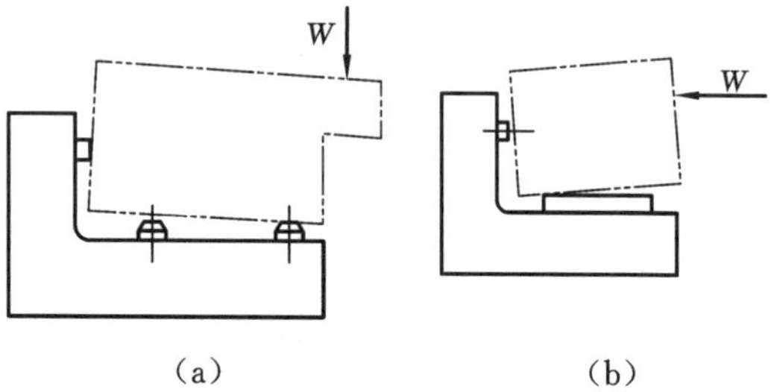

图 3.6　夹紧力作用点选择不合理

(2) 夹紧力作用点应落在工件刚性好的部位

夹紧力的作用点应有利于减小夹紧变形,这对刚度较差的工件尤其重要。

如图 3.7(a)所示,若夹紧力作用点作用在工件刚性较差的顶部中点,工件就会产生较大的变形。若如图 3.7(b)所示,将作用点由箱体的顶面中间单点改成刚性较好的两旁凸边两点夹紧,变形会大大减小,且夹紧也较可靠。如图 3.7(c)所示,若箱体没有凸边时,可将单点夹紧改为三点夹紧,使着力点落在刚性好的箱壁上,也可以减小工件的夹紧变形。

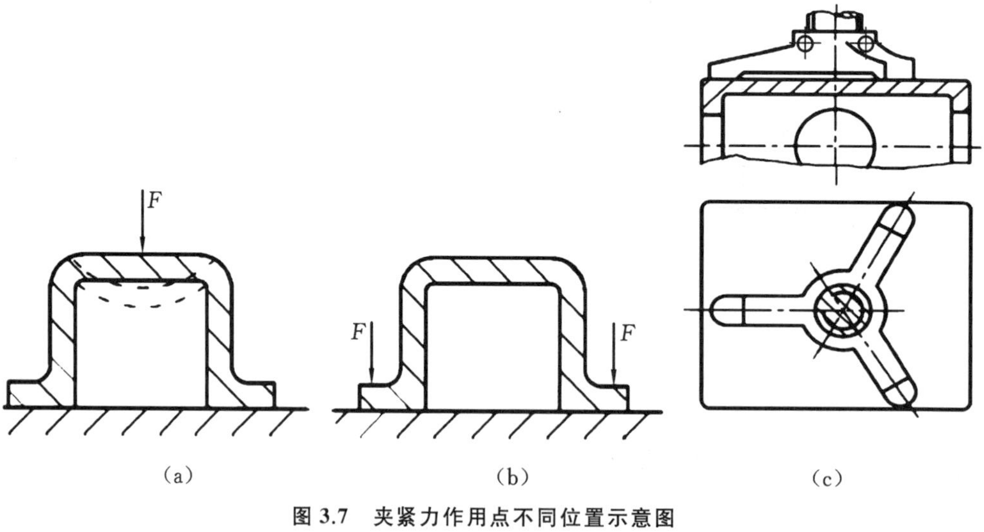

图 3.7　夹紧力作用点不同位置示意图

(3) 夹紧力的作用点应尽量靠近工件加工表面

夹紧力的作用点应尽量靠近工件加工表面,以提高定位稳定性和夹紧可靠性,减少加工中的振动。

如图 3.8 所示工件，被加工面处于工件的长悬臂的端头。若只采用夹紧力 F 进行夹紧时，虽然工件在加工中不会产生移动，但因 F 的作用点离被加工面很远，使工件夹紧刚度很差。加工时不仅会产生较大的振动，影响加工质量，而且还可能引起悬臂折裂。若在离加工位置较近的点增添辅助支承，并附加夹紧力 F_1 将悬臂夹紧，则夹紧点与加工部位间的悬臂梁长度大大缩短，从而使夹紧刚度得到很大的提高，减少了加工中的振动。

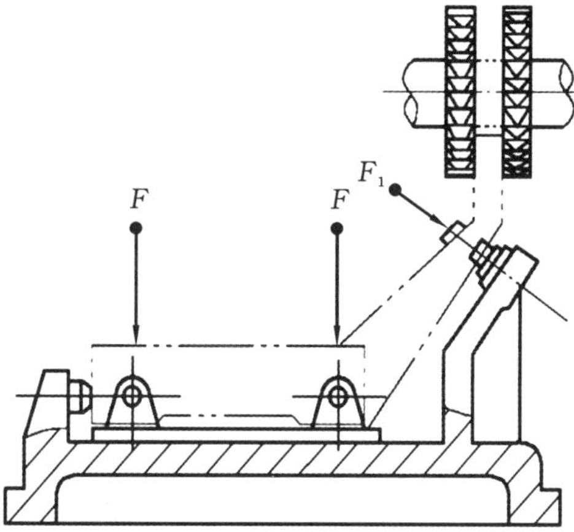

图 3.8　增大受力面积减少夹紧变形

3.2.3　夹紧力的大小

夹紧力的大小必须适当，夹紧力过小，工件可能在加工过程中移动而破坏定位，不仅影响质量，还可能造成事故；夹紧力过大，不但会使工件和夹具产生变形，对加工质量不利，而且造成人力物力的浪费。

计算夹紧力，通常将夹具和工件看成一个刚性系统以简化计算。然后根据工件受切削力、夹紧力(大工件还应考虑重力，高速运动的工件还应考虑惯性力等)后处于静力平衡条件，计算出理论夹紧力 W，再乘以安全系数 K，作为实际所需的夹紧力 W_0，即

$$W_0 = K \cdot W \tag{3-1}$$

式中　W_0——实际所需要的夹紧力，N；

W——按力平衡条件计算的夹紧力，N；

K——安全系数，根据生产经验，一般取 $K=1.5\sim3$。

用于粗加工时，取 $K=2.5\sim3$；用于精加工时，取 $K=1.5\sim2$。

夹紧工件所需夹紧力的大小，除与切削力的大小有关外，还与切削力对定位支承的作用方向有关。下面通过几个实例进行分析计算。

【例 3-1】 车削：用三爪卡盘夹持工件车削端面时夹紧力的计算，如图 3.9 所示。

解：

为了简化计算，设每个卡爪的夹紧力大小相等，分别为 W。在每个夹紧点上使工件转动

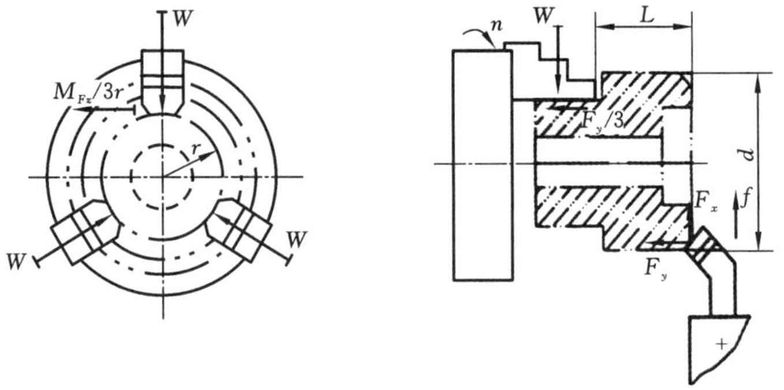

图 3.9　车削夹紧力计算

的力为$\frac{M_{F_z}}{3r}$，使工件移动的力为$\frac{F_y}{3}$。对工件的径向力 F_x，虽然在工件回转中对卡爪受力不等，但因其数值较小，故可忽略。

F_z、F_y应由卡爪所产生的摩擦力 F_μ加以平衡，即

$$F_\mu=\sqrt{\left(\frac{M_{F_z}}{3r}\right)^2+\left(\frac{F_y}{3}\right)^2} \tag{3-2}$$

阻止工件转动和移动的力为夹紧力所产生的摩擦力 $F_\mu=W\cdot\mu$（μ 为摩擦系数）。根据静力矩平衡条件，可得每个卡爪的夹紧力，即

$$W=\frac{\sqrt{\left(\frac{dF_z}{6r}\right)^2+\left(\frac{F_y}{3}\right)^2}}{\mu} \tag{3-3}$$

考虑安全系数 K 时得

$$W_0=K\cdot W=\frac{\sqrt{\left(\frac{d\cdot F_z}{6r}\right)^2+\left(\frac{F_y}{3}\right)^2}}{\mu}\cdot K \tag{3-4}$$

【例 3-2】钻削：用 V 形块夹持工件钻孔时夹紧力的计算，如图 3.10 所示。

解：

由图 3.10 可知摩擦力与夹紧力的关系为

$$4F_\mu=4N\cdot\mu=\frac{2W\cdot\mu}{\sin\frac{\alpha}{2}} \tag{3-5}$$

由图 3.10 可知，钻孔时的轴向力 F 与钻削力矩 M 由两个 V 形块夹持工件时产生的摩擦力 F_μ所平衡，即

$$4F_\mu=\frac{2W\cdot\mu}{\sin\frac{\alpha}{2}}\geqslant\sqrt{\left(\frac{2M}{d}\right)^2+F^2} \tag{3-6}$$

$$W=\frac{\sqrt{\left(\frac{2M}{d}\right)^2+F^2}}{2\mu}\sin\frac{\alpha}{2} \tag{3-7}$$

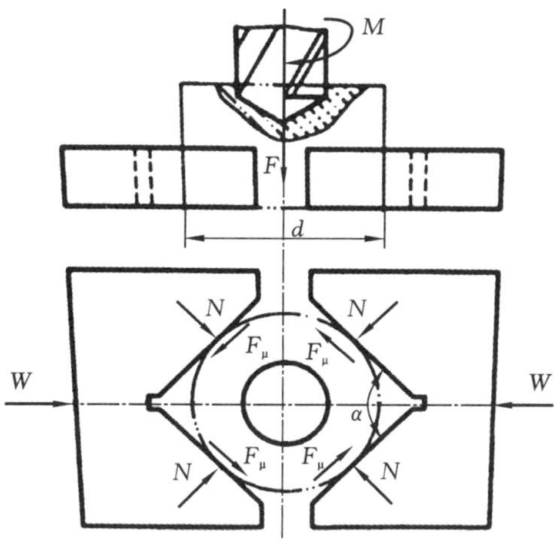

图 3.10 用 V 形块夹持工件钻孔时的夹紧力计算

考虑安全系数 K 时，得

$$W_0 = K \cdot W = K \cdot \frac{\sqrt{\left(\frac{2M}{d}\right)^2 + F^2}}{2\mu} \sin\frac{\alpha}{2} \tag{3-8}$$

式中 M——钻削的切削力矩，N·m；

F——钻削的轴向力，N。

用计算法确定夹紧力的大小，很难计算准确，这是因为在切削过程中，加工余量、工件硬度、刀具磨损等情况是时刻变化的。所以计算出来的夹紧力数值还要乘上一个范围较大的安全系数 K。因此设计手动夹紧装置时，常根据经验或类比的方法确定所需夹紧力的大小。设计气动、液压夹紧装置时，多数情况下对切削力进行试验测定后，再估算所需夹紧力的数值。

3.3 典型夹紧机构

不论采用何种力源（手动或机动）形式，一切外加的作用力要转化为夹紧力均须通过夹紧机构。因此，夹紧机构是夹紧装置中很重要的组成部分。在夹具的各种夹紧机构中，起基本夹紧作用的多为斜楔、螺纹、偏心轮、杠杆、薄壁弹性件等。其中，以斜楔、螺纹、偏心轮以及由它们组合而成的夹紧机构应用最为普遍。这三类机构在形成原理方面基本相同，但在结构、用途上有各自的特点。

夹具设计中的夹紧机构有很多，常用的典型夹紧机构有斜楔夹紧机构、螺旋夹紧机构、偏心夹紧机构、铰链夹紧机构。

3.3.1 斜楔夹紧机构

斜楔夹紧机构是采用斜楔作为传力元件或夹紧元件的夹紧机构。它是最基本的夹紧机构，螺旋夹紧机构、偏心夹紧机构等均是斜楔夹紧机构的变型。

(1) 夹紧原理

斜楔夹紧机构的夹紧原理采用斜楔作为传力元件或夹紧元件的夹紧机构。

如图 3.11 所示为采用斜楔夹紧工件的斜楔夹紧机构，在工件顶面钻削一个 $\phi 8$ mm 的孔，另一侧面加工一个 $\phi 5$ mm 的孔。工件放入夹具后，锤击斜楔大端，则斜楔通过斜面作用并施加挤压力，将工件楔紧在夹具中。加工完毕后，通过锤击斜楔小端，即可松开工件。

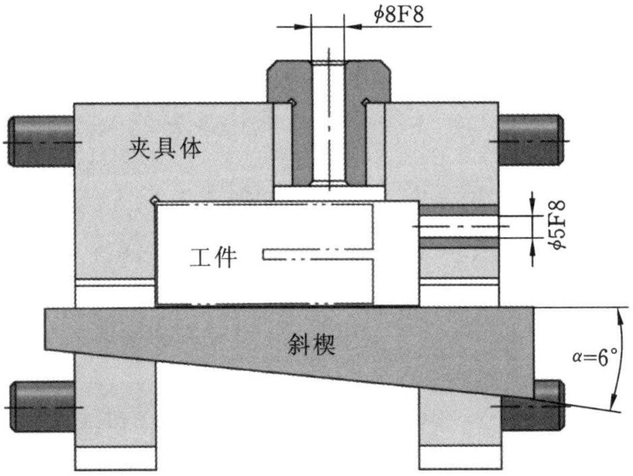

图 3.11 斜楔夹紧机构

(2) 夹紧力的计算

斜楔受外加作用力 Q 后所产生的夹紧力 W，可按斜楔受力的平衡条件来求出。

现取斜楔为受力平衡对象，受力情况如图 3.12 所示。

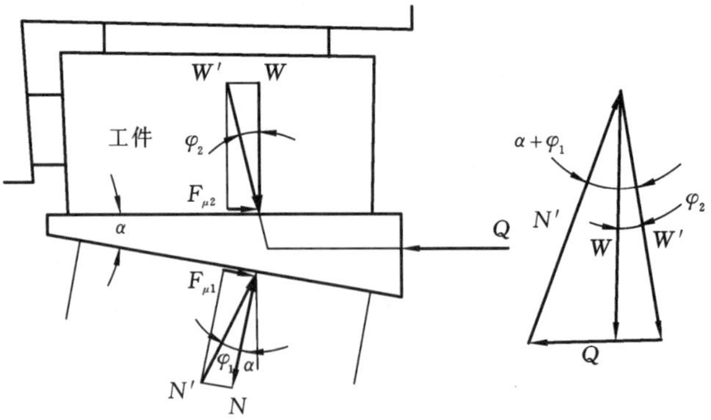

图 3.12 斜楔受力分析

斜楔受到工件对它的反力和摩擦力 $F_{\mu 2}$，夹具体的反作用力 N 和摩擦力 $F_{\mu 1}$。设 N 和

$F_{\mu1}$的合力为 N';W 和 $F_{\mu2}$的合力为 W',则 N 和 N'的夹角即为夹具体与斜楔之间的摩擦角 φ_1;W 与 W'的夹角为工件与斜楔之间的摩擦角 φ_2。

夹紧时 Q、W'、N'三力处于平衡时,如楔角为 α,可得

$$Q=W\tan(\alpha+\varphi_1)+W\tan\varphi_2 \tag{3-9}$$

$$W=\frac{Q}{\tan(\alpha+\varphi_1)+\tan\varphi_2} \tag{3-10}$$

当 α、φ_1、φ_2 均很小,且 $\varphi_1=\varphi_2=\varphi$ 时,上式可简化为

$$W\approx\frac{Q}{\tan\alpha+2\tan\varphi} \tag{3-11}$$

对 $\alpha\leqslant11$ 的自锁斜楔夹紧机构,按近似公式计算夹紧力时,其误差不超过 7%。但对于楔角 α 较大的非自锁斜楔夹紧机构,则不宜采用简化公式。通常取 $\varphi_1=\varphi_2=4°\sim6°$,$\alpha=6°\sim10°$。

(3) 结构特点

图 3.13(a)所示是斜楔的一种结构,斜度一般为 1∶10,其斜度的大小主要是根据满足斜楔的自锁条件来确定。

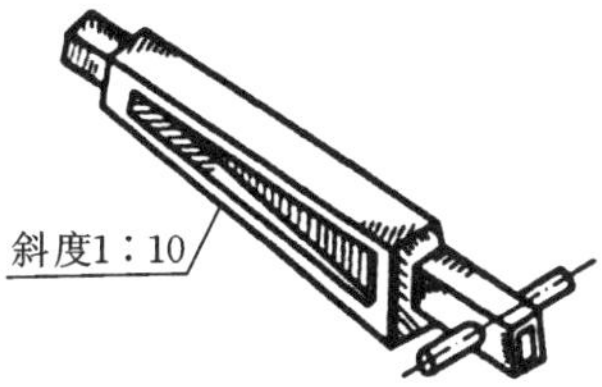

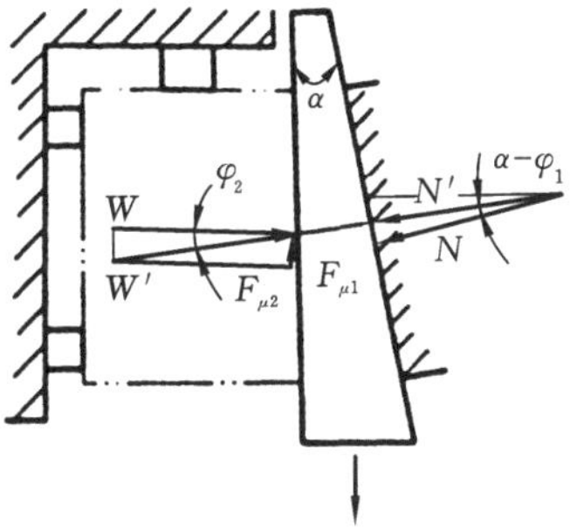

图 3.13 斜楔结构及自锁条件分析

① 斜楔的自锁性

一般对夹具的夹紧机构都要求具有自锁性能,所谓自锁就是当外加的作用力 Q 一旦消失或撤除后,夹紧机构在纯摩擦力的作用下,仍应保持其处于夹紧状态而不松开。对于斜楔夹紧机构而言,这时摩擦力的方向应与斜楔企图松开和退出的方向相反,如图 3.13(b)所示。

由图 3.13 可知,斜楔要满足自锁要求,则必须使

$$F_{\mu2}>N'\sin(\alpha-\varphi_1) \tag{3-12}$$

但

$$F_{\mu2}=W\cdot\tan\varphi_2 \tag{3-13}$$

$$W=N'\cos(\alpha-\varphi_1) \tag{3-14}$$

将后式代入前式,得

$$W\cdot\tan\varphi_2>W\cdot\tan(\alpha-\varphi_1) \tag{3-15}$$

即 $\varphi_2+\varphi_1>\alpha$。

由此可见，满足斜楔自锁条件，其斜角 α 应小于斜楔与夹具体以及斜楔与工件之间的摩擦角之和。通常取 φ_1 与 φ_2 约等于 6°，因此，$\alpha<12°$。但是考虑到斜楔的实际工件条件，例如斜楔与工件的受压面的接触不一定良好，为了使自锁更加可靠，则实际可取 $\alpha=6°$。这时 $\tan6°\approx0.1=\frac{1}{10}$。

② 斜楔能改变夹紧作用力的方向

由图 3.12 中可以看出，当外加一个夹紧作用力 Q，则斜楔产生一个与 Q 力方向垂直的夹紧力 W。

③ 斜楔具有扩力作用

从夹紧力的计算公式中可知，斜楔具有扩力作用。亦即外加一个较小的夹紧作用力 Q，却可获得一个比 Q 大几倍的夹紧力 W；一般以扩力比 i_p 表示，$i_p=\frac{W}{Q}$，而且当 Q 一定时，α 越小，则扩力作用越大。因此，在以气动或液压作为力源的高效率机械化夹紧装置中，常用斜楔作为扩力机构。

一般斜楔的夹紧行程很小，而且夹紧行程直接与斜楔的斜角 α 有关。当 α 越小，自锁性越好，但夹紧行程也越小；反之，当 α 越大，则自锁性越差，而夹紧行程却能增大。因此，增加夹紧行程和斜楔的自锁性能是相矛盾的。

④ 斜楔的夹紧行程很小

在选择楔角时，应综合考虑到自锁、扩力、行程三方面问题。如果要求较大的夹紧行程，且机构又要求自锁，可以采用双楔角的斜楔。图 3.14 所示的夹紧机构，其前端大楔角 α_0 仅用于加大夹紧行程，后端小楔角 α 则用于夹紧并自锁。采用双楔角斜楔，也可放宽被夹工件在夹紧方向尺寸精度的要求。

⑤ 斜楔夹紧效率低

因斜楔与夹具体及工件间是滑动摩擦，故效率较低。为了提高效率，可采用带滚子的斜楔夹紧机构，但自锁性能降低，故一般用在机动夹紧上。其夹紧力可通过图 3.15 所示的静力平衡关系得到。

$$Q=W\tan(\alpha+\varphi_1')+W\tan\varphi_2 \tag{3-16}$$

$$W=\frac{Q}{\tan(\alpha+\varphi_1')+\tan\varphi_2} \tag{3-17}$$

式中 φ_1'——滚子滚动的当量摩擦角，°；

φ_2——斜楔对夹具体的摩擦角，°。

$$\tan\varphi_1'=\frac{2\rho}{d_2}=\mu\left(\frac{d_1}{d_2}\right)=\tan\varphi\left(\frac{d_1}{d_2}\right) \tag{3-18}$$

式中 d_1——滚子销轴直径，mm；

d_2——滚子直径，mm；

φ——滚子与销轴的摩擦角，°。

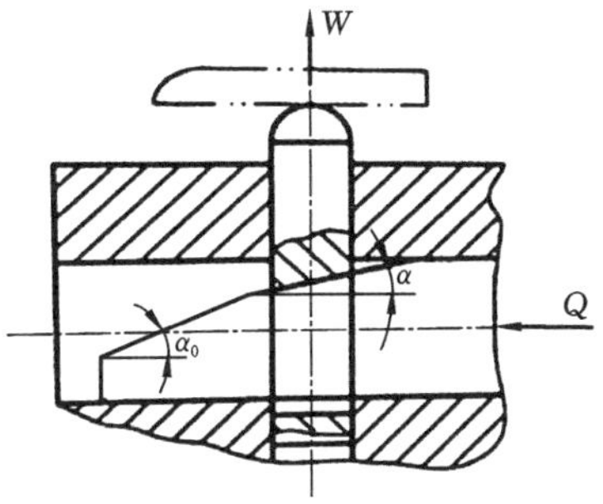

图 3.14 具有两个楔角的斜楔

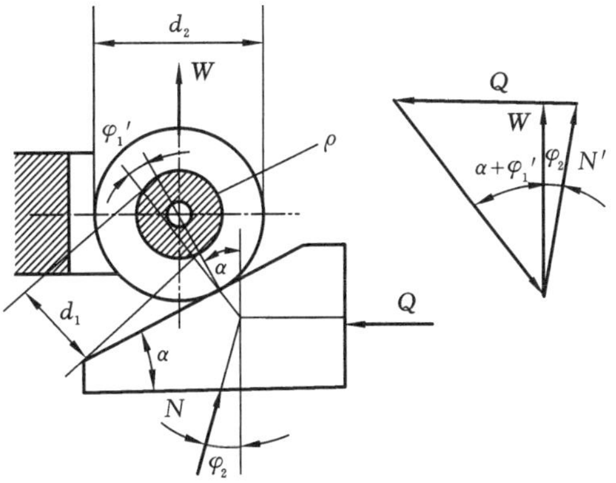

图 3.15 滚子斜楔机构夹紧力计算

(4) 适用范围

斜楔夹紧机构适用范围：

① 毛坯质量较高时；

② 主要用于机动夹紧装置中。

手动的夹紧机构因费时费力，效率极低，故实际上较少采用。

3.3.2 螺旋夹紧机构

螺旋夹紧机构是利用螺杆直接夹紧工件，或者与其他元件或机构组成复合夹紧机构来夹紧工件，是应用最广的一种夹紧机构。

(1) 夹紧原理

螺旋夹紧机构采用螺杆做中间传力元件。螺旋夹紧机构的结构简单，容易制造，而且由于螺旋升角小，螺旋夹紧机构的自锁性能好，夹紧力和夹紧行程都较大，是手动夹具上用得最多的一种夹紧机构。

(2) 结构方式

典型的螺旋夹紧机构主要有两种结构方式，分别是单个螺旋夹紧机构和螺旋压板机构。

如图 3.16 所示是直接用螺钉或螺母夹紧工件的机构，称为单个螺旋夹紧机构。在图 3.16(a)中，夹紧时螺钉头直接与工件表面接触，螺钉转动时，可能损伤工件表面，或带动工件旋转。为此，在螺钉头部装上如图 3.16 所示的摆动压块。当摆动压块与工件接触后，由于压块与工件间的摩擦力矩大于压块与螺钉间的摩擦力矩，所以压块不会随螺钉一起转动。如图 3.16(c)所示为用球面带肩螺母夹紧的结构。螺母和工件 4 之间加球面垫圈 6，可使工件受到均匀的夹紧力并避免螺杆弯曲。

在图 3.17 中，A 型的端面是光滑的，用于夹紧已加工的表面；B 型的端面有齿纹，用于夹紧毛坯粗糙的表面。

夹紧动作慢、工件装卸费时是单个螺旋夹紧机构的另一个缺点。如图 3.16(c)所示，装卸工件时，要将螺母拧上拧下，费时费力。

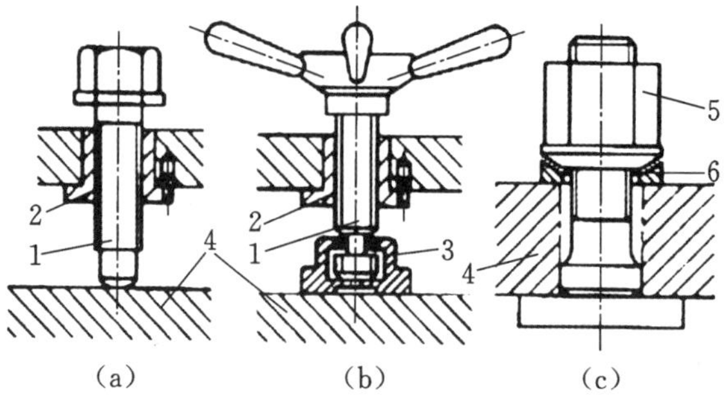

图 3.16　单个螺旋夹紧机构

(a)直接螺钉头夹紧;(b)摆动压块夹紧;(c)螺母夹紧

1—螺钉、螺杆;2—螺母套;3—摆动压块;4—工件;5—球面带肩螺母;6—球面垫圈

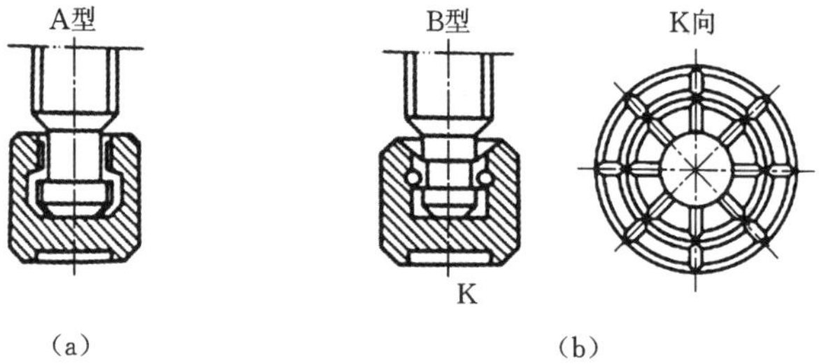

图 3.17　摆动压块

(a)A 型;(b)B 型

夹紧机构中,结构形式变化最多的是螺旋压板夹紧机构。如图 3.18 所示是常用螺旋压板夹紧机构的五种典型结构。如图 3.18(a)和图 3.18(b)所示,两种机构的施力螺钉位置不同,图 3.18(a)夹紧力小于作用力,主要用于夹紧行程较大的场合,图 3.18(b)可通过调整压板的杠杆比 L,实现增大夹紧力和夹紧行程的目的。如图 3.18(c)所示是铰链压板机构,主要用于增大夹紧力场合。如图 3.18(d)所示是螺旋钩形压板机构,其特点是结构紧凑、使用方便,主要用于安装夹紧机构的位置受限的场合。如图 3.18(e)所示为自调式压板,它能适应工件高度在0～100 mm范围内变化,而无须进行调节,其结构简单、使用方便。

归纳起来,典型的螺旋夹紧机构具有以下特点:

① 结构简单;

② 扩力比大;

③ 自锁性能好;

④ 行程不受限制;

⑤ 夹紧动作慢。

(3) 夹紧力

因螺旋夹紧机构的夹紧力计算与斜楔相似,故螺旋可以看作是绕在圆柱体上的斜楔。螺旋升角即为楔角。如沿螺旋中径展开,则螺旋相当于一个斜楔作用在工件与螺母之间,其受力情况如图 3.19 所示。

当在螺旋夹紧机构的手柄上施加原始力矩$M_Q=Q \cdot L$ 后,则工件对螺杆的反作用力

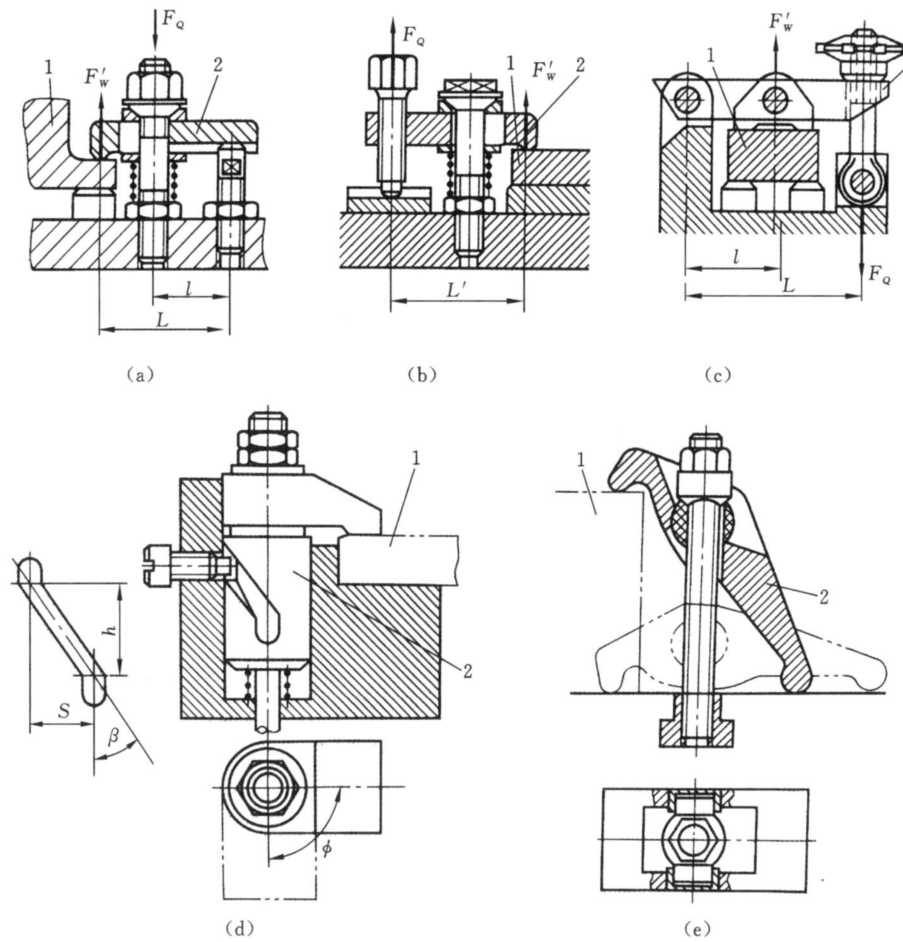

图 3.18 螺旋压板夹紧机构

(a)移动压板一;(b)移动压板二;(c)铰链式压板;(d)钩形压板;(e)自调式压板

1—工件;2—压板

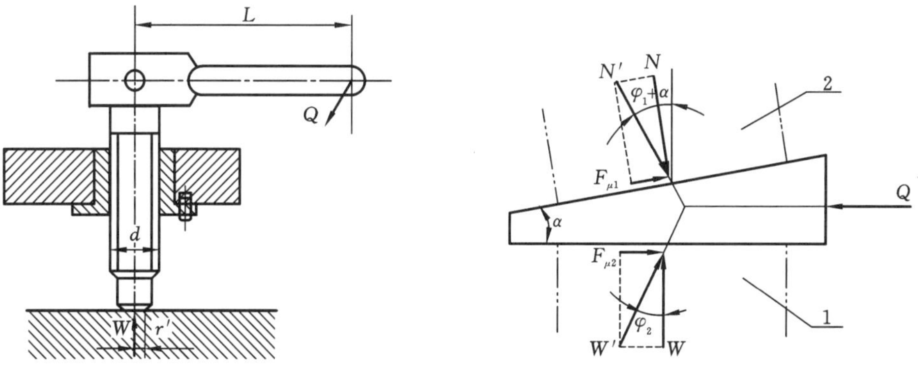

图 3.19 螺旋夹紧受力分析

有:垂直于螺杆端部的反作用力 W(即夹紧力)及摩擦力 $F_{\mu 2}$(与接触形式有关)。两力分布于整个接触面上,计算时可视为集中于半径 r' 的圆环上,r' 为当量摩擦半径。夹具体(即螺母)对螺杆的作用的力有:垂直于螺纹面的正压力 N,即螺纹面上的摩擦力 $F_{\mu 1}$,其合力为 N',此力分布于整个螺纹面,计算时,可视为集中在螺纹中径处。根据平衡条件,对螺杆中心线的力矩为零,即

$$M_Q - M_{N'} - M_{F_{\mu 2}} = 0 \tag{3-19}$$

式中 M_Q——原始力矩,$M_Q = QL$,N·mm;

$M_{N'}$——螺母对螺杆的作用力矩,N·mm;

$$M_{N'} = \frac{N'\sin(\alpha + \varphi_1) d_2}{2} = \frac{W\tan(\alpha + \varphi_1) d_2}{2} \tag{3-20}$$

$M_{F_{\mu 2}}$——工件对螺杆的摩擦力矩,N·mm;

$$M_{F_{\mu 2}} = F_\mu \cdot r' = W \cdot \tan\varphi_2 \cdot r' \tag{3-21}$$

即

$$Q \cdot L - \frac{W\tan(\alpha + \varphi_1) d_2}{2} - W \cdot \tan\varphi_2 \cdot r' = 0 \tag{3-22}$$

可得

$$W = \frac{QL}{\dfrac{\tan(\alpha + \varphi_1) d_2}{2} + r'\tan\varphi_2} \tag{3-23}$$

式中 W——夹紧力,N;

Q——原始作用力,N;

L——作用力臂,mm;

α——螺纹升角,°;

d_2——螺纹中径,mm;

φ_1——螺纹处摩擦角,°;

φ_2——螺杆端部与工件的摩擦角,°;

r'——螺杆端部与工件的当量摩擦半径,mm;螺杆端部为球面时 $r'=0$。

以上分析是方牙螺纹,对其他螺纹,可按下式计算

$$W = \frac{QL}{\dfrac{\tan(\alpha + \varphi_1'') d_0}{2} + r'\tan\varphi_2} \tag{3-24}$$

式中 φ_1''——螺母与螺杆的当量摩擦角,°。

对于三角螺纹 $\varphi_1'' = \arctan(1.15\tan\varphi_1)$

对于梯形螺纹 $\varphi_1'' = \arctan(1.03\tan\varphi_1)$

(4) 应用范围

由于螺旋夹紧机构具有结构简单、制造容易、夹紧可靠、扩力比大、夹紧行程不受限制等

特点，所以在手动夹紧装置中被广泛使用。

为了克服螺旋夹紧机构动作慢、效率低的缺点，出现了各种快速的螺旋夹紧机构，如图3.20所示。

图3.20(a)所示的螺杆1上开有直槽，转动手柄便可松开工作，再将直槽转至螺钉2处，即可迅速拉出螺杆，以便装卸工作。图3.20(b)所示则是利用手柄1带动的摆动垫块使压块3能快速夹紧工件或快速撤回。工件装上后，推动手柄螺母2，使螺杆连同压块快速接近工件。然后摆动手柄1，使垫块进入图示的工作位置，只要略微旋动手柄螺母2，便可将工件夹紧。放松时动作顺序相反。垫块旁有挡销4限位，用以确定手柄1的工作位置。图3.20(c)所示为在夹紧螺母1下方增加开口垫圈2，螺母的外径小于工件的孔径，只要稍许旋松螺母，即可抽出开口垫圈，工件便可穿过螺母取出。图3.20(d)表示快卸螺母，它适用于孔径较小的工件。在螺母上又斜钻了光孔，其孔径略大于螺纹外径 d。螺母斜向沿着光孔套入螺杆，然后将螺母摆正，使螺母的螺纹与螺杆啮合，再略微拧动螺母，便可夹紧工件。但螺母螺纹被斜孔切去了一部分，因此啮合的部分便减少了，夹紧负荷就不能太大。图3.20(e)所示为螺杆1位于旋转压板2中间，螺杆下为工件，是利用带有缺口的旋转压板进行快速安装的。

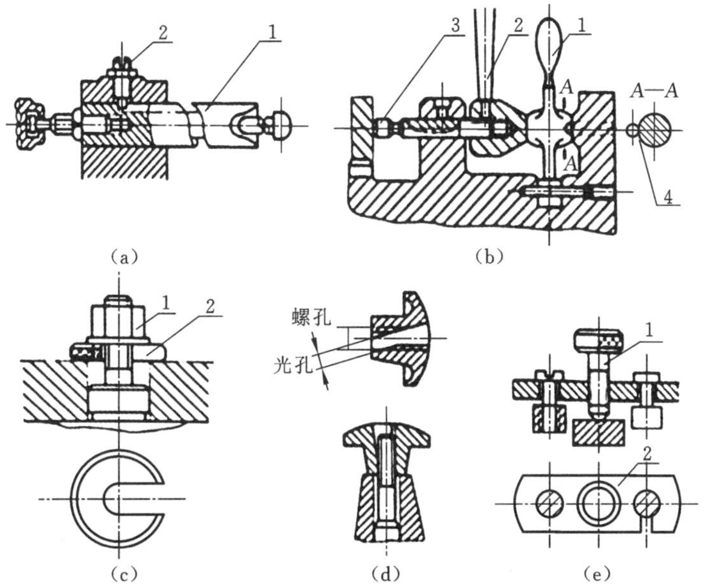

图3.20 快速螺旋夹紧机构

(a)1—手柄；2—螺钉；(b)1—手柄；2—手柄螺母；3—压块；4—挡销；

(c)1—夹紧螺母；2—开口垫圈；(e)1—螺杆；2—旋转压板

图3.21为常见的螺旋压板夹紧机构，图3.21(a)为螺杆位于压板中间，螺母下用球面垫圈，支柱顶端也为球面，以便在夹紧过程中，压板能根据工件表面位置作少量偏转。图3.21(b)为压板的支点在中间。图3.21(c)为工件夹紧点在压板的中间。这三种方式的夹紧力可根据前述简单螺旋夹紧的夹紧作用力乘以相应的杠杆比和效率来求得，即

$$W=\frac{QL_1}{L_2}\cdot\eta \tag{3-25}$$

式中 η——效率，一般取 $\eta=0.95$。

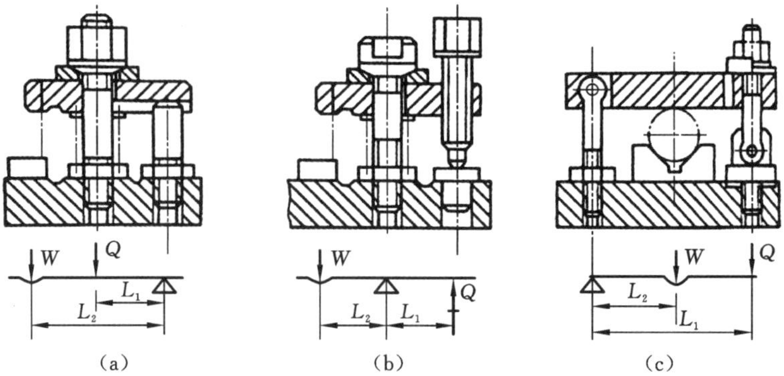

图 3.21　螺旋压板夹紧机构

图 3.21(a)所示夹紧方式主要用作增大夹紧行程;图 3.21(b)所示夹紧方式主要用于改变夹紧力的作用方向;图 3.21(c)所示夹紧方式主要起增力作用。

图 3.22 是一种钩形压板螺旋夹紧机构的形式。

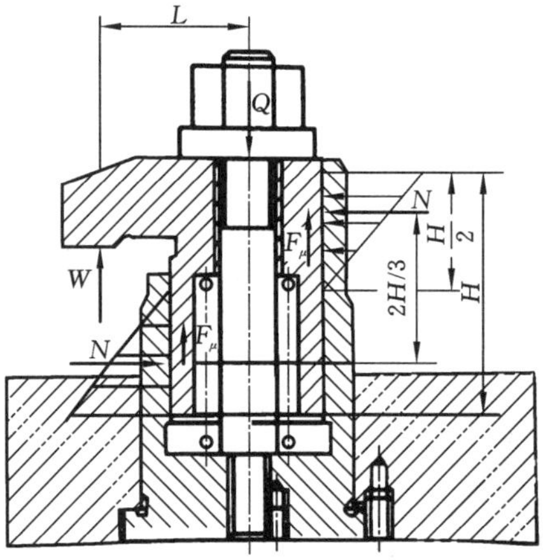

图 3.22　钩形压板螺旋夹紧机构及其受力分析

这种夹紧机构结构紧凑,在生产中获得广泛使用,并已规格化。计算钩形压板夹紧力时,压板与导向孔之间的正压力 N 及相应的摩擦力 F_μ 可近似按三角形分布考虑。根据力的平衡条件可得

$$Q=W+2F_\mu=W+2\mu N=W+\frac{3LW\mu}{H}=W\left(1+\frac{3\mu L}{H}\right) \tag{3-26}$$

$$W=\frac{Q}{\frac{3\mu L}{H}} \tag{3-27}$$

式中　μ——摩擦系数。

其他符号如图 3.22 所示。

3.3.3 偏心夹紧机构

偏心夹紧机构是指由偏心件直接夹紧或和其他元件组合而成的夹紧工件的机构。偏心件一般有圆偏心和曲线偏心两种类型，常用的是圆偏心件(偏心轮或偏心轴)，曲线偏心件只在有特殊需要时才使用。圆偏心件常和其他元件组合使用，如图 3.23 所示为常用的偏心夹紧机构。偏心轮通过销轴与悬置压板偏心铰接，压下手柄，工件即被压板压紧；抬起手柄，工件即被松开，向后拖动压板及偏心轮即可让出装卸空间，装夹操作迅速、方便。

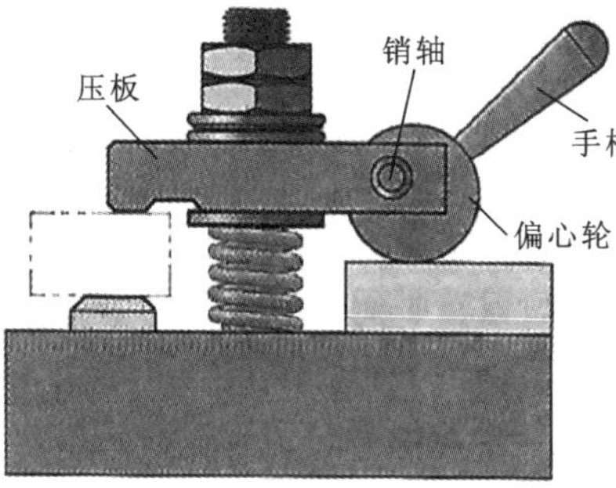

图 3.23 偏心夹紧机构

(1) 工作原理

直径为 D、偏心距为 e 的圆偏心特性如图 3.24 所示。圆偏心轮相当于两个套在偏心"基圆"(直径为 $D-2e$)上的弧形楔块。与平面斜楔相比，其主要特性是工作表面上各点的楔角是连续变化的值。可以证明，轮缘上最大楔角 $\alpha'_{\max}=\arcsin\dfrac{2e}{D}$。

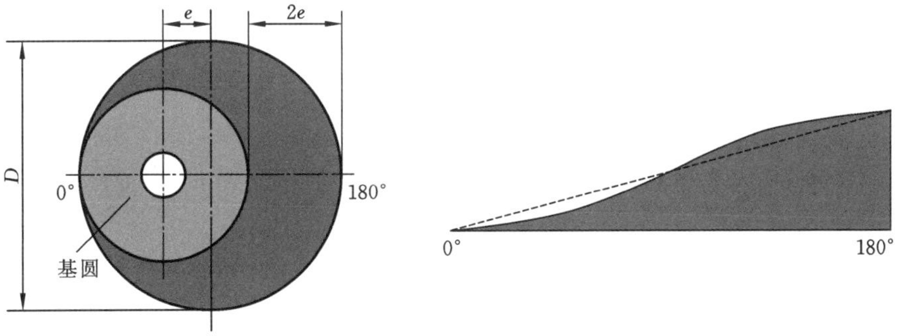

图 3.24 常用的圆偏心特性

(2) 圆偏心轮工作曲线段的选择

圆偏心轮工作时，主要考虑有效夹紧力的大小、有效夹紧行程大小和可靠自锁几个基本条件。在有效的夹紧转角范围内应得到尽可能大的夹紧行程，这是圆偏心轮工作曲线段选择的主要原则。圆偏心轮工作曲线段的选择见表 3-1。

表 3-1 圆偏心轮工作曲线段的选择

曲线段	特点	选用情况
0°～45°	曲线的升程很小，通常不能快速趋近工件	一般不采用
90°～180°	前半段升程迅速增大，有利于快速趋近工件；后半段楔角逐渐减小，曲线平缓，有利于得到大而稳定的有效夹紧力，且自锁性良好。但在接近 180°时升程为零，容易导致“咬死”	常用
45°～135°	升程迅速增大，且后半段楔角较大，不利于有效夹紧。由于楔升角的变化值较大，工件厚度稍加变化时，夹紧力和自锁性的变化都较大，夹紧性能就有较大差异	适用于夹紧方向上尺寸误差较小的工件的夹紧

(3) 圆偏心轮的自锁条件

如果我们知道圆偏心轮工作时其夹紧点的确定位置，那就可以使圆偏心轮在该点的楔角小于摩擦角 φ 来保证其自锁，但一般圆偏心轮的工作点并不确定，尤其是标准圆偏心机构，其工作点可以在某一定范围内变化。因此要保证能自锁，必须使其$\alpha_{\max}\leqslant\varphi$，则其他各点的楔角便都小于摩擦角，即

$$\tan\alpha_{\max}\leqslant\tan\varphi \tag{3-28}$$

而

$$\tan\varphi=\mu \tag{3-29}$$

$$\tan\alpha_{\max}\approx\frac{e}{r} \tag{3-30}$$

故

$$\frac{e}{r}\leqslant\mu \tag{3-31}$$

式中 μ——圆偏心轮与工件间的摩擦系数。

由此得出圆偏心轮的自锁条件为

$$\frac{e}{r}\leqslant\mu \tag{3-32}$$

或

$$\frac{2e}{d}\leqslant\mu \tag{3-33}$$

式中 d——圆偏心轮的直径，mm。

一般 $\mu=0.10\sim0.15$，则 $20>\frac{d}{e}\geqslant14$。

$\frac{d}{e}$的比值称为圆偏心轮的特性参数。

根据圆偏心轮的特性参数，便可决定圆偏心轮的基本尺寸。一般都是选定 μ 和 e 去求 d。例如取 $\mu=0.10$，$e=2.5$ mm，则圆偏心轮的直径 d 为

$$20\times2.5>d\geqslant14\times2.5$$

$$50\ \text{mm}>d\geqslant35\ \text{mm}$$

圆偏心轮楔角和行程的变化范围如图 3.25 所示。

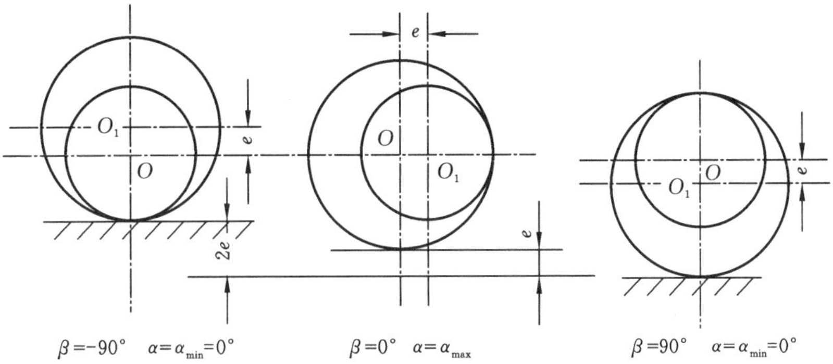

图 3.25　圆偏心轮的楔角和行程的变化范围

(4) 夹紧力的计算

由于圆偏心轮上各点楔角不同，因此夹紧力也不相同。圆偏心轮的受力情况如图 3.26 所示。

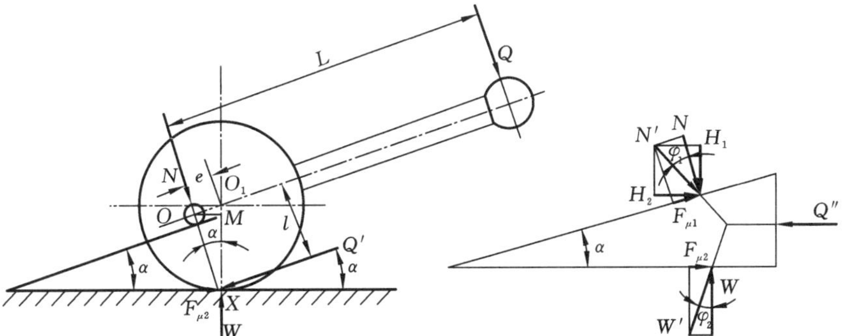

图 3.26　圆偏心轮受力分析

设圆偏心轮的手柄上所加原始力为 Q，其作用点至回转中心 O 的距离为 L，则所产生的力矩为

$$M=Q\cdot L \tag{3-34}$$

在此力矩 M 作用下，在夹紧接触点处必然有一相当的楔紧力 Q'，它对于点 O 的力矩为

$$M'=Q'\cdot l \tag{3-35}$$

因为 $$M=M'$$

故有 $$Q\cdot L=Q'\cdot l$$

即 $$Q'=Q\cdot\frac{L}{l}$$

圆偏心轮的夹紧作用可看作在偏心轴与夹紧接触点之间有一个楔角等于 α 的斜楔在楔紧。因此斜楔上除受有 Q'' 力外，还受到夹紧触点处的夹紧力 W 和摩擦力 $F_{\mu2}$ 以及偏心轴给予斜楔面的反力 N 和摩擦力 $F_{\mu1}$。N 与 $F_{\mu1}$ 的合力为 N'，而 N' 又可分解为水平分力 H_2 和垂直分力 H_1。根据静力平衡条件

$$Q''=H_2+F_{\mu2} \tag{3-36}$$

$$W=H_1 \tag{3-37}$$

而

$$Q''=Q'\cdot\cos\alpha \tag{3-38}$$

$$F_{\mu2}=W\cdot\tan\varphi_2 \tag{3-39}$$

$$H_2=H_1\cdot\tan(\alpha+\varphi_1)=W\cdot\tan(\alpha+\varphi_1) \tag{3-40}$$

将式(3-38)至式(3-40)代入式(3-36)中得

$$Q'\cdot\cos\alpha=W\cdot\tan(\alpha+\varphi_1)+W\cdot\tan\varphi_2 \tag{3-41}$$

所以 $$W=\frac{Q'\cdot\cos\alpha}{\tan(\alpha+\varphi_1)+\tan\varphi_2} \tag{3-42}$$

因为 $$Q'=Q\cdot\frac{L}{l} \tag{3-43}$$

$$W=\frac{Q\cdot L\cdot\cos\alpha}{l[\tan(\alpha+\varphi_1)+\tan\varphi_2]} \tag{3-44}$$

式中 l 值可由图 3.26 中求出，在该图的△XOM 中

$$\frac{MX}{OX}=\cos\alpha \tag{3-45}$$

其中 $$OX=l,MX=O_1X-MO_1 \tag{3-46}$$

而 $$MO_1=e\cdot\sin\alpha \tag{3-47}$$

$$O_1X=r=\frac{d}{2} \tag{3-48}$$

$$MX=\frac{d}{2}-e\cdot\sin\alpha \tag{3-49}$$

将 OX 与 MX 值代入式(3-45)中，得

$$\frac{\frac{d}{2}-e\cdot\sin\alpha}{l}=\cos\alpha \tag{3-50}$$

所以

$$l=\frac{d-2e\cdot\sin\alpha}{2\cos\alpha} \tag{3-51}$$

将 l 值代入上式中，得

$$W=\frac{2QL\cos^2\alpha}{(d-2e\cdot\sin\alpha)\left[\tan(\alpha+\varphi_1)+\tan\varphi_2\right]} \tag{3-52}$$

α 很小，$\cos\alpha\approx1$，因此

$$W=\frac{2QL}{(d-2e\cdot\sin\alpha)\left[\tan(\alpha+\varphi_1)+\tan\varphi_2\right]} \tag{3-53}$$

式中 Q——作用于圆偏心轮手柄上的原始作用力，N；

L——手柄至圆偏心轮回转轴的距离，mm；

e——圆偏心轮的偏心距，mm；

α——圆偏心轮转过 β 角时对应的楔角，一般 $\alpha=\alpha_{max}$，°；

d——圆偏心轮直径，mm；

φ_1——圆偏心轮与工件间的摩擦角，°；

φ_2——圆偏心轮与回转轴间的摩擦角，°。

(5) 应用范围

由于圆偏心轮的夹紧力小，自锁性能又不是很好，所以只适用于切削负荷不大，又无很大振动的场合。

为满足自锁条件，圆偏心轮的夹紧行程也相应受到限制，一般用于夹紧行程较小的情况。

圆偏心轮一般很少直接用于夹紧工作，大多是与其他夹紧机构联合使用。

3.3.4 铰链夹紧机构

(1) 工作原理

铰链夹紧机构是由铰链杠杆组合而成的一种增力机构，其结构简单，增力倍数较大，但无自锁性能。它常与动力装置(汽缸、液压缸等)联用，在气动铣床夹具中应用较广，也用于其他机床夹具。

如图 3.27 所示，在连杆右端铣槽，工件以 52 mm 外圆柱面、侧面及右端底面分别在 V 形块、可调螺钉和支承座上定位，采用气压驱动的双臂单向作用铰链夹紧机构夹紧工件。

(2) 夹紧力的计算

如图 3.28(d)所示是单臂铰链夹紧机构的铰链臂的受力分析图。现分析销轴 2 所受到的外力：拉杆 1 作用于销轴 2 的力为 Q(此力近似等于夹紧动力源的作用力)；滚子对销轴 2 的作用力为 F，此力通过滚子的接触点 A 并与销轴处的摩擦圆相切；铰链臂 3 对销轴 2 的作用力为 N，此力与铰链臂上下二销轴处的摩擦圆相切。这三个力应为静力平衡，由此得

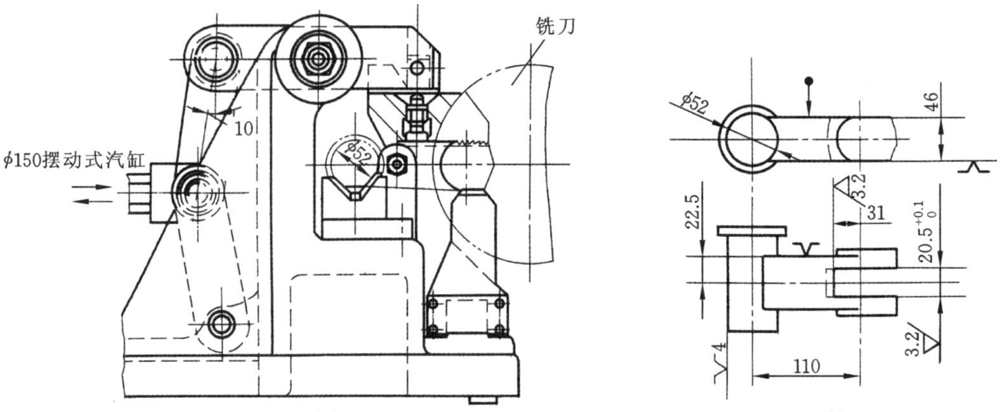

(a) (b)

图 3.27 双臂单作用铰链夹紧的铣床夹具

(a)连杆铣床夹具图;(b)连杆工序图

$$Q-N\sin(\alpha_2+\varphi')-F\sin\varphi_1'=0 \tag{3-54}$$

$$N\cos(\alpha_2+\varphi')-F\cos\varphi_1'=0 \tag{3-55}$$

解上述两方程式可得

$$N=\frac{Q}{\cos(\alpha_2+\varphi')\tan\varphi_1'+\sin(\alpha_2+\varphi')} \tag{3-56}$$

式中 φ'——摆臂两端铰链的当量摩擦角,°;

$$\tan\varphi'\approx\frac{2\rho}{L}=\frac{2r}{L}\tan\varphi \tag{3-57}$$

φ_1'——滚子滚动的当量摩擦角,°;

$$\tan\varphi_1'\approx\frac{r}{r_1}\tan\varphi \tag{3-58}$$

φ——铰链与销轴或滚子与销轴的摩擦角,°;

ρ——铰链销轴处的摩擦圆半径,mm;

r——铰链销轴和滚子销轴的半径,mm;

L——摆臂上两铰链孔的中心距,mm;

r_1——滚子半径,mm。

N 力又通过销轴 5 作用于压板 4,其垂直分力 W 即为使压板压紧工件的作用力。由图 3.28 中可得

$$W'=N\cos(\alpha_2+\varphi') \tag{3-59}$$

将 N 值代入上式,并假定压板 4 的杠杆比为 1∶1 时得夹紧力 W 为

$$W=W'=\frac{Q}{\tan(\alpha_2+\varphi')+\tan\varphi_1'} \tag{3-60}$$

式中 W——压板 4 对工件的夹紧力,N;

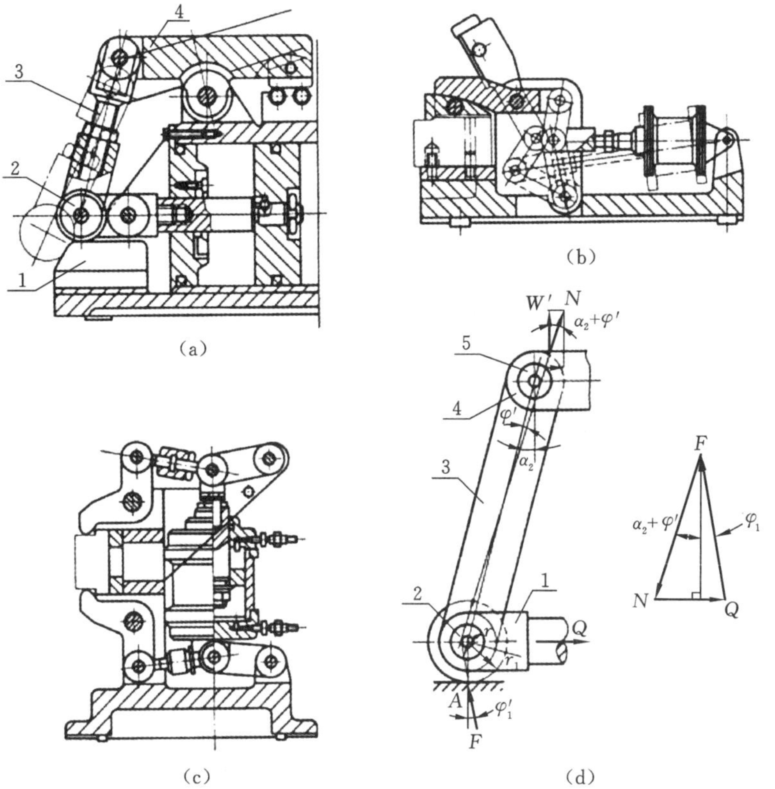

图 3.28 铰链夹紧机构

(a)单臂铰链夹紧机构 1—垫板;2—滚子;3—摆臂;4—压板

(b)双臂单作用铰链夹紧机构;(c)双臂双作用铰链夹紧机构;

(d)单臂铰链夹紧机构的铰链臂的受力分析

1—拉杆;2—销轴;3—铰链臂;4—压板;5—销轴

Q——拉杆 1 的作用力(近似等于夹紧动力源的作用力),N;

α_2——夹紧时铰链臂的倾斜角度,°,为夹紧可靠,应按最大的 α 值来计算。

(3) 夹紧行程和相应的铰链臂倾斜角

夹紧行程 h 是指摆臂的铰链点 A 的行程。至于压板夹紧工件的行程,则还需根据压板的杠杆比关系来求得。

如图 3.29 所示,$h=h_1+h_2=L_1(\cos\alpha_2-\cos\alpha_1)$,图中的 h_1 是为满足装卸工件所需的夹紧行程。一般取 $h_1\geqslant 0.3$ mm;h_2 为与被夹紧工件表面位置变化(主要是有关尺寸的公差)和系统变形(可取 0.05~0.15 mm)有关的行程;而图中 h_3 则为夹紧行程的最小储备量,防止夹紧机构失效,一般取 $h_3\geqslant 0.5$ mm 或 $\alpha_2\geqslant 5$。

根据 h、h_1、h_2 可求出相应的铰链倾斜角为

$$\cos\alpha_2=\frac{L-h_3}{L} \tag{3-61}$$

$$\cos\alpha=\frac{L\cos\alpha_2-h_2}{L} \tag{3-62}$$

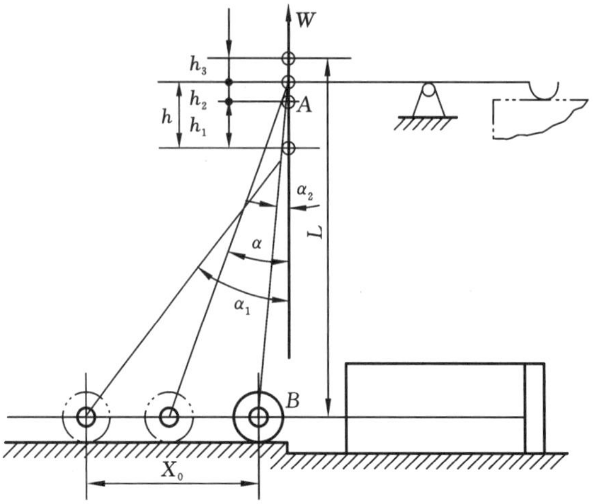

图 3.29　单臂铰链机构的行程与铰链臂倾斜角

$$\cos\alpha_1=\frac{L\cos\alpha_2-h_1-h_2}{L} \tag{3-63}$$

(4) 汽缸的工作行程

汽缸的工作行程 X_0,可按下式求得

$$X_0=L(\sin\alpha_1-\sin\alpha_2) \tag{3-64}$$

(5) 自锁条件

要使铰链夹紧机构自锁,应使夹紧时铰链臂的倾斜角 α 小于 4°[对图 3.28(a)的单臂铰链机构来说],但这个条件和前面要保证夹紧行程的最小储备量是矛盾的。因此一般在夹具中,都不应用这个自锁条件。若要保证自锁则需和其他具有自锁性能的机构联合使用。

(6) 结构特点

铰链夹紧机构结构特点为:结构简单;扩力比大;摩擦损失小。

(7) 适用范围

铰链夹紧机构适用于多点、多件夹紧并在气动夹紧中广泛应用。

3.3.5　定心夹紧机构

定心夹紧机构是一种具有定心作用的夹紧机构,主要用于要求准确定心的场合。它在工作过程中能同时实现工件定心和夹紧两种功能。

定心夹紧机构按其定心作用原理来分有两种类型:一种是依靠传动机构使定心夹紧元件同时做等速移动,从而实现定心夹紧,如螺旋式、杠杆式、楔式等;另一种是依靠定心夹紧元件本身做均匀的弹性变形(收缩或胀力),从而实现定心夹紧,如弹簧筒夹、膜片卡盘、波纹套、液性塑料等。下面将介绍常用的几种结构。

(1) 螺旋式定心夹紧机构

螺旋式定心夹紧机构如图 3.30 所示,旋动有左、右螺纹的双向螺杆 6,使滑座 1、5 上的

V形块钳口2、4做对向等速移动，从而实现对工件的定心夹紧；反之，便可松开工件。V形块钳口可按工件的需要更换，定心精度可借助调节杆3实现。

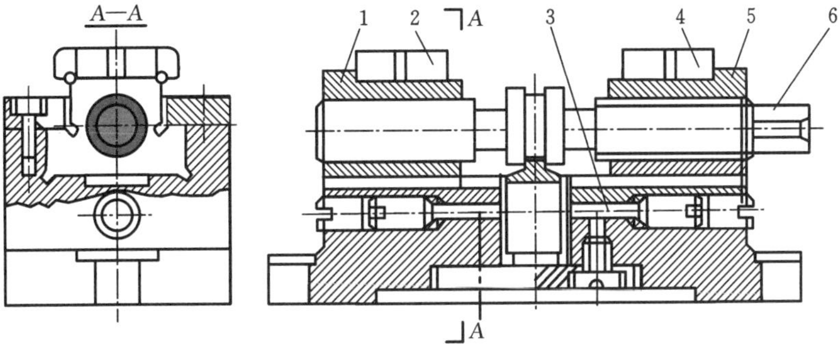

图3.30 螺旋式定心夹紧机构

1,5—滑座；2,4—V形块钳口；3—调节杆；6—双向螺杆

这种定心夹紧机构的优点是：结构简单，工作行程大，通用性好。

其缺点是：定心精度不高，一般为$\phi 0.05 \sim 0.1$ mm。该机构主要用于粗加工或半精加工过程中需要行程大而定心精度要求不高的工件。

(2) 杠杆式定心夹紧机构

如图3.31所示为车床用的气压定心卡盘，汽缸通过拉杆1带动滑套2向左移动时，三个钩形杠杆3同时绕销轴4摆动，收拢位于滑槽中的三个夹爪5而将工件定心夹紧。夹爪的张开靠拉杆右移时装在滑套2上的斜面推动。

这种定心夹紧机构具有刚度高、动作快、增力比大、工作行程也比较大等特点，其定心精度较低，一般约为$\phi 0.1$ mm。

它主要用于工件的粗加工。由于杠杆机构不能自锁，所以这种机构自锁要靠气压或其他装置，其中采用气压的较多。

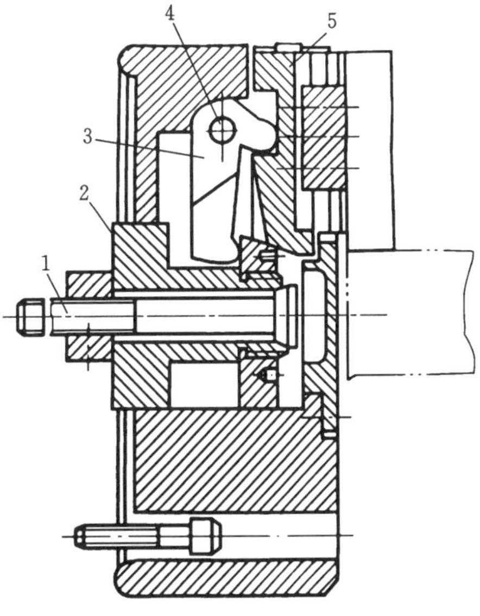

图3.31 车床用的气压定心卡盘

1—拉杆；2—滑套；3—钩形杠杆；4—销轴；5—夹爪

(3) 楔式定心夹紧机构

如图3.32所示为机动的楔式夹爪自动定心机构。当工件以内孔及左端面在夹具上定位后，汽缸通过拉杆4使六个夹爪1左移，由于本体2上斜面的作用，夹爪左移的同时向外张开，将工件定心夹紧；反之，夹爪右移时，在弹簧卡圈3的作用下使夹爪收拢，将工件松开。

这种定心夹紧机构的结构紧凑且传动准确，定心精度一般可达$\phi 0.02 \sim 0.07$ mm，适用于工件以内孔作定位基面的半精加工工序。

(4) 弹簧筒夹式定心夹紧机构

弹簧筒夹式定心夹紧机构常用于安装轴套类工件。如图3.33中(a)所示为用于装夹工件以外圆柱面为定位基面的弹簧夹头。旋转螺母 4 时，锥套 3 内面迫使弹簧筒夹 2 上的簧瓣向心收缩，从而将工件定心夹紧。如图 3.33(b)所示是用于工件以内孔为定位基面的弹簧心轴。因工件的长径比 $L/d\geqslant1$，故弹簧筒夹 2 的两端各有簧瓣。旋转螺母 4 时，锥套 3 的外锥面向心轴 5 的外锥面靠拢，迫使弹簧筒夹 2 的两端簧瓣向外均匀张开，从而将工件定心夹紧。反向转动螺母，带退锥套，便可卸下工件。

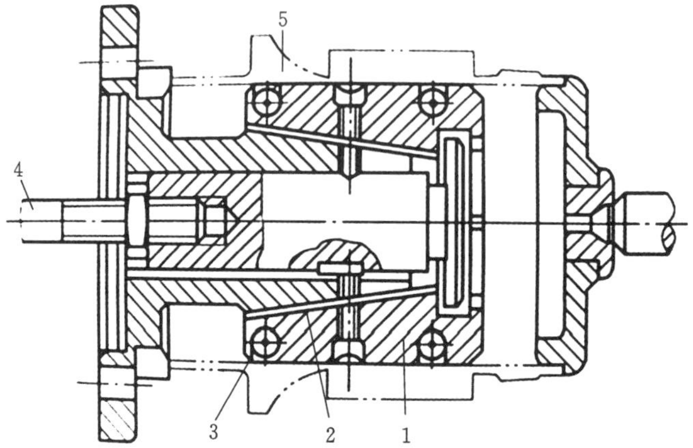

图 3.32　机动的楔式夹爪自动定心机构

1—夹爪；2—本体；3—弹簧卡圈；4—拉杆；5—工件

弹簧筒夹式定心夹紧机构的结构简单、体积小，操作方便迅速，因而应用十分广泛。其定心精度可稳定在 $\phi0.04\sim0.1$ mm 之间，高的可达 $\phi0.01\sim0.02$ mm。为保证弹簧筒夹正常工作，工件定位基面的尺寸公差应控制在 0.1～0.5 mm 范围内，故一般适用于精加工或半精加工场合。

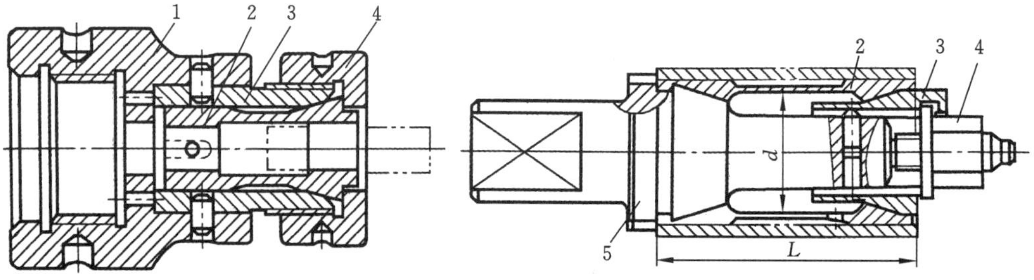

图 3.33　弹簧筒夹式定心夹紧机构

(a)弹簧夹头；(b)弹簧心轴

1—夹具体；2—弹簧筒夹；3—锥套；4—螺母；5—心轴

3.3.6　联动夹紧机构

利用一个原始作用力实现单件或多件的多点、多向同时夹紧的机构，称为联动夹紧机构。由于该机构能有效地提高生产率，因此在自动线和各种高效夹具中得到了广泛应用。

(1) 单件联动夹紧机构

单件联动夹紧机构大多用于分散的夹紧力作用点或夹紧力方向差别较大的场合。按夹紧力的方向来分,单件联动夹紧有三种方式:①单件同向联动夹紧;②单件对象联动夹紧;③互垂力或斜交力的联动夹紧。

① 单件同向联动夹紧

如图 3.34 所示为浮动压头。通过浮动柱 2 的水平滑动协调浮动压头 1、3 实现对工件的夹紧。如图 3.34 所示为联动钩形压板夹紧机构。它通过薄膜汽缸 9 的活塞杆 8 带动浮动盘 7 和三个钩形压板 5,可使工件 4 得到快速转位松夹。钩形压板下部的螺母头及活塞杆的头部都以球面与浮动盘相连接,并在相关的长度和直径方向上留有足够的间隙,使浮动盘充分浮动以确保可靠地联动。

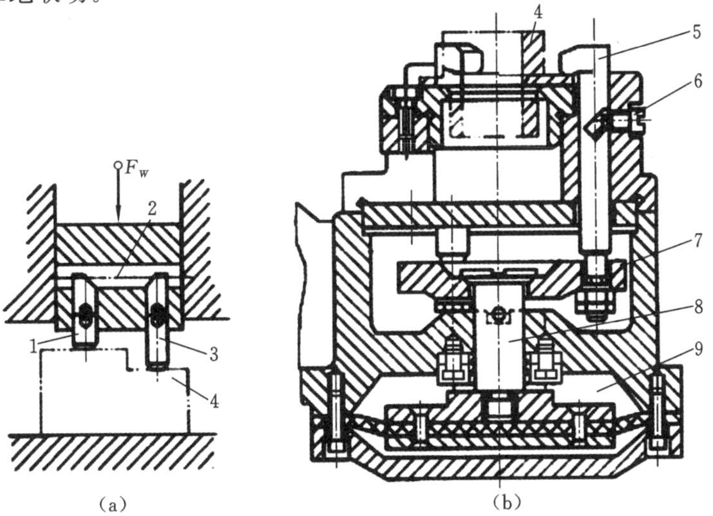

图 3.34 单件同向联动夹紧机构

(a)浮动压头;(b)联动钩形压板夹紧机构

1,3—浮动压头;2—浮动柱;4—工件;5—钩形压板;6—螺钉;7—浮动盘;8—活塞杆;9—薄膜汽缸

② 单件对向联动夹紧

如图 3.35 所示为单件对向联动夹紧机构。当液压缸中的活塞杆 3 向下移动时,通过双臂铰链使浮动压板 2 相对转动,最后将工件 1 夹紧。

③ 互垂力或斜交力联动夹紧

如图 3.36(a)所示为双向浮动四点联动夹紧机构。由于摇臂 2 可以转动并与摆动压块 1、3 铰链连接,因此,当拧紧螺母 4 时,便可从两个相互垂直的方向上实现四点联动夹紧。如图 3.36(b)所示为通过摆动压块 1 实现斜交力两点联动夹紧的浮动压头。

(2) 多件联动夹紧机构

用一个原始力,通过一定的机构对数个相同或不同的工件进行夹紧称为多件夹紧。多件夹紧机构多用于中小型工件的加工。根据夹紧力的方向和作用情况,一般有下列几种形式。

① 平行多件联动夹紧

如图 3.37 所示,各个夹紧力互相平行,从理论上说,分配到各工件上的夹紧力相等。

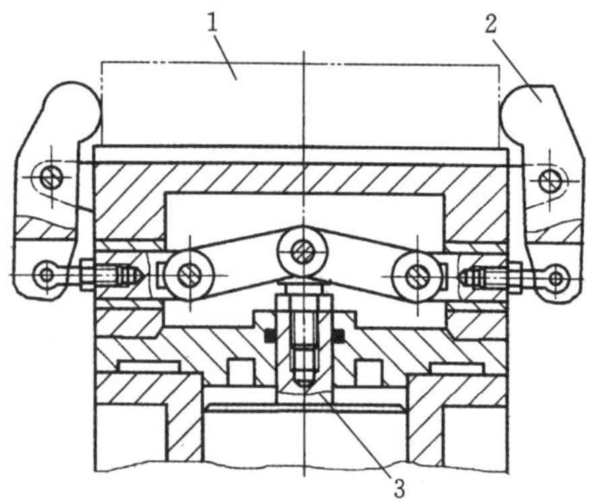

图 3.35　单件对向联动夹紧机构

1—工件；2—浮动压板；3—活塞杆

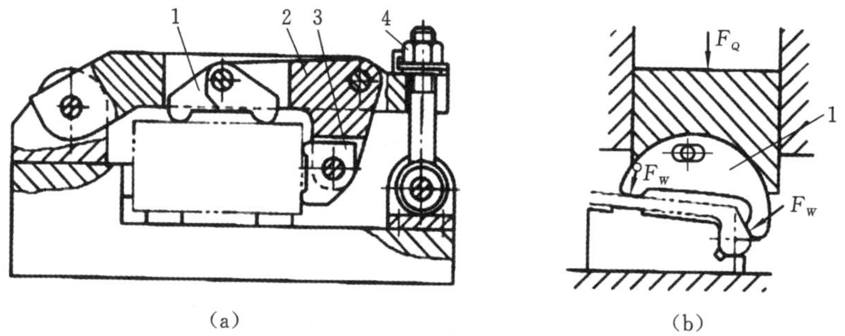

图 3.36　互垂力或斜交力联动夹紧机构

(a)双向浮动四点联动夹紧机构；(b)浮动压头

1，3—摆动压块；2—摇臂；4—螺母

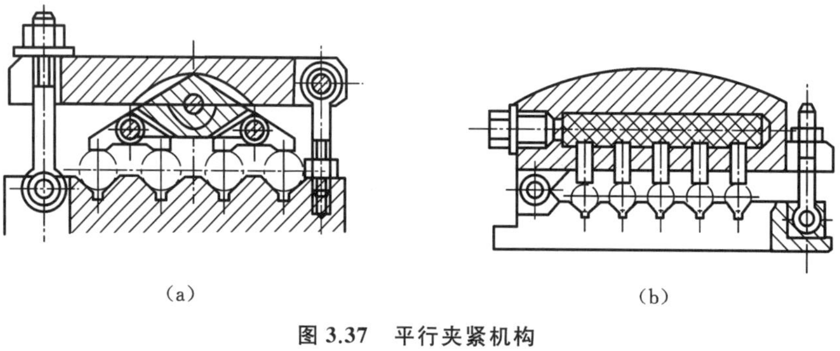

图 3.37　平行夹紧机构

如图 3.37(a)所示为利用平行压块进行夹紧。每两个工件一般就需要用一浮动压块，工件多于两个时，浮动压块之间还需要用浮动件连接。如图所示，夹紧四个工件就需要用三个浮动件。图 3.37(b)则是用流体介质(如液性塑料)代替浮动元件实现多件夹紧。

多件夹紧之所以必须采用浮动环节，是由于被夹紧的工件尺寸有误差，如果采用刚性压板则各工件所受的夹紧力就有可能不一致，甚至有些工件夹不住，如图 3.38 所示。所以夹紧元件必须做成能浮动的或能自动调节的，以便补偿工件的相应尺寸偏差。

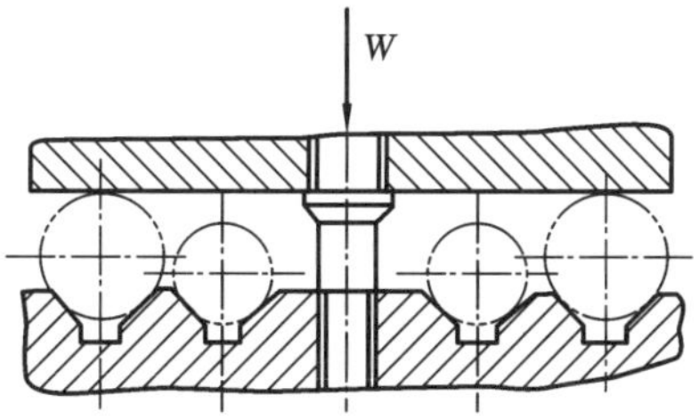

图 3.38 采用刚性压板进行多件夹紧情况

② 对向式多件联动夹紧

如图 3.39 所示,两对向压板 1、4 利用球面垫圈及间隙构成了浮动环节。当旋动偏心轮 6 时,迫使压板 4 夹紧右边的工件,与此同时拉杆 5 右移使压板 1 将左边的工件夹紧。这类夹紧机构可以减小原始作用力,但相应地增大了对机构夹紧行程的要求。

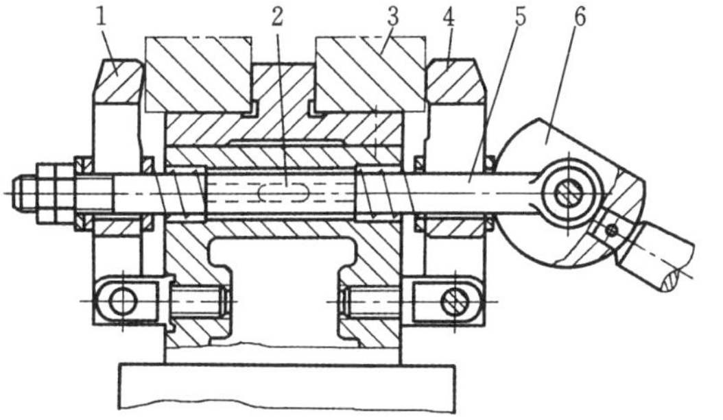

图 3.39 对向式多件联动夹紧机构

1,4—压板;2—键;3—工件;5—拉杆;6—偏心轮

③ 连续式多件联动夹紧

以工件本身为浮动件,不需另设置元件就可实现连续多件夹紧,如图 3.40 所示。

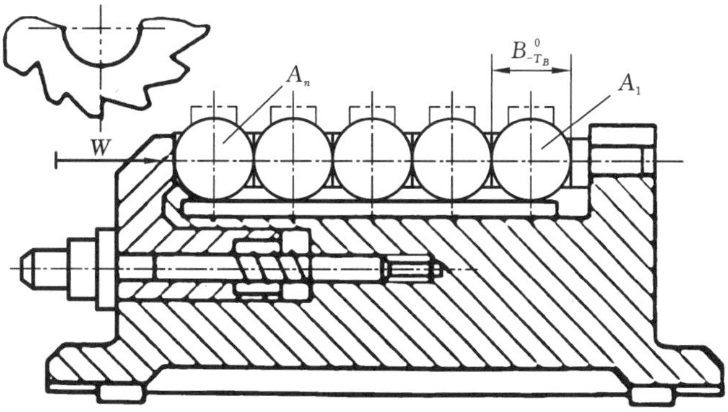

图 3.40 连续式多件联动夹紧

夹紧力依次由一个工件传至下一个工件,一次可以夹紧很多(如 n 个)工件。这种夹紧方法的缺点是工件定位基准的位置误差逐个积累,最后一个工件 A_n 定位基准的位置误差为

$$\delta_{位置}=(n-1)T_B \tag{3-65}$$

因此这种夹紧方法适用于如图 3.40 所示的顺着工件排列方向进行加工，这时基准位置误差与加工尺寸方向呈 90°，并不会造成定位误差。

对于连续夹紧机构，由于摩擦的影响，实际上各工件所受到的夹紧力并不相等，距原始作用力越远，夹紧力越小，故同时夹紧的工件数应有所限制。

(3) 设计要点

联动夹紧机构设计要点如下：

① 联动夹紧机构在两个夹紧点之间必须设置必要的浮动环节，并具有足够的浮动量，动作灵活，符合机械传动原理。如前述联动夹紧机构中，采用滑柱、球面垫圈、摇臂、摆动压块和液性介质等作为浮动件的环节，它们补偿了同批工件尺寸公差的变化，确保了联动夹紧的可靠性。常见的浮动环节结构如图 3.41 所示。

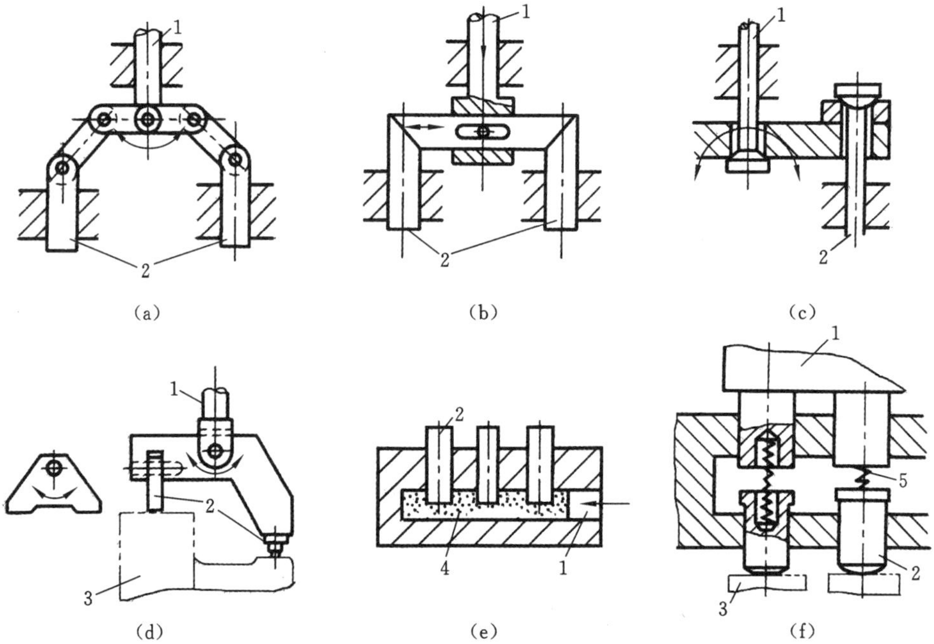

图 3.41　浮动环节的结构类型

(a)两点式浮动环节；(b)两点式浮动环节；(c)三点式浮动环节；(d)三点式浮动环节；(e)多点式浮动环节；(f)多点式浮动环节

1—动力输入端；2—输出端；3—工件；4—液性介质；5—弹簧

② 适当地限制被夹工件的数量。在平行式多件联动夹紧中，如果工件数量过多，在定原始力作用的条件下，作用在各工件上的夹紧力就大，或者为了保证工件有足够的夹紧力，需无限增大原始作用力，从而给夹具的强度、刚度及结构等带来一系列问题。对连续式多件联动夹紧，由于摩擦等因素的影响，各工件上所受的夹紧力不等，距原始作用力越远，则夹紧力越小，故要合理确定同时被夹紧的工件数量。

③ 联动夹紧机构的中间传力杠杆应力求增力，以免使驱动力过大；并要避免采用过多

的杠杆，力求结构简单紧凑，提高工作效率，保证机构可靠地工作。

④ 设置必要的复位环节，保证复位准确，松夹装卸方便。如图 3.42 所示，在两拉杆 4 上装有固定套环 5，松夹时，联动杠杆 6 上移，就可借助固定套环 5 强制拉杆 4 向上，使压板 3 脱离工件，以便装卸。

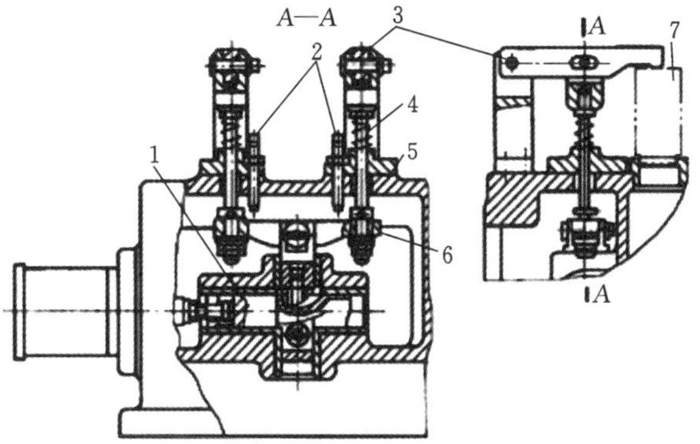

图 3.42　强行松夹的结构

1—斜楔滑柱机构；2—限位螺钉；3—压板；4—拉杆；5—固定套环；6—联动杠杆；7—工件

⑤ 要保证联动夹紧机构的系统刚度。一般情况下，联动夹紧机构所需总夹紧力较大，故在结构形式及尺寸设计时必须予以重视，特别要注意一些传力元件的刚度。如图 3.42 中的联动杠杆 6 的中间部位受较大弯矩，其截面尺寸应设计大一些，以防止夹紧后发生变形或损坏。

⑥ 正确处理夹紧力方向和工件加工面之间的关系，避免工件在定位、夹紧时的逐个积累误差对加工精度的影响。在连续式多件夹紧中，工件在夹紧力方向上必须没有限制自由度的要求。

3.4　夹具动力装置的设计

现代高效率的夹具，大多采用机动夹紧方式，如气压、液压、电动等，其中以气压和液压装置应用最为广泛。

3.4.1　气压夹紧装置

气压夹紧装置系统主要由气源、控制部分和执行部分组成。气压夹紧装置的动力源是压缩空气，一般压缩空气由压缩空气站供应。经过管路损失之后，通到夹紧装置中的压缩空气为 4～6 个大气压。在设计计算时，通常以 4 个大气压来计算较为安全。

典型的气压传动系统，如图 3.43 所示。由气源、汽缸或气室、油雾器(雾化器)、减压阀、单向阀、分配阀、调速阀、压力表等元件组成。

① 雾化器：由气源送来的压缩空气，先经雾化器，使雾化器中的润滑油被吸上升雾化而

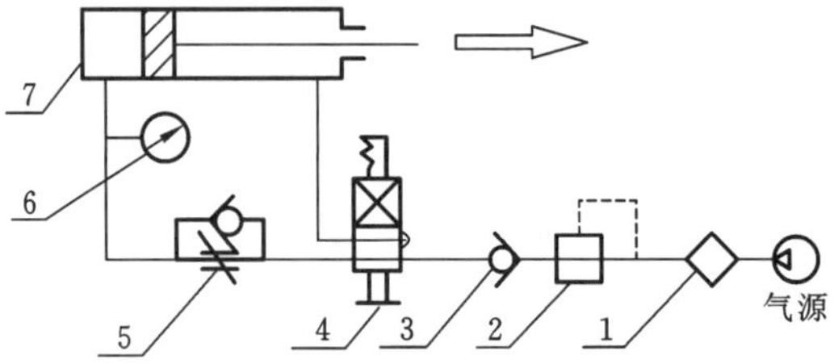

图 3.43　典型气压传动系统

1—雾化器；2—减压阀；3—单向阀(止回阀)；
4—分配阀(换向阀)；5—调速阀；6—压力表；7—汽缸

随之进入传动系统，以便利用油雾对传动系统中的运动部件进行充分润滑。

② 减压阀：将气源送来的压缩空气，减至气动夹紧装置所要求的工作压力。

③ 单向阀：主要起安全保护作用，防止气源供气中断或压力突降而使夹紧机构松开。

④ 分配阀：控制压缩空气对汽缸的进气和排气。

⑤ 调速阀：调节压缩空气进入汽缸的流量，以控制活塞的移动速度。

⑥ 压力表：指示汽缸中压缩空气的工作压力。

⑦ 汽缸：将压缩空气的工作压力转换为活塞的移动，由此推动夹紧机构，实现夹紧动作。

气压传动系统对工作介质(即空气)，要进行过滤、冷凝和干燥，去掉粉尘和水分，防止元件锈蚀或堵塞。因各组成元件都已标准化、系列化和规格化，设计时可参阅有关资料。

(1) 汽缸结构

常用的汽缸结构有两种基本形式，即活塞式和薄膜式。

① 活塞式汽缸

活塞式汽缸按汽缸在工作过程中的运动情况，可分为固定式、摆动式、差动式、回转式等；按汽缸进气情况，又可分为单向作用和双向作用。回转式汽缸通常用于车床夹具，因为车床夹具安装在主轴上，随主轴旋转。因此使用回转式汽缸较为方便，这时需要用特殊的导气接头，如图 3.44 所示。

回转式汽缸在主轴上的安装及与夹具的连接如图 3.44(a)所示。夹具 1 通过过渡盘 2 固定在主轴 3 前端，汽缸 4 通过过渡盘 5 固定在主轴尾部。活塞 6 通过拉杆 7 与夹具中的夹紧元件连接，推动夹紧元件运动。

如图 3.44(b)所示为导气接头的一种结构形式，其作用原理如下：轴 1 用螺母紧固在汽缸盖上，随汽缸一起在轴承内转动。阀体 2 固定不动，压缩空气可由接头 3 经通道 a 进入汽缸左腔，或由接头 4 经通道 b 进入汽缸右腔。阀体与轴间间隙应为 0.007～0.015 mm。

由于这种导气接头的作用，使往复直线运动的汽缸同时又可实现回转运动。回转式汽缸与双作用活塞式汽缸在结构上没有多大区别。

活塞式汽缸的特点，在于其行程不受限制，可根据需要自行设计。且作用力不随行程长短而变化，但汽缸结构较庞大，制造成本高，且滑动副间易漏气。

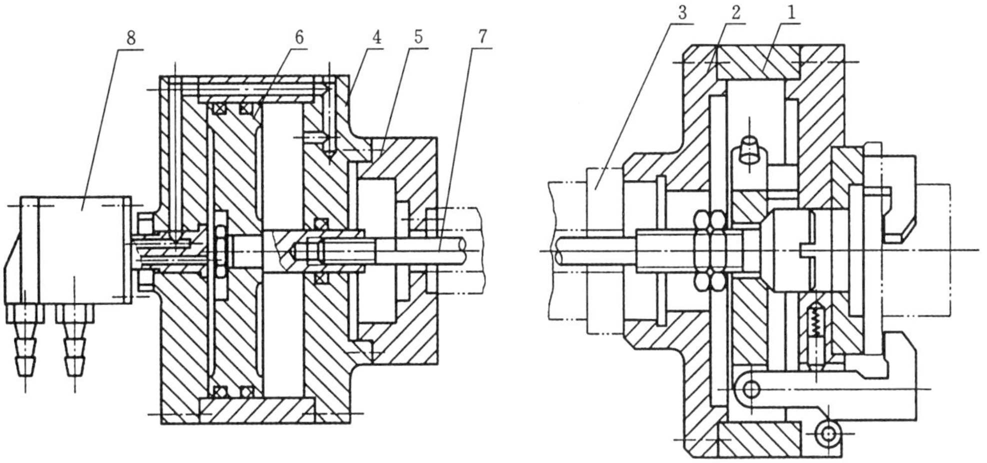

(a)

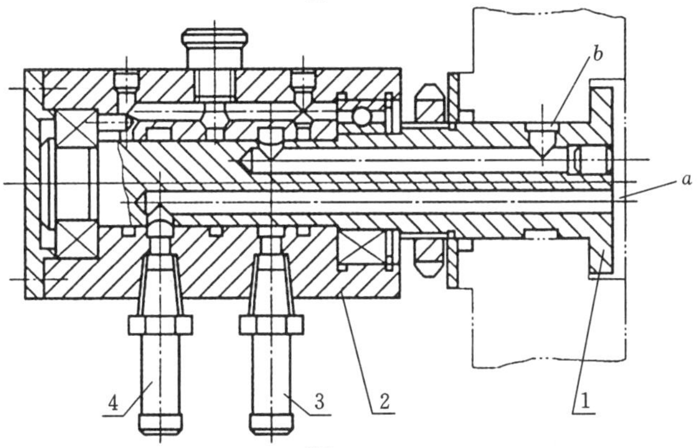

(b)

图 3.44　回转式汽缸及导气接头

(a)回转式汽缸：1—夹具；2—过渡盘；3—主轴；4—汽缸；5—过渡盘；6—活塞；7—拉杆；8—导气接头；
(b)导气接头：1—轴；2—阀体；3，4—接头

② 薄膜式汽缸

图 3.45(c)所示为薄膜式汽缸结构，薄膜 3 被夹在壳体 1 和 2 之间，用螺钉夹紧。当压缩空气由管接头 4 进入气室 A 后，薄膜 3 凸起向右压缩弹簧 6，推动推杆 5 实现夹紧动作。当 A 室通大气时，推杆 5 又在弹簧作用下，连同薄膜一起复位。排气孔 7 供 B 腔排气用，以减小背压。通常薄膜做成碗形，一是防止薄膜处在反复的弯曲—拉伸应力下减小变形功，同时还能利用这一转折增大薄膜的行程。

薄膜式汽缸的优点为：结构简单，维修方便，没有密封问题。其缺点为：行程小，作用力随行程增大而减小。

(2) 气压夹紧装置的特点

气压夹紧装置一般具有以下主要优点：

① 夹紧力基本稳定，这是因为气源压力可以控制。

② 夹紧动作迅速，气流的速度很快，气动速度也就快。这就有利于缩短辅助时间，从而显著地提高生产率。

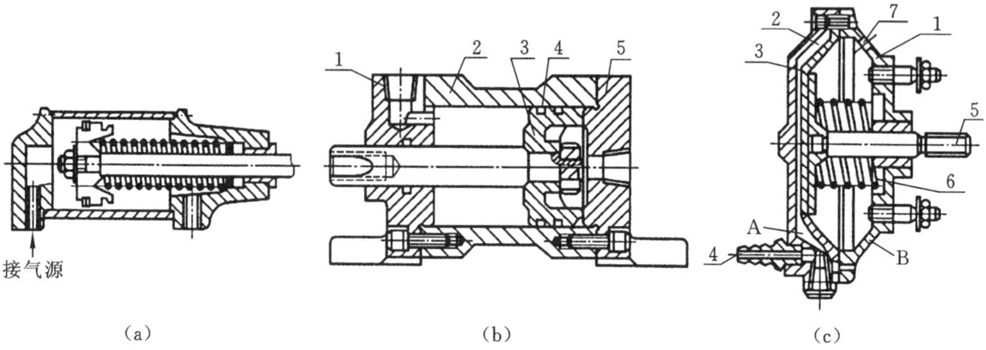

图 3.45　单向、双向作用活塞式汽缸及薄膜式汽缸结构图

(a)单向作用活塞式汽缸；

(b)双向作用活塞式汽缸:1—前盖;2—汽缸体;3—活塞;4—密封圈;5—后盖;

(c)薄膜式汽缸:1,2—气室壳体;3—薄膜;4—管接头;5—推杆;6—弹簧;7—排气口

③ 操作省力,采用气压夹紧装置后,操作只需转动分配阀手柄,而不必像手动夹紧装置那样费时费力,因而大大减轻劳动强度。

不足之处有:

① 空气是可以压缩的,因此夹紧刚度差,一般不适用于切削力很大的场合。

② 压缩空气的工作压力较小,所以对于同样的作用力来说,气压夹紧装置的汽缸直径比液压夹紧装置的油缸直径要大,因而结构较庞大。

③ 车间噪声大。

3.4.2　液压夹紧装置

液压夹紧装置所采用的油缸结构和工作原理基本上与气压夹紧装置相同,只是工作介质不同。液压夹紧装置是用液压油,气压夹紧装置是用空气。由于油压比气压高(一般可达6 MPa以上),加上液体的不可压缩性,因此当产生同样大小的作用力时,油缸尺寸比汽缸尺寸小得多,而且液压夹紧刚度比气压夹紧刚度大得多,工作平稳,没有气压夹紧时那种噪音,劳动条件好。但液压夹紧装置不如气压夹紧装置应用广泛,主要原因是需要单独为液压装置配置专门泵站,成本高,因此液压夹紧装置大多应用在本身已具有液压传动系统的机床设备上。

3.4.3　气液增压夹紧装置

气液增压夹紧装置的动力源仍为压缩空气,但它综合了气压夹紧装置与液压夹紧装置的优点,又部分克服了它们各自的缺点,所以得到了发展和应用。

气液增压夹紧装置工作原理如图3.46所示。

当空气进入 A 室,推动活塞1向左移动,活塞杆2将增大的压力 p_2 传给油液,油液又以 p_2 压力推动活塞3向左,将增大的作用力 Q 传给夹紧装置以夹紧工件。

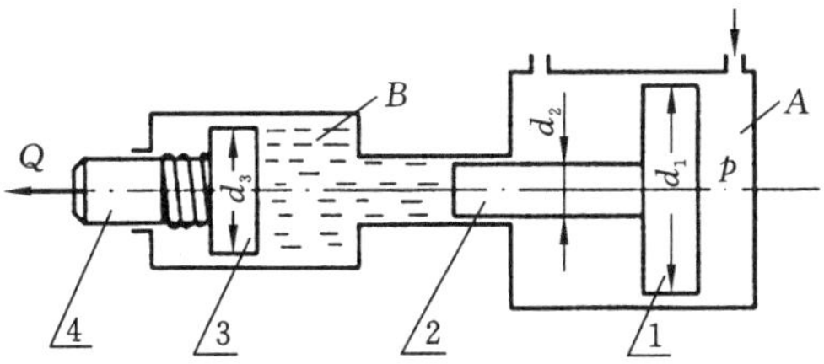

图 3.46 气液增压夹紧装置工作原理

1,3—活塞;2,4—活塞杆

活塞 1 上所受的总压力为

$$p_1=p\cdot\frac{\pi d_1^2}{4}\tag{3-66}$$

式中 p——压缩空气的压强,MPa;

d_1——活塞 1 的直径,cm。

活塞杆 2 上所受的压强p_2(略去弹簧力)为

$$p_2=\frac{p_1}{\frac{\pi d_2^2}{4}}=\frac{p\cdot\frac{\pi d_1^2}{4}}{\frac{\pi d_2^2}{4}}=p\cdot\left(\frac{d_1}{d_2}\right)^2\tag{3-67}$$

式中 p_2——活塞杆 2 上所受的压强,MPa;

d_2——活塞杆 2 的直径,cm。

由于 $d_1 \gg d_2$,故$p_2 \gg p_1$,起到了增压作用。

活塞杆 4 上输出的作用力 Q 为

$$Q=p_2\cdot\frac{\pi d_3^2}{4}\cdot\eta=p\cdot\left(\frac{d_1}{d_2}\right)^2\cdot\frac{\pi d_3^2}{4}\cdot\eta\tag{3-68}$$

式中 η——整个装置的传动效率(一般取 0.8～0.9)。

由上式可知,采用气液增压夹紧装置,所产生的作用力 Q 比单纯气动夹紧的作用力约增大了$\left(\frac{d_1}{d_2}\right)^2$倍。

这种装置的主要缺点是活塞杆的行程不能大。设活塞杆 2 的行程为S_2,活塞 3 的行程为S_3,则有

$$\frac{\pi d_2^2}{4}\cdot S_2=\frac{\pi d_3^2}{4}\cdot S_3\tag{3-69}$$

即

$$S_3=S_2\cdot\left(\frac{d_2}{d_3}\right)^2\tag{3-70}$$

活塞3(即活塞杆4)的行程比活塞杆2行程缩小$\left(\frac{d_2}{d_3}\right)^2$倍。

为了要增加活塞3的行程(即夹紧行程),势必要大大增加活塞杆2的行程,这就使整个装置长度大为增加,动作时间也更长。为克服上述缺点,可采用图3.47所示的气液增压装置。

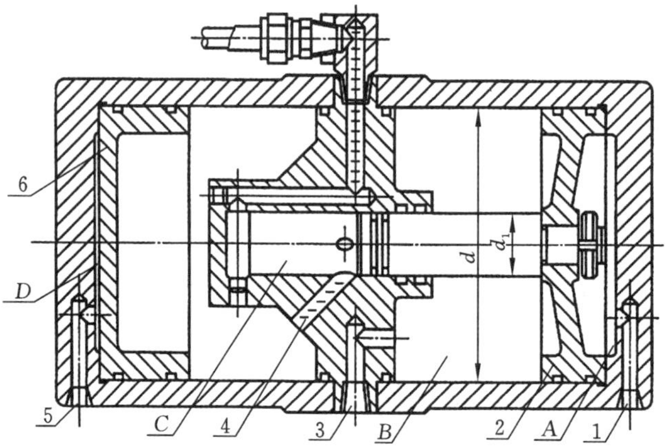

图3.47 气液增压装置的结构

1,3,5—进出气孔;2,6—活塞;4—通油口

图3.47中夹紧动作分两步完成。首先压缩空气由进出气孔5进入汽缸D腔,推动活塞6右移,活塞6把低压油输出至夹紧油缸,实现预夹紧。预夹紧的情况和气动夹紧相似,行程较大,使夹紧元件很快接近工件。然后,再由进出气孔1向A腔通入压缩空气,推动活塞2左移,把开口4封住,于是腔成为密闭的油腔。此时实现增压,输出高压油,实现夹紧。松开时,由进出气孔3通压缩空气进入B腔,同时A腔、D腔接大气,于是恢复原位,实现松开。

气液增压装置的特点:①其油压可达9.8~19.6 MPa,不需要增加机械增力机构就能产生很大的夹紧力,使夹具结构简化、传动效率提高、制造成本降低;②气液增压装置已被制成通用部件,可以各种方式灵活、方便地与夹具组合使用。

3.4.4 电动装置

电动装置是以电动机带动夹具中的夹紧机构,对工件进行夹紧的一种方式。最常用的是少齿差行星减速电动卡盘。电动卡盘工作时需要低转速、大扭矩。借助行星减速机构可以将电动机的高转速、小扭矩变成符合电动卡盘需要的低转速、大扭转。

如图3.48所示为电动三爪自定心卡盘。它可由三爪自定心卡盘改装而成,即在卡盘体内装上一套少齿差行星机构。电动机的动力通过胶木齿轮1和齿轮2传至传动轴3。在传动轴3的前端装有偏心轴6,其上装有两个相互偏心的齿轮7和齿轮8,通过每个齿轮上面的八个孔,套在固定于定位板4上的八个销子5上。偏心轴6转动时,齿轮7和齿轮8不能自转而只能做平行运动,并带动内齿轮9转动。内齿轮9的端面与大锥齿轮啮合,从而带动卡爪定心夹紧或松开工件。

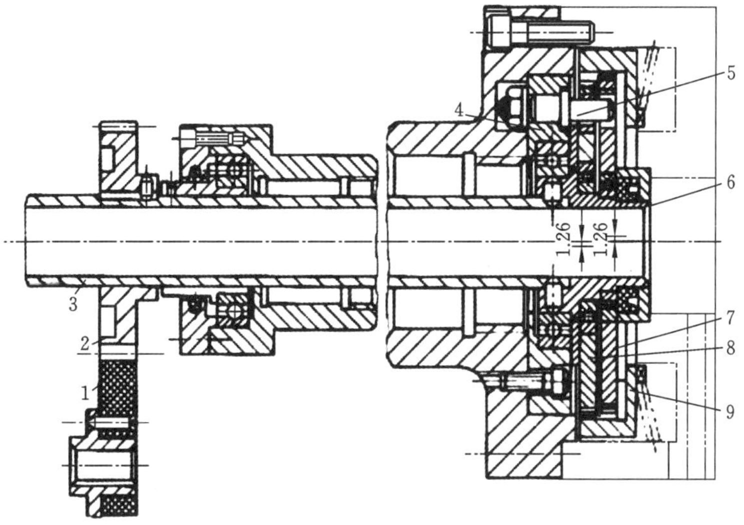

图 3.48 电动三爪自定心卡盘

1—胶木齿轮；2—齿轮；3—传动轴；4—定位板；5—销子；6—偏心轴；7，8—齿轮；9—内齿轮

这种电动卡盘的特点是：传动平稳，无噪声，具有普通三爪自定心卡盘的通用性。

3.4.5 磁力装置

磁力装置按其磁力的来源，可分为永磁式和电磁式两类。永磁式是由永久磁铁产生吸力将工件夹紧，如常见的标准通用永磁工作台，它的优点是不消耗电能，经久耐用，但吸力没有电磁式的大。

如图 3.49 所示为车床用感应式电磁卡盘。当线圈 1 通上直流电后，在铁芯 2 上产生磁力线，避开磁体 5，使磁力线通过工件和导磁体定位体 6 形成闭合回路。工件被磁力吸在盘面上。断电后，磁力消失，取下工件。

磁力夹紧装置主要适用于薄件加工和高精度的磨削，它具有结构简单紧凑、安全可靠、夹紧动作迅速等特点。

3.4.6 真空装置

真空装置是利用封闭腔内的真空度吸紧工件，实质上是利用大气压力来压紧工件。如图 3.50(a)所示是未夹紧情况，夹具体上有橡皮密封圈 B，工件放在密封圈上，使工件与夹具体形成密闭腔 A，然后通过孔道 C 用真空泵抽出腔内空气，使密闭腔形成一定的真空度，在大气压力作用下，工件定位基准面与夹具支承面接触[图 3.50(b)]并获得一定的夹紧力。

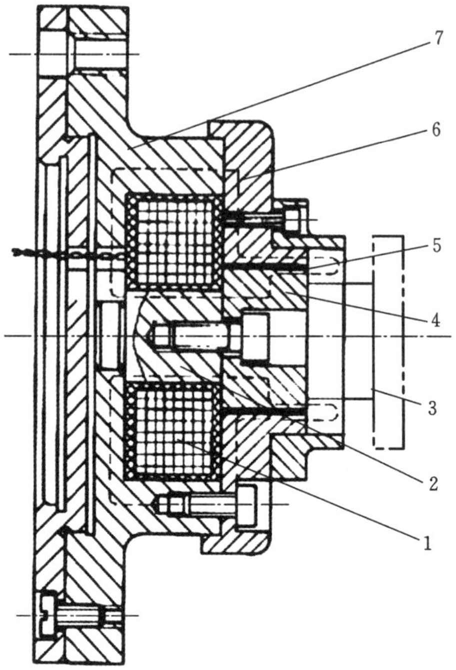

图 3.49　车床用感应式电磁卡盘

1—线圈；2—铁芯；3—工件；4—导磁体定位件；5—磁体；6—导磁体定位件；7—夹具体

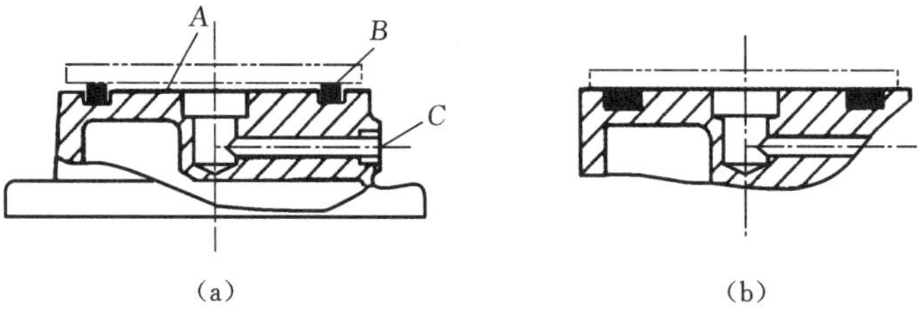

图 3.50　真空夹紧原理

(a)未夹紧状态；(b)夹紧状态

本 章 小 结

本章介绍了工件在机床夹紧中所用装置的组成和基本要求、夹紧力确定的基本原则。主要介绍了典型的基本夹紧机构：斜楔夹紧机构、螺旋夹紧机构、偏心夹紧机构和铰链夹紧机构的主要组成、夹紧力计算方法和应用。3.4 节介绍了夹具动力装置的设计。通过学习本章内容，学生应掌握专用夹具夹紧装置设计的相关知识，并且巩固第 2 章所学习的工件定位方面的知识。通过项目任务教学，培养学生互助合作的团队精神。在实际应用中要注意培养学生分析问题和解决问题的能力，培养学生查阅“设计手册”和资料的能力，逐步提高学生处理实际工程技术问题的能力。

思考与练习

1. 试述夹紧装置的组成及各组成部分之间的关系。
2. 夹紧装置设计的基本要求是什么？确定夹紧力的方向和作用点的准则有哪些？
3. 试举例说明减少夹紧变形的主要方法。
4. 比较斜楔、螺旋、圆偏心夹紧机构的特点及其应用。
5. 什么叫偏心率？如何选择偏心率？
6. 设计联动夹紧机构时主要应注意哪些问题？
7. 举例说明定心夹紧机构的工作原理。
8. 试述各类典型定心夹紧机构的特点及主要适用范围。
9. 气压夹紧装置主要由哪些部分组成？它有什么特点？
10. 试述机床夹具用液压泵站的工作原理及特点。
11. 试述电动三爪自定心卡盘的结构构成及其工作的基本原理。
12. 试述真空夹紧装置工作的原理及真空夹紧装置的特点。

4 夹具的对定

【教学目标与要求】

工件在夹具中的位置是由与工件接触的定位元件的定位表面(简称元件定位面)所确定的。为了保证工件对刀具及切削成形运动有正确的位置,还需要使夹具定位表面(简称夹具定位面)相对刀具及切削成形运动处于理想的位置,这个过程称为夹具的对定。

夹具的对定包括三个方面:一是夹具的定位,即夹具对切削成形运动的定位;二是夹具的对刀,指夹具与刀具的对准;三是分度与转位的定位,这只有对分度和转位夹具才考虑。

通过本章的学习,应达到以下目标:

(1) 掌握机床夹具在切削成形运动中的定位方法;

(2) 掌握常见的分度装置的应用;

(3) 掌握分度装置的结构和设计方法。

4.1 夹具在机床上的定位

由于刀具相对工件所做的切削成形运动通常是由机床提供的,所以夹具对成形运动的定位即为夹具在机床上的定位,其本质则是对成形运动的定位。

4.1.1 夹具在机床上定位的目的

采用夹具装夹法对工件进行加工时,为了保证工件加工表面相对其他有关表面的尺寸和位置精度,必须满足工件在夹具中有准确的定位,夹具在机床上保持准确位置以及夹具相对刀具保持一定的位置。一批工件通过其定位基准面和夹具定位表面的接触或配合,占有一致的、确定的位置,这是满足保证工件加工精度条件的一个方面。此外,夹具的定位表面相对于机床工作台和导轨或主轴轴线还需具有正确的位置关系,只有同时满足以上条件才能使夹具定位表面以及工件加工表面相对刀具及切削成形运动处于理想位置。

图 4.1 所示为一铣键槽夹具,该夹具在机床上的定位如图 4.2 所示,需要保证 V 形块中心对成形运动(即铣床工作台的纵向进给运动)平行。在垂直面内,这种平行度要求是依靠

夹具的底平面 A 放置在机床工作台面上保证的，因此对夹具来说，应保证 V 形块中心对夹具底平面 A 平行；对机床来说，应保证工作台面与成形运动平行；夹具底平面与工作台面应有良好的接触。在水平面内，这种平行度要求是依靠夹具的定向键 2，嵌入机床工作台 T 形槽内保证的，因此对夹具来说，应保证 V 形块中心与定向键 2 的中心线（或一侧）平行；对机床来说，应保证 T 形槽中心（或侧面）对纵向进给方向平行；定向键应与 T 形槽有很好的配合。

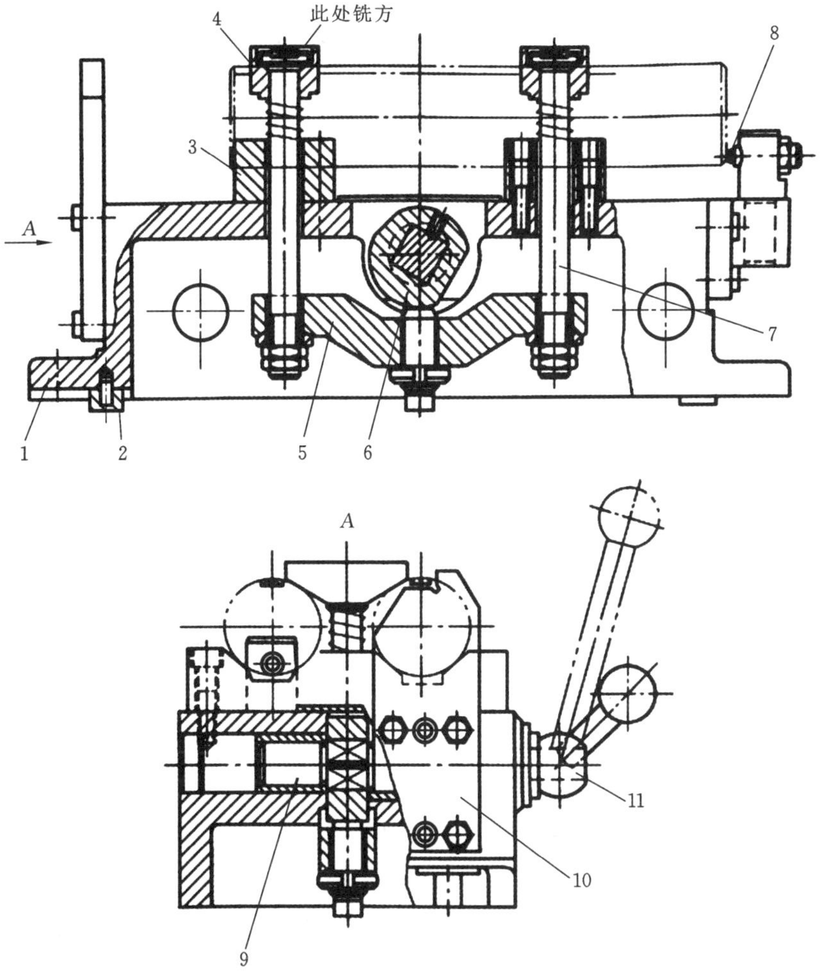

图 4.1　铣键槽夹具结构图

1—夹具体；2—定向键；3—V 形块；4—压板；5—杠杆；6—偏心轮；7—拉杆；8—螺钉；9—轴；10—对刀块；11—手柄

这种夹具定位方法简单方便，不需要很高的技术水平，适用于在通用机床上用专用夹具进行多品种加工。但这种方法影响夹具对成形运动定位精度的环节较多，如元件定位面对夹具定位面的位置误差，机床上用于与夹具连接和配合的表面对成形运动的位置误差，连接处的配合误差等，因此，要使元件定位面对机床成形运动占据准确位置，就要解决好夹具与机床的连接和配合问题，以及正确规定元件定位面对夹具定位面的位置要求，至于机床定位面对成形运动的位置误差则是由机床精度所决定的。

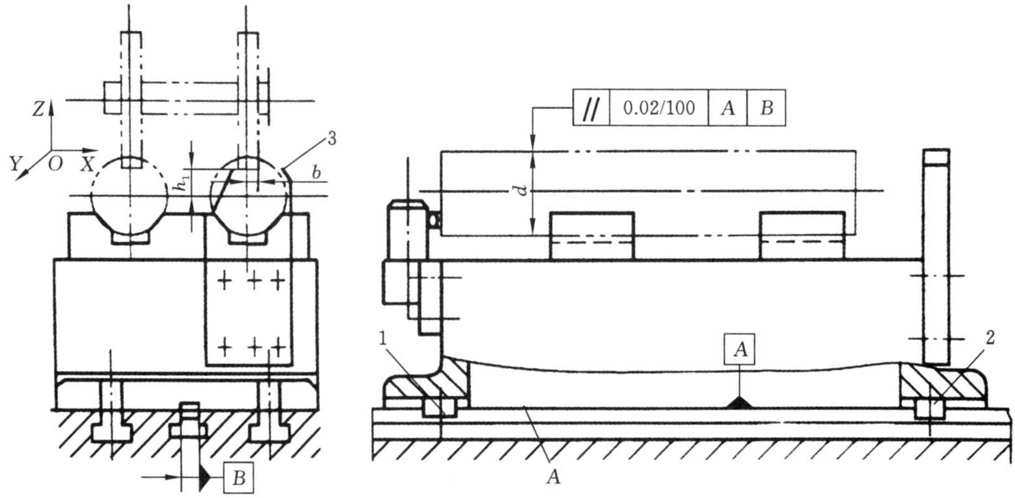

图 4.2 夹具的定位

1,2—定向键;3—对刀块

4.1.2 夹具与机床的连接

夹具与机床的连接,根据机床的工作特点,最基本的形式有两种:一种是夹具安装在机床的平面工作台上,如铣床、刨床、镗床、钻床、平面磨床等;另外一种是夹具安装在机床的回转主轴上,如车床、外圆磨床、内圆磨床等。

(1) 夹具在工作台面上的连接定位

如图 4.2 所示,夹具在工作台面上是用夹具安装面 A 及 1、2 定位键定位的。为了保证夹具安装面与工作台面有良好的接触,夹具体底面中部一般采用中空设计形式。对于较大夹具体可以采用周边接触、两端接触及四角接触三种形式,且各接触部位应在夹具体的一次安装中同时磨出或刮研出。除夹具安装面 A 之外,一般还通过两个定位键或定位销与工作台上的 T 形槽相配合,以限制夹具在定位时所应限制的自由度,并承受部分切削力矩,增强夹具在工作过程中的稳定性。

为了提高定位精度,定向键与 T 形槽应有良好的配合,一般采用 H7/h6 或 H8/h8,必要时定向键宽度应按工作台 T 形槽配作;两定向键之间的距离,在夹具底座允许的范围内应尽可能远些。另外,安装夹具时,应对 T 形槽精度进行检测,选择精度高的或使定向键靠向 T 形槽一侧,以消除间隙造成的误差。夹具定位后,应用螺栓将其紧固在工作台上,以提高其连接刚度。

(2) 夹具在主轴上的连接定位

夹具在机床的回转主轴上安装,取决于所使用机床主轴端部的结构,常见的形式有 4 种。

① 以长锥柄安装在主轴锥孔内,锥柄一般为莫氏锥度,这种定位迅速方便,定位精度

高，可以保证夹具的回转轴线与机床主轴轴心线有很高的同轴度，其缺点是刚度较低，故适用于轻切削的小型夹具，如图 4.3(a)所示。

② 以端面 A 和短圆柱孔 D 在主轴上定位，如图 4.3(b)所示。孔和主轴轴颈的配合一般采用 H7/h6 或 H7/js6。这种结构制造容易，但缺点是定位精度较低。

③ 用短锥面 K 和端面 T 定位，如图 4.3(c)所示。这种定位方式因没有间隙而具有较高的定心精度，并且连接刚度较高；夹具制造时，除要保证锥孔锥度外，还需要严格控制其尺寸以及锥孔与端面 T 的垂直度误差，以保证夹具安装后，其锥孔与端面能同时和主轴端的锥面与台肩面紧密接触，否则会降低定位精度。因此制造比较困难。

④ 设计专用的过渡盘，过渡盘一面与夹具连接，另一面与机床主轴连接，结构形式应满足所使用机床的主轴端部结构的要求，通常做成以端面和短圆柱面定位的形式，与短圆柱面的配合常用 H7/k6，如图 4.3(d)所示。

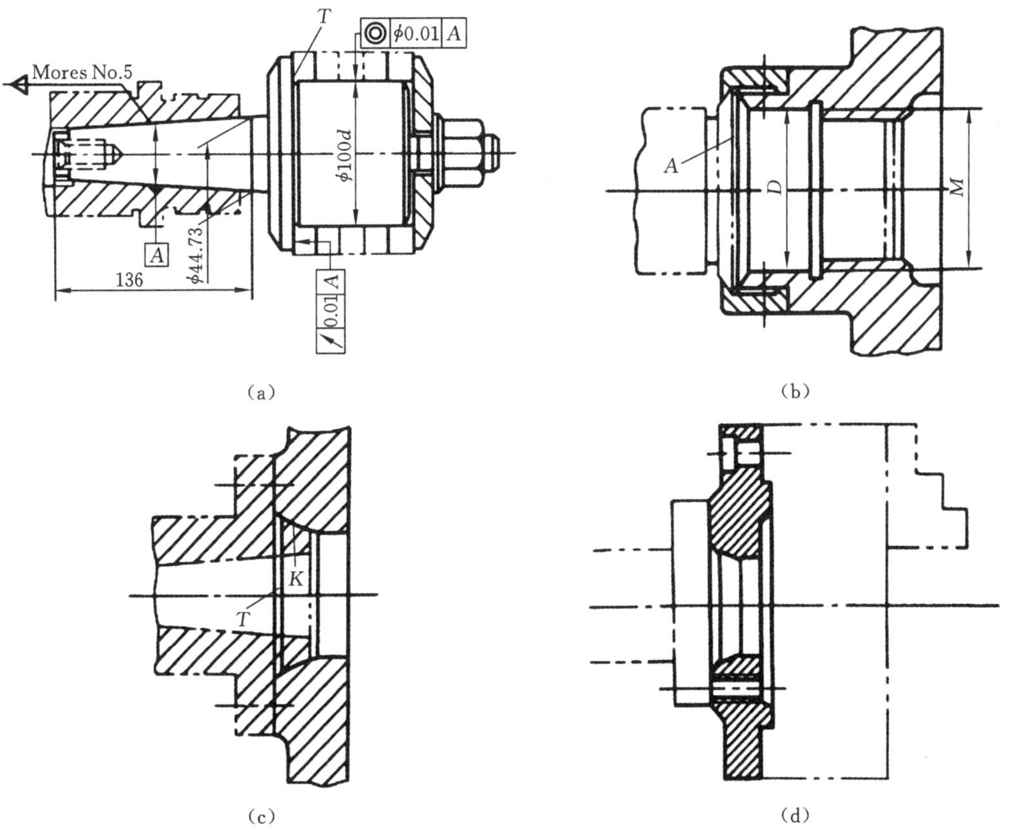

图 4.3 夹具在主轴上的安装

4.1.3 元件定位面对夹具定位面的位置要求

为了减小夹具在机床上的定位误差，在设计夹具时，元件定位面对夹具定位面的位置要求，应在夹具装配图上标出或以文字注明，作为夹具的验收标准之一。例如，图 4.2 中应标注定位元件 V 形块中心对底面 A 及定向键中心 B 的平行度要求(图中各为 0.02 mm/100 mm)。

表 4-1 列举了几种常见元件定位面对夹具定位面技术要求的标注方法。各项要求的允许误差取决于工件有关的加工公差,总的原则是加工中各项误差造成的工件加工误差应小于或等于相应的工件给定的公差。一般来说,对定误差应小于或等于工件公差的 1/3,一般夹具的定位误差应取工序有关尺寸或位置公差的 1/5～1/3。

表 4-1 几种常见元件定位面对夹具定位面的技术要求

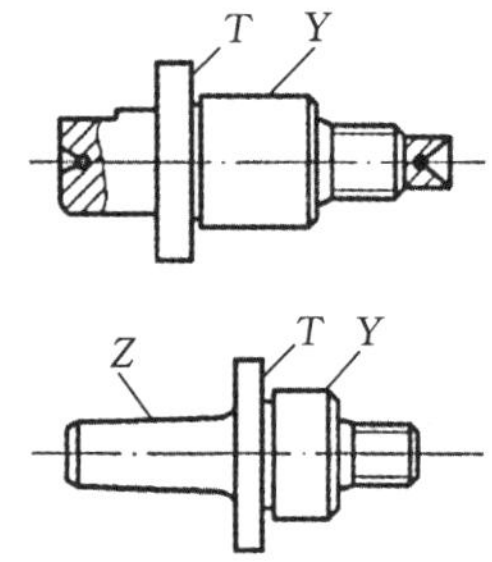	1.表面 Y 对表面 Z(或顶尖孔中心)的端面圆跳动不大于…… 2.表面 T 对表面 Z(或顶尖孔中心)的径向圆跳动不大于……	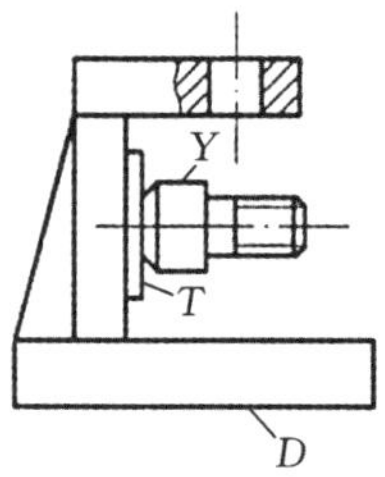	1.表面 T 对表面 D 的垂直度误差不大于…… 2.表面 Y 的中心线对表面 D 的平行度误差不大于……
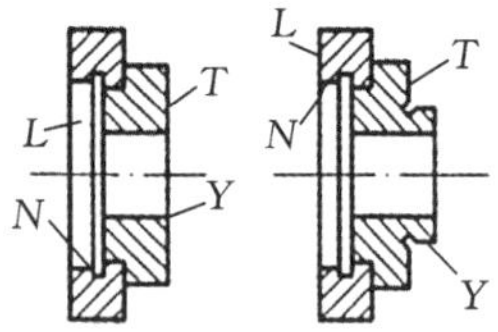	1.表面 T 对表面 L 的平行度误差不大于…… 2.表面 Y 对表面 L 的垂直度误差不大于…… 3.表面 Y 对表面 N 的径向圆跳动不大于……	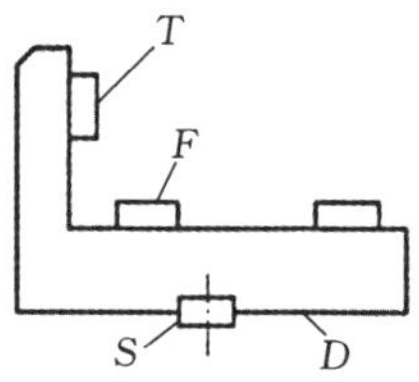	1.表面 F 对表面 D 的平行度误差不大于…… 2.表面 T 对表面 S 的平行度误差不大于……
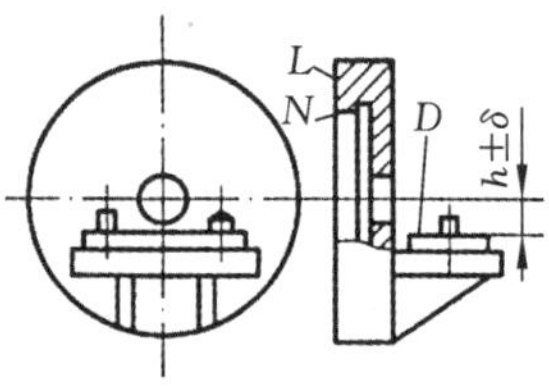	1.表面 D 对表面 L 的垂直度误差不大于…… 2.两定位销的中心连线对表面 L 的平行度误差不大于……	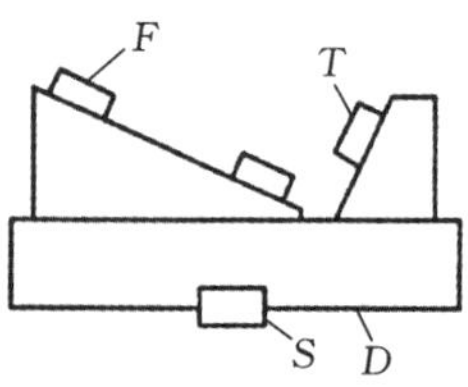	1.表面 T 上平行于 D 的母线对表面 S 的平行度误差不大于…… 2.表面 F 上平行于 S 的母线对表面 D 的平行度误差不大于……

4.2 夹具的对刀

夹具在机床上安装完毕，在进行加工之前，尚需进行夹具的对刀，使刀具相对夹具定位元件处于正确位置。下面分别对铣床夹具和钻床夹具在机床上的对刀进行分析。

4.2.1 铣床夹具的对刀

夹具在机床上定位后，接着进行的就是夹具的对刀。如图 4.2 所示，在 X 方向应使铣刀对称中心面与夹具 V 形块中心面重合，在 Z 方向应使铣刀的圆周刀刃最低点离标准心棒中心的距离为 h_1+S。

夹具对刀的方法通常有以下三种：

① 单件试切法。

② 每加工一批工件，即安装调整一次夹具，刀具相对元件定位面的理想位置都是通过试切数个工件来对刀的。

③ 用样件或对刀装置对刀。这种方法只在制造样件和调整对刀装置时才需要试切一些工件，而在每次安装使用夹具时，并不需要再试切工件。

对刀装置由对刀块和塞尺两部分组成，用以确定刀具对夹具的相对位置。图 4.4 为几种对刀块的使用情况，其中图 4.4(a)(b)所示是标准对刀块，图 4.4(c)(d)所示是用于铣成形

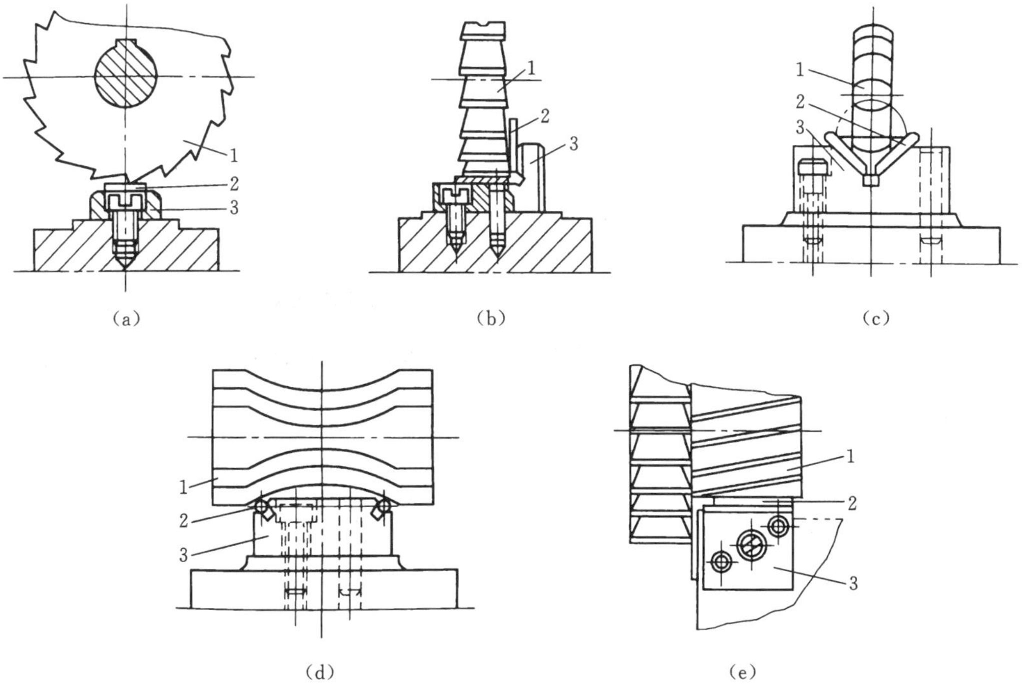

图 4.4 夹具的对刀装置

1—铣刀；2—塞尺；3—对刀块

面的特殊对刀块，图 4.4(e)所示是组合刀具对刀装置，根据加工和结构的需要，还可以设计其他一些非标准对刀装置。

常见的标准对刀块有：圆形对刀块、方形对刀块、直角对刀块以及侧装对刀块。其中圆形对刀块，主要用于加工单一平面时对刀；方形对刀块，用于调整组合铣刀位置时对刀；直角对刀块，用于加工两相互垂直面或铣槽时对刀；侧装对刀块，安装在夹具体侧面，用于加工两相互垂直面或铣槽时对刀。

对刀块通常制成单独元件，用定位销和螺钉紧固在夹具体上。为操作方便及使用安全，对刀块应布置在进给方向的后方。

对刀时，铣刀不能与对刀块的工作表面直接接触，以免损坏切削刃或造成对刀块过早磨损，而应通过塞尺来校准它们之间的相对位置。使用塞尺时，需要将塞尺放在刀具与对刀块工作表面之间，凭借抽动塞尺的松紧感觉来判断铣刀的位置。图 4.5 所示为对刀用的塞尺，其中图 4.5(a)所示为平面塞尺，厚度常用 1 mm、2 mm、3 mm；图 4.5(b)所示为圆柱塞尺，多用于成形铣刀对刀，直径常用 $\phi3$ mm、$\phi5$ mm。两种塞尺的尺寸均按 IT2 基准轴公差制造。

图 4.2 中采用的是直角对刀块对刀。由于夹具制造时已经保证对刀块对定位元件定位面的位置尺寸 b 和 h_1，因此只要将刀具对准到离对刀块表面距离为 S 时，即认为夹具相对刀具位置已准确。铣刀与对刀块表面之间留有间隙 S，用塞尺进行检查。

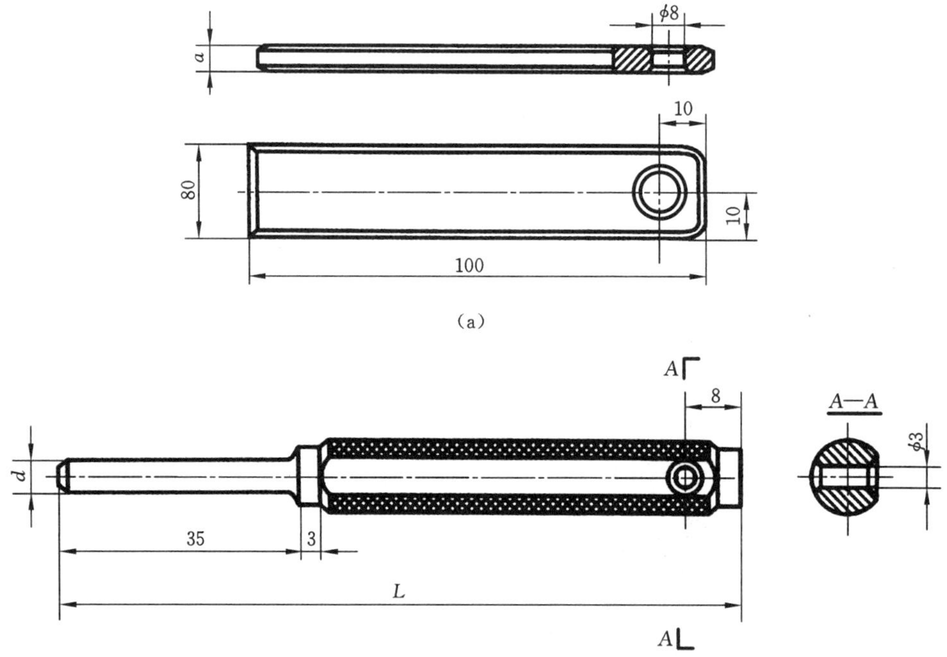

图 4.5　塞尺

(a)平面塞尺；(b)圆柱塞尺

用对刀装置调整刀具对夹具的相对位置方便迅速，但其对准精度一般比试切法低。影响对刀装置对准精度的主要因素如下：

① 对刀时的调整精度。如用塞尺来检查铣刀与对刀块之间的距离时会有测量误差。

② 元件定位面相对对刀装置的位置误差。在设计夹具时，应正确确定对刀块对刀表面和导套中心线的位置尺寸及其公差，一般来说，这些位置尺寸都是以元件定位面作为基准来标注的，以减少基准变换带来的误差。

当工件工序图中工序基准与定位基准不重合时，则需要把工序尺寸换算成加工面距离定位基准的尺寸。

4.2.2 钻床夹具的对刀

在钻床夹具中，通常用钻套实现对刀，钻削时只要钻头对准钻套中心，钻出的孔的位置就能达到工序要求，如图 4.6 所示。加工时，钻套和镗套还有增强刀具刚度的作用。

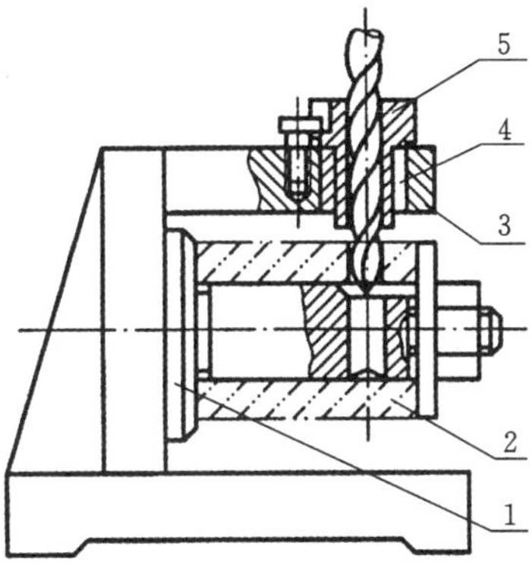

图 4.6 用钻套对刀

1—定位元件；2—工件；3—钻模板；4—固定钻套；5—快换钻套

(1) 钻套的类型

钻套按其结构和使用特性可分为以下四种类型，分别是固定钻套、可换钻套、快换钻套以及特殊钻套，如图 4.7 所示。其中固定钻套、可换钻套以及快换钻套已经标准化，其结构参数、材料、热处理方法等可通过有关手册查得。

(2) 钻套内径尺寸和公差的确定

钻套的内径尺寸及公差主要取决于刀具的种类和被加工孔的尺寸精度。在选用标准结构的钻套时，应按如下原则选定：

① 钻套导引孔直径的基本尺寸，应等于所导引刀具的最大极限尺寸，以防止卡住和咬死。

② 钻套导引孔与刀具的配合，应按基轴制选定，这是因为这类刀具的结构和尺寸均已标准化。

③ 钻套导引孔与刀具之间应保证有一定的配合间隙，以防卡死。导引孔的公差带根据所导引刀具的种类和加工精度要求选定，钻孔和扩孔选 F7、F8；粗铰时选 G7；精铰时选 G6。

④ 当采用标准铰刀铰 H7 或 H9 孔时，导引孔的基本尺寸与加工孔的基本尺寸相同，公差选用 F7 或 E7。

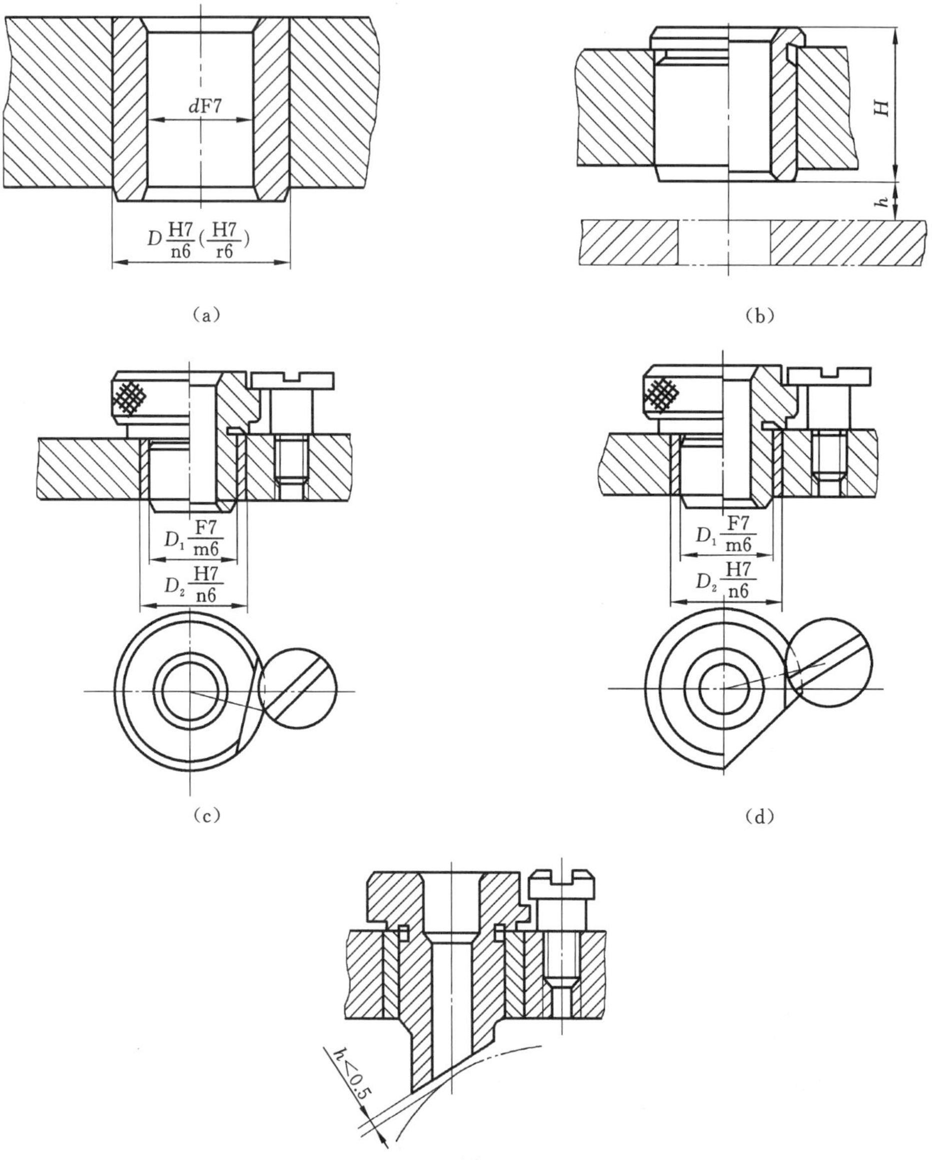

图 4.7　钻套

(a)A 型固定钻套;(b)B 型固定钻套;(c)可换钻套;

(d)快换钻套;(e)特殊钻套

⑤ 标准钻头的最大尺寸就是所加工孔的基本尺寸,故钻头导引孔的基本尺寸与加工孔的基本尺寸相同,公差取 F7。

⑥ 若刀具加工时不是用切削部分而是用导柱部分引导,则可按基孔制的相应配合 H7/f7、H7/g6 或 H6/g5 选取。

(3) 钻套高度的确定

在选定钻套高度时一般需考虑以下几方面因素，包括待加工孔的尺寸精度、孔径的大小、孔距的精度、孔加工的深度、工件材料、刀具耐用度等因素。一般在材料强度高，钻头刚度低和在斜面上钻孔时，采用长钻套。具体选定钻套高度方法如下：

① 钻一般的螺纹孔、销孔，工件孔距精度为±0.25 mm，在自由尺寸公差时，钻套的高度取 $H=(1.5\sim2)d$，如图 4.8 所示。钻套内径采用基轴制 F8 的公差。

② 加工 IT6、IT7 级精度，孔径在 $\phi2$ mm 以上的孔或加工工件孔距精度要求在±0.10～±0.15 mm 时，钻套的高度取 $H=(2.5\sim3.5)d$。钻套内径采用基轴制 G7 的公差。

③ 加工 IT7、IT8 级精度的孔，和孔距精度要求在±0.06～±0.1 mm 时，钻套的高度取 $H=(1.25\sim1.5)(h+B)$。

(4) 钻套与工件的距离

钻套与工件间留有一定的距离 h，如图 4.9 所示。如果 h 太大，会增大钻头的倾斜量，使钻套不能很好地导向。h 过小，切屑排出困难。这样不仅会增大工件加工表面的粗糙度，还可能将钻头折断。

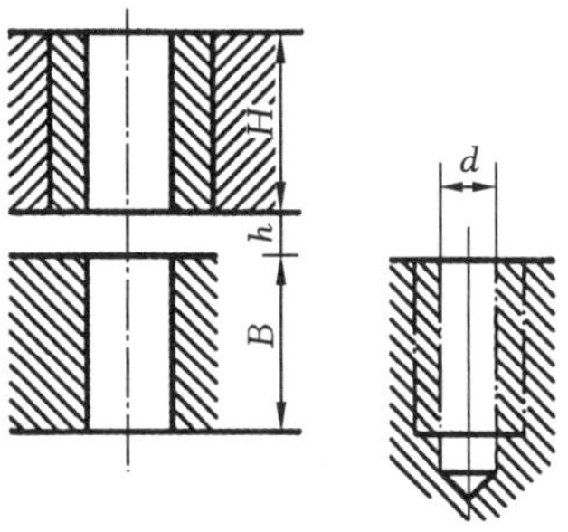

图 4.8 钻套高度

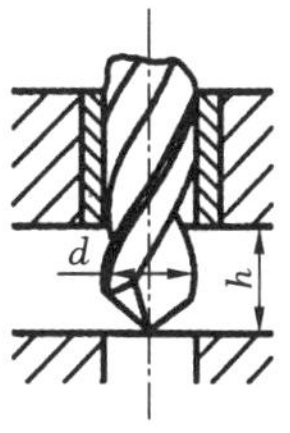

图 4.9 钻套与工件的空隙

所以 h 值可按下面经验公式进行选取：

加工铸铁、黄铜时，$h=(0.3\sim0.7)d$；

加工钢件时，$h=(0.7\sim1.5)d$。

同时还需注意，材料越硬，式中的系数应取越小值；钻头直径越小，则钻头刚性越差，式中的系数取值越大。

但是下面几种情况需特殊考虑：

① 在斜面上钻孔或钻斜孔时，钻头最易引偏，为保证起钻良好，h 应尽可能小一些，取 $h\approx0.3d$。

② 当孔的位置精度要求高时，可取 $h=0$，以保证钻套有较好的导引作用，而让切屑从钻头的螺旋槽中排出。这样排屑条件反而比只留很小 h 值的要好，但这种状态钻套磨损严重。

③ 钻深孔时，要求排屑畅快，可取 $h=1.5d$。

此外，还需注意保证各种钻套内孔和外圆的同轴度，同轴度应不大于 0.005 mm。

(5) 钻床夹具对刀误差 Δ_T 的计算。

如图 4.10 所示，刀具与钻套的最大配合间隙 X_{max} 的存在会引起刀具的偏斜，将导致加工孔的偏移量 X_2 为：

$$X_2=\frac{B+h+H/2}{H}X_{max} \tag{4-1}$$

式中 B——工件厚度，mm；

H——钻套高度，mm；

h——排屑空间的高度，mm。

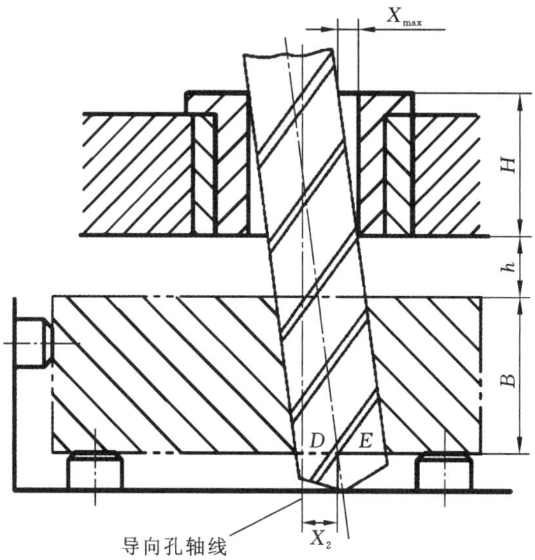

图 4.10 钻模对刀误差

工件厚度大时，按 X_2 计算对刀误差，即 $\Delta_T=X_2$；工件厚度小时，按 X_{max} 计算对刀误差，$\Delta_T=X_{max}$。

实践证明，用钻模钻孔时，加工孔的偏移量远小于上述理论值。因加工孔的孔径 D' 大于钻头直径 d，由于钻套孔径 D 的约束，一般情况下 $D'=D$，即加工孔中心实际上与钻套中心重合，因此 Δ_T 趋近于零。

【例 4-1】 已知：铰刀刀具 $\phi16h9(^{+0.036}_{+0.020})$，钻套内孔 $\phi16E7(^{+0.050}_{+0.030})$，$H=18$ mm，$h=6$ mm，$B=25$ mm。计算对刀误差 Δ_T。

解：

根据公式(4-1)进行计算：

$$X_{max}=0.050-0.020=0.03 \text{ mm}$$

$$X_2=\frac{B+h+H/2}{H}X_{max}=\frac{25+6+9}{18}\times0.03=0.067 \text{ mm}$$

对刀误差 $\Delta_T=X_2=0.067$ mm。

4.3 夹具的分度装置

4.3.1 分度装置的结构和主要类型

4.3.1.1 概述

在生产中，经常会遇到一些工件需要加工一组按一定转角或一定距离均匀分布、形状和尺寸相同的表面，例如刻度尺的刻线、叶片液压泵转子叶片槽的铣削、齿轮和齿条的加工，以及其他等分孔或等分槽的加工等。为了能在一次装夹中完成这类等分表面的加工，于是便出现了在加工过程中需要分度的问题。

当工件加工完一个表面后，夹具的某些部分应能连同工件转过一定角度或移动一定距离，可实现上述要求的装置叫作分度装置。分度装置能使工件的加工工序集中，装夹次数减少，从而可提高加工表面间的位置精度，减轻劳动强度和提高生产效率，因此广泛应用于钻、铣、镗等加工中。图 4.11 所示为常见的等分表面。

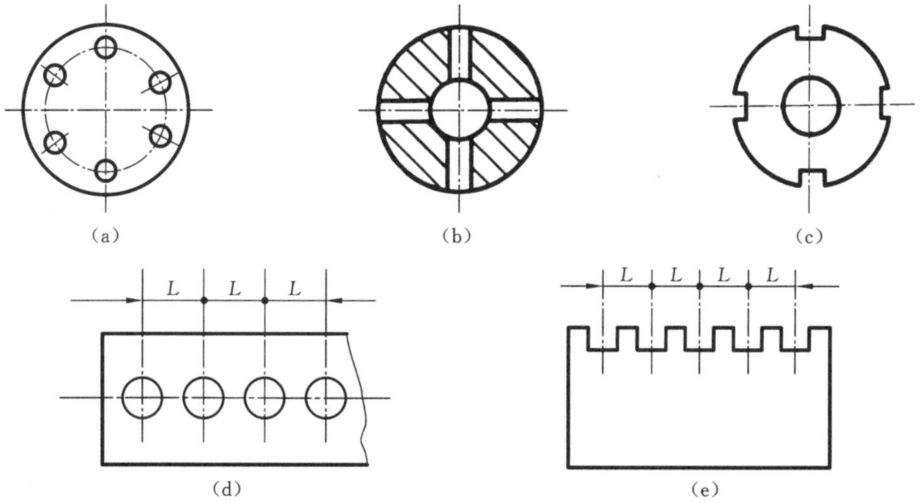

图 4.11 常见的等分表面

(a)圆周轴向分度的孔；(b)圆周径向分度的孔；(c)圆周分度的槽；(d)直线分度的孔；(e)直线分度的槽

如图 4.12 所示，要求在柱塞泵圆盘上车削七个等分孔 $7\times\phi24.5$ mm±0.1 mm。设计带有回转分度装置的柱塞泵圆盘车削夹具，可在一次装夹中，车削工件上七个等分孔 $7\times\phi24.5$ mm±0.1 mm，如图 4.13 所示。

工件以端面和 $\phi108_{-0.050}^{-0.015}$ mm 外圆在定位盘 6 上定位，由两块压板 4 夹紧。本体 3 上的对定销 2 借助弹簧 1 的作用插入分度盘 5 的槽中，以确定工件的加工位置。分度盘 5 的槽数与工件的孔数相等。分度时，用扳手带动销 16、转体 17 做逆时针回转，转体 17 上的凸轮面便推动对定销 2 从分度盘 5 中退出。同时,装在转体 17 上的棘爪 10 从棘轮 9 上滑过,并嵌入下个棘轮凹槽中,然后再将转体 17 按顺时针方向回转,转体上的棘爪 10 便拨动棘轮 9 和转轴 7 转过一个角度。此时转体上的凸轮面已移开,对定销 2 便在弹簧 1 的作用下重新插入分度盘下一个分度槽中,从而完成一次分度。转体由端面楔块 12、13 锁紧,使定位稳定、可靠。

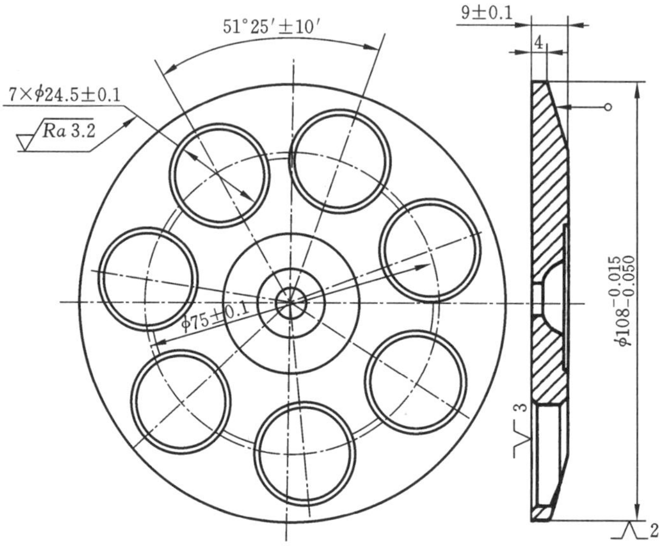

图 4.12　柱塞泵圆盘工序图

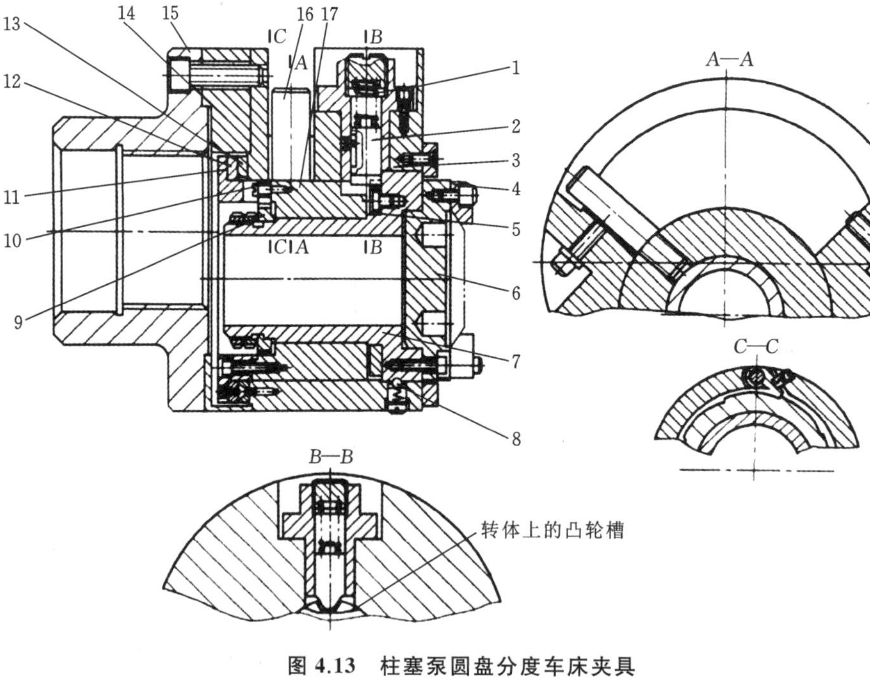

图 4.13　柱塞泵圆盘分度车床夹具

1—弹簧;2—对定销;3—本体;4—压板;5—分度盘;6—定位盘;7—转轴;8—钢球;9—棘轮;10—棘爪;11—盘;12,13—端面楔块;14—圆盘;15—过渡盘;16—销;17—转体

4.3.1.2 分度装置的类型

(1) 分度装置的分类

常见的分度装置有以下两大类。

① 回转分度装置。它是一种对圆周角分度的装置,又称圆分度装置,用于工件表面圆周分度孔或槽的加工。

② 直线分度装置。它是一种对直线方向上的尺寸进行分度的装置,其分度原理与回转分度装置相同。

(2) 回转分类装置的分类

由于上述两类分度装置的结构原理与设计方法基本相同,而生产中又以回转分度装置的应用为多,所以本节重点介绍回转分度装置。

回转分度装置的种类繁多,一般可按下述形式设计。

① 按分度盘和对定销相对位置的不同分类,分为轴向分度和径向分度。

轴向分度装置见图 4.14,对定销的运动方向与分度盘的回转轴线是平行的,其分度装置的结构较紧凑;径向分度装置见图 4.15,对定销的运动方向与分度盘的回转轴线垂直,由于分度盘的回转直径较大,故能使分度误差相应减小,因此常用于分度精度较高的场合。

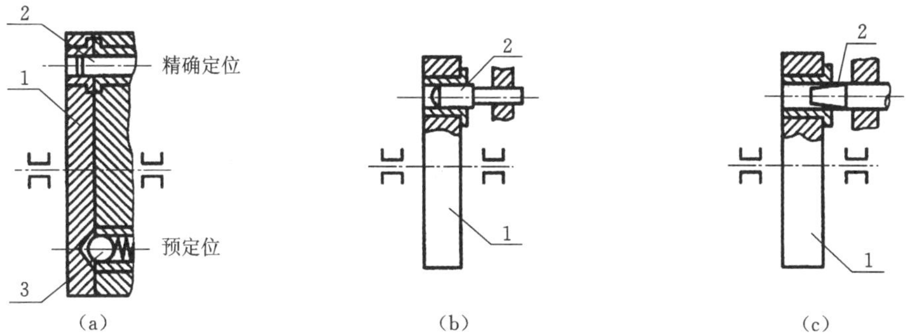

图 4.14 轴向分度装置

1—分度盘;2—对定元件;3—钢球

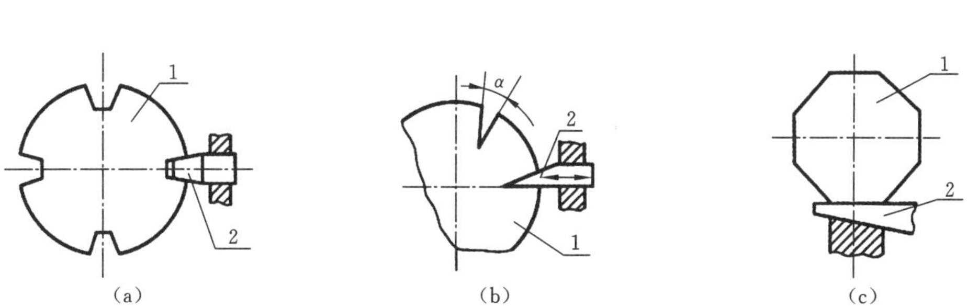

图 4.15 径向分度装置

1—分度盘;2—对定元件

② 按分度盘回转轴线分布位置的不同分类，分为立轴式、卧轴式和斜轴式三种。

一般可按机床类型以及工件被加工面的位置等具体条件设计。

③ 按分度装置工作原理的不同分类，分为机械分度、光学分度等类型。

机械分度装置结构简单，工作可靠，应用广泛。光学分度装置的分度精度较高，如光栅分度装置的分度精度可达±10″，但由于对工作环境的要求较高，故在机械加工中的应用受到限制。

④ 按分度装置的使用特性分类，分为通用和专用两大类。

在单件生产中，使用通用分度装置有利于缩短生产的准备周期，降低生产成本；在中、小批生产中，常将通用分度装置与专用夹具联合使用，从而简化专用夹具的设计和制造。通用分度装置的分度精度较低，如FW80型万能分度头，采用速比1∶40的蜗杆、蜗轮副，分度精度为1′，故只能满足一般需要。在成批生产中，则广泛使用专用分度装置，以获得较高的分度精度和生产效率。

4.3.1.3 分度装置的结构

用机械式分度装置实现分度必须有两个主要部分，即分度盘和分度定位机构。一般分度盘与转轴相连，并带动工件一起转动，用以改变工件被加工面的位置。分度定位机构则装在固定不动的分度夹具的底座上。此外，为了防止切削中产生振动及避免分度销受力而影响分度精度，还需要有锁紧机构，用来把分度后的分度盘锁紧到夹具体上。具体来说，回转分度装置由固定部分、转动部分、分度对定机构及操纵机构、锁紧机构以及润滑系统组成。

① 固定部分。固定部分是分度装置的基体，其功能相当于夹具体。它通常采用经过时效处理的灰铸铁制造。

② 转动部分。转动部分包括回转盘、衬套和转轴等。回转盘通常用45钢经淬火至HRC40～45，或20钢经渗碳淬火至HRC58～63加工制成。转盘工作平面的平面度公差为0.01 mm，端面的圆跳动公差为0.01～0.015 mm，工作面对底面的平行度公差为0.01～0.02 mm。轴承的间隙在0.005～0.008 mm之间，以减小分度误差。

③ 分度对定机构及操纵机构。分度对定机构由分度盘和对定销组成。其作用是在转盘转位后，使其相对于固定部分定位。

④ 锁紧机构。分度对定后，应将转动部分锁紧，以增强分度装置工作时的刚度。大型分度装置还需设置抬起机构。

⑤ 润滑系统。润滑系统是指由油杯等组成的系统。其功能是减少摩擦面的磨损，使机构操作灵活。

4.3.2 分度装置的常用机构

4.3.2.1 分度装置的对定机构

(1) 典型对定机构

用分度或转位夹具加工工件时，各工位加工获得的表面之间的位置精度，与分度装置的分度定位精度有关。分度定位精度与分度装置的结构形式和制造精度有关。分度装置的关键部分是对定机构,它是专门用来完成分度、对准、定位的机构。

① 钢球对定机构

如图 4.16 所示为常见的分度对定机构,图 4.16(a)所示是钢球对定机构,这种机构靠弹簧将钢球或球头销压入分度盘锥孔内实现定位。钢球对定机构结构简单,在径向、轴向分度中均有应用,分度转位时,分度盘自动将钢球压回,不需要拔销。由于分度盘上所加工的锥坑较浅,其深度不大于钢球半径,因此定位不可靠。如果分度盘锁紧不牢固,则当受到很小的外部转矩的作用时,分度盘便会转动,并有将钢球从锥坑中顶出的可能。这种对定机构仅用于切削负荷很小而分度精度要求不高的场合,或者用于某些精密对定机构的预定位。

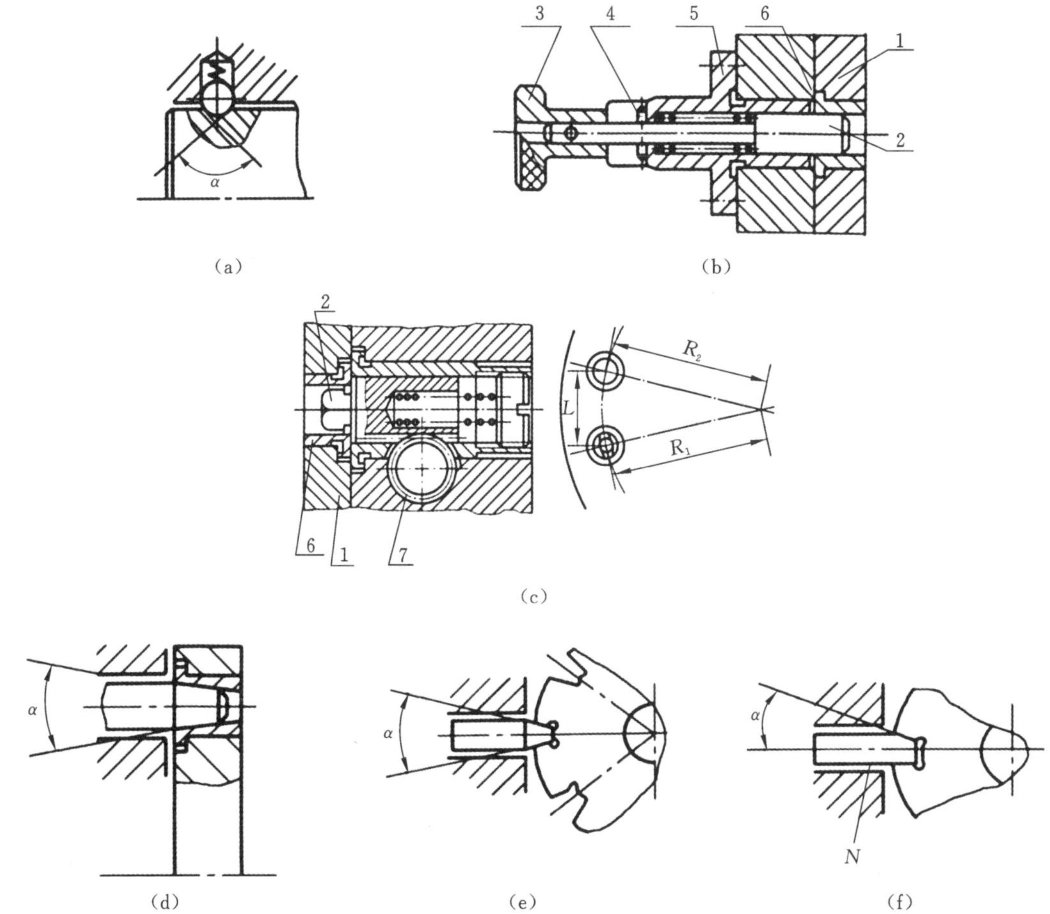

图 4.16　分度对定机构

(a)钢球对定;(b)圆柱销对定;(c)菱形销对定;(d)圆锥销对定;(e)双斜面楔形槽对定;(f)单斜面楔形槽对定

1—分度盘;2—对定元件;3—手柄;4—横销;5—导套;6—定位套;7—齿轮

② 圆柱销对定机构

如图 4.16(b)所示为圆柱销对定机构,此种机构主要用于轴向分度。分度盘一般采用 45 号钢经调质制成,在坐标镗床上镗出的分度孔中镶有经淬硬的衬套,圆柱销用 T7A 优质工具钢经淬火至 HRC53～58 制成，采用 H7/g6 间隙配合。这种对定机构结构简单、制造容易，缺点是分度精度较低，一般为±1′～±10′。当对定机构间有污物黏附时，圆柱销的插入会将污物刮掉，并不影响对定位元件的接触，但无法补偿由于对定元件间配合间隙所造成的分度误差，故分度精度不高，主要用于中等精度的钻、铣夹具中。

③ 菱形销对定机构

如图 4.16(c)所示为菱形销对定机构，其应用特性与圆柱销对定机构相同，结构工艺性良好。菱形销能补偿分度盘分度孔的中心距误差，可避免对定销至分度盘回转中心距离 R_1，与衬套孔中心至其回转中心距离 R_2 误差较大时，对定销插不进衬套孔的现象。

④ 圆锥销对定机构

如图 4.16(d)所示为圆锥销对定机构，它常用于轴向分度，圆锥角 α 一般为 10°。其特点是圆锥面能自动定心，故分度精度较高，但结构上对防尘有较高的要求。

⑤ 双斜面楔形槽对定机构

如图 4.16(e)所示，双斜面楔形槽对定机构的优点是斜面能自动消除结合面的间隙，故有较高的分度精度。其缺点是分度盘的制造工艺较复杂，槽面需经磨削加工。

⑥ 单斜面楔形槽对定机构

如图 4.16(f)所示，单斜面楔形槽对定机构斜面产生的分力能使分度盘始终反靠在平面上。由图可知，面 N 为分度对定的基准，只要其位置固定不变，就能使分度装置获得很高的分度精度。这种分度对定机构常用于高精度的径向分度，分度精度可达到±10″左右。

(2) 分度误差分析

圆柱销对定机构的分度误差如图 4.17 所示。由于分度盘两相邻孔的孔距存在误差，分度盘所镶衬套的内孔、外圆间有同轴度误差，对定销与分度盘衬套孔有间隙，对定销与基体衬套孔间也存在间隙，因此在一次分度时会产生两种极端情况，它们与理想情况的差别即为分度误差。

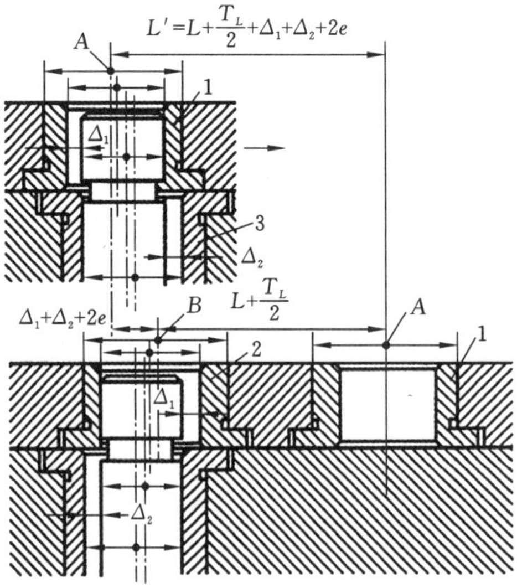

图 4.17 圆柱销对定误差

1,2—分度衬套；3—基体衬套

设分度盘两相邻定位衬套1和2间的理想中心距离为L，分度盘相邻两孔A、B的中心距离的最大偏差为$\pm T_L/2$。当对定销先插入分度衬套1的孔中时，如果对定销与分度衬套1在右边接触，而与基体衬套孔3在左边接触，则分度盘孔A中心相对衬套孔3中心向左偏离了

$$\frac{1}{2}(\Delta_1+\Delta_2+e)$$

其中 Δ_1——对定销与分度盘衬套孔最大配合间隙，mm；

Δ_2——对定销与基体衬套孔最大配合间隙，mm；

e——分度盘衬套内外圆同轴度误差，mm。

当分度盘转位到对定销插入分度衬套2的孔中时，如果对定销与分度盘衬套孔2在左边接触，而与基体衬套孔3在右边接触，则分度盘孔B中心相对衬套孔3向右偏离了

$$\frac{1}{2}(\Delta_1+\Delta_2+e)$$

分度盘实际转过的最大距离(L')为

$$L'=L+\frac{T_L}{2}+\Delta_1+\Delta_2+e$$

如将上式减去理想中心距离L，即为一次分度的两个极端情况下所造成的位置误差

$$\Delta L=L'-L=\frac{T_L}{2}+\Delta_1+\Delta_2+e$$

对于直线分度来说，ΔL即为分度误差；对于回转分度来说，还需考虑回转部分配合间隙的影响。

为了减少分度误差，就应减少上述各项误差组成部分，亦即合理地制定对定机构各元件的制造公差、选择配合种类。一般对定销与衬套孔的配合选用H7/g6，分度盘相邻孔距公差$T_L\leqslant 0.06$ mm。精密分度夹具相应精度为H6/h5、$T_L\leqslant 0.04$ mm。

4.3.2.2 分度装置的操纵机构

分度装置的操纵机构形式很多，有手动、气动、液压和电动等，各种对定机构除钢球、圆头对定机构外，均需有拔销装置。本节着重介绍几种常用的手动操纵机构。

(1) 手拉式对定机构

如图4.18所示，手拉式对定机构的工作原理是将手柄与定位销连接在一起，拉动手柄将定位销从定位衬套中拉出。手拉式对定机构的结构尺寸已标准化，设计时可参阅《机床夹具零件及部件 手拉式定位器》(JB/T8021.1—1999)。

(2) 枪栓式对定机构

枪栓式对定机构的工作原理与手拉式的相似，只是拔销不是直接拉出，而是利用定位销外圆上的曲线槽的作用拔出定位销。如图4.19所示，转动手柄7时，轴3通过销4带动对定销1旋转，由于对定销1上有曲线槽，并使得定位螺钉8的圆柱头卡在其间，故一面旋转一

面右移，退出定位孔。枪栓式对定机构的特点是轴向尺寸比手拉式的小，但径向尺寸较大，其结构尺寸也已标准化。

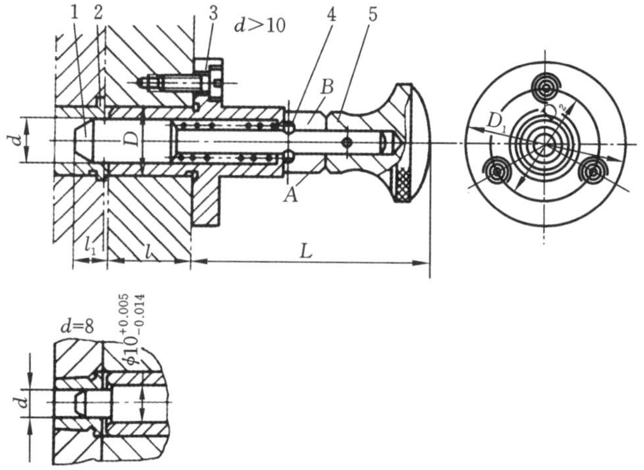

图 4.18　手拉式对定机构

1—对定销；2—衬套；3—导套；4—横销；5—捏手

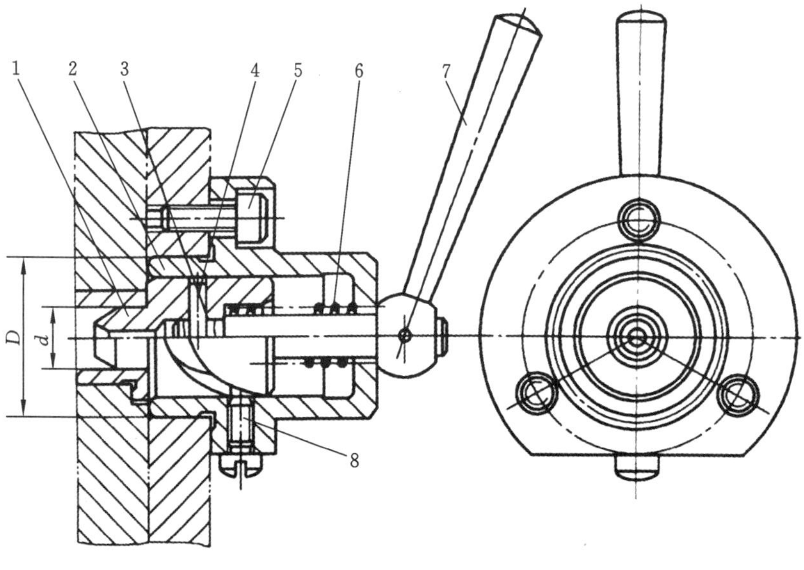

图 4.19　枪栓式对定机构

1—对定销；2—壳体；3—轴；4—销；5—固定螺钉；6—弹簧；7—转动手柄；8—定位螺钉

(3) 齿轮-齿条式对定机构

图 4.20 所示的对定机构便是通过齿轮、齿条等传动机构实现拔销的。对定销 1 上有齿条与手柄转轴上的齿轮 2 相啮合。顺时针转动手柄，齿轮带动齿条右移，拔出对定销。转动分度盘，依靠弹簧压力使得对定销插入定位套。这类机构的特点是操作方便、工作可靠。

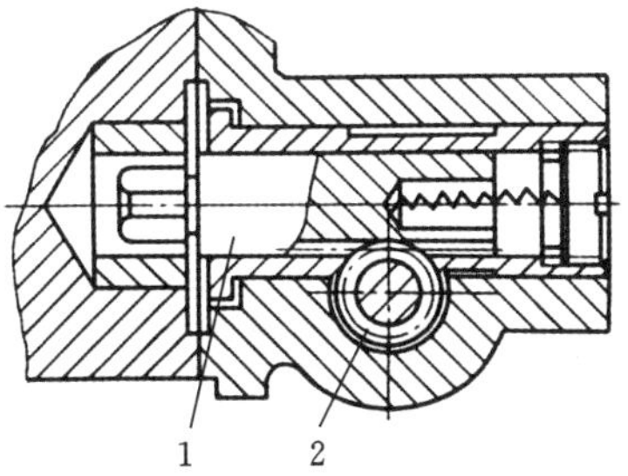

图 4.20　齿轮-齿条式对定机构

1—对定销;2—小齿轮

(4) 杠杆式对定机构

图 4.21 所示即为杠杆式对定机构,当需要转位分度时,只需将手柄 5 绕支点螺钉 1 向下压,便可使定位销从分度槽中退出。手柄是通过螺钉 4 与定位销连接在一起的。

(5) 脚踏式对定机构

图 4.22 所示即为脚踏式对定机构,主要用于大型分度装置上,例如,用于大型摇臂钻钻等分孔等,因为这时操作者需要用双手转动分度装置的转位部分,所以只能用脚操纵定位销从定位衬套中退出的动作。

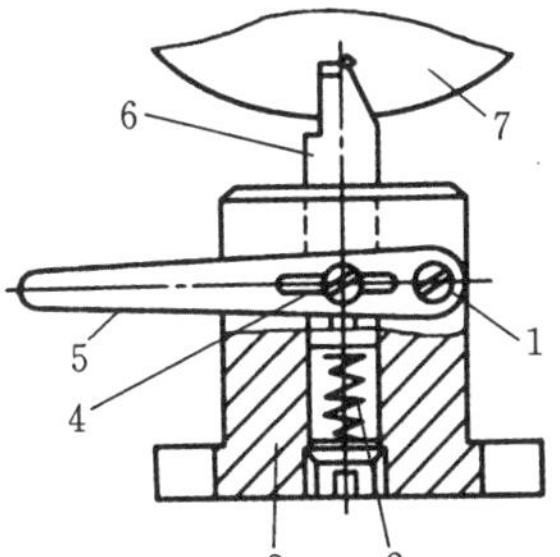

图 4.21　杠杆式对定机构

1—支点螺钉;2—弹簧;3—壳体;4—螺钉;

5—手柄;6—定位销;7—分度盘

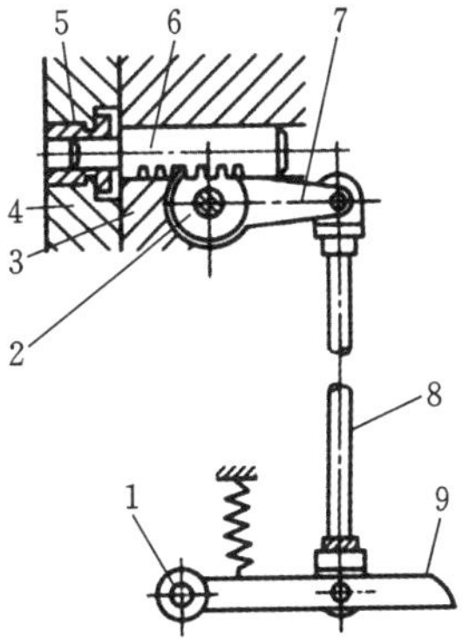

图 4.22　脚踏式对定机构

1—枢轴;2—齿轮;3—座梁;4—分度盘;5—定位衬套;

6—定位销;7—摇臂;8—连杆;9—踏板

4.3.2.3　分度盘的锁紧机构

分度装置中的分度副仅能起到转位分度和定位的作用,为了保证在工作过程中受到较大的力或力矩作用时仍能保持正确的分度位置,一般分度装置均设有锁紧机构。

图 4.23(a)所示为弹簧式抬起锁紧机构,顶柱 2 通过弹簧 1 把转盘 3 抬起,转盘 3 转位后可用锁紧圈 4 和锥形圈 5 锁紧。

图 4.23(b)所示为偏心式抬起锁紧机构,转动圆偏心轴 9,经滑动套 11,轴承 7 把回转盘

6 抬起。反向转动圆偏心轴 9，经螺钉 12、滑动套 11 和螺纹轴 8，即可将回转盘 6 锁紧。

图 4.23(c)所示为大型分度转盘，用液体静压抬起。压力油经油口 C、油路系统 16、油孔 B，在静压槽 D 处产生静压，抬起转盘 19；回油经油口 A 和回油系统 15 排出。静压使转盘抬起 0.1 mm。转盘 19 由锁紧装置 18 锁紧。

图 4.23(d)和图 4.21(e)所示为用于小型分度盘的锁紧机构。

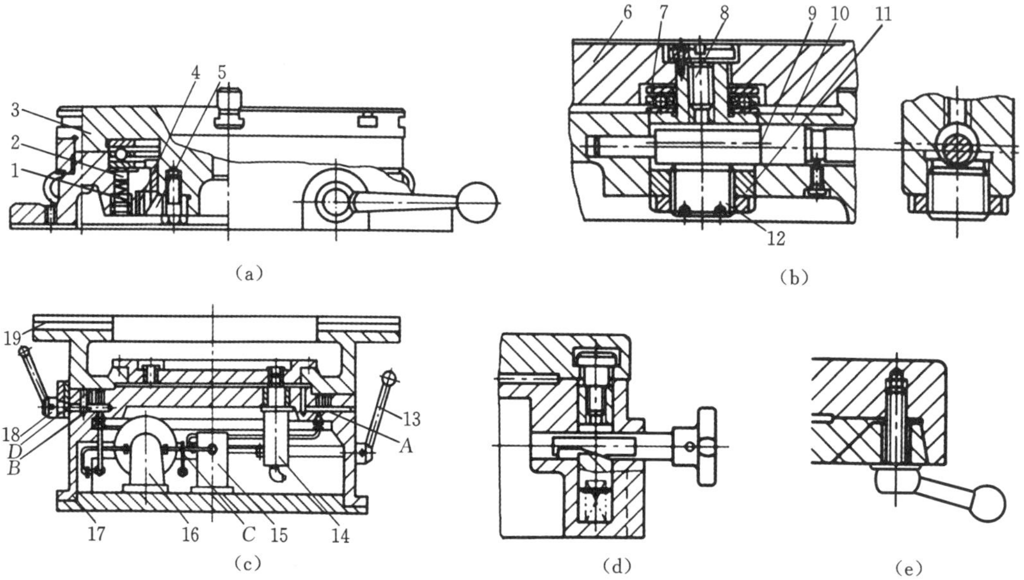

图 4.23 抬起锁紧机构

(a)弹簧式；(b)偏心式；(c)液压式；(d)用于小型分度盘的锁紧机构 1；(e)用于小型分度盘的锁紧机构 2

1—弹簧；2—顶柱；3—转盘；4—锁紧圈；5—锥形圈；6—回转盘；7—轴承；8—螺纹轴；9—圆偏心轴；10，17—转台；11—滑动套；12—螺钉；13—手柄；14—液压缸；15—回油系统；16—油路系统；18—锁紧装置；19—转盘

4.3.2.4 通用回转工作台

为了简化分度夹具的结构，可以将夹具安装在通用回转工作台上实现分度。通用回转工作台已经标准化，可以按规格选用。

(1) 立轴式通用回转台

图 4.24 所示为一种立轴式通用回转台的典型结构。转盘 1 和转轴 4 由螺钉及销子连接，可在转台体 2 中转动。对定销 10 的下端有齿条与齿轮套 12 啮合。分度时，逆时针转动手柄 8，通过螺杆轴 7 上的挡销(见 B—B 剖视图)带动齿轮套 12 转动，使对定销 10 从分度衬套 9 中退出。转盘转位后，再使对定销 10 在弹簧 11 的作用下插入另一分度衬套孔中，从而完成一次分度。顺时针转动手柄 8，由于螺杆轴的轴向作用将弹性开口锁紧圈 6 收紧，并带动锥形圈 5 向下将转盘锁紧。

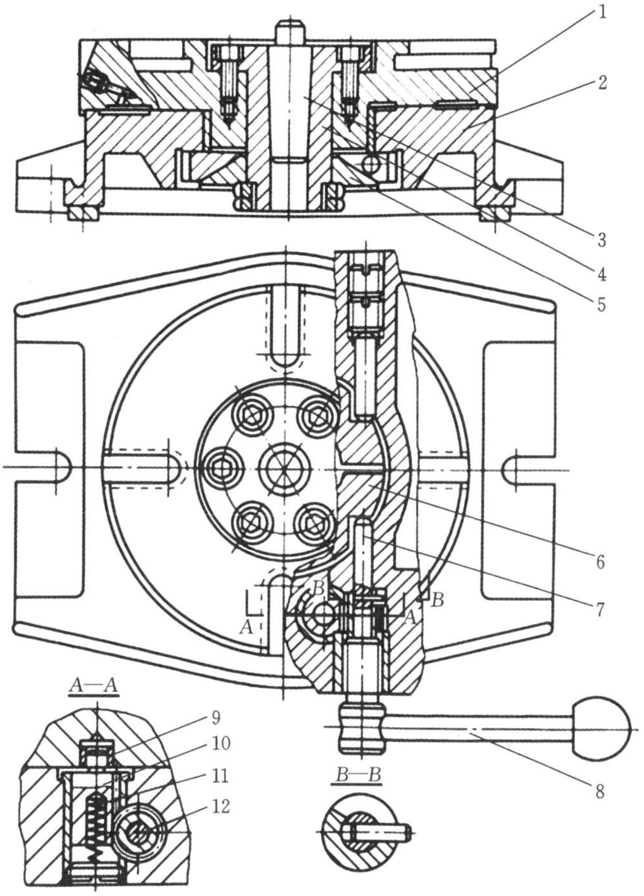

图 4.24 立轴式通用回转台

1—转盘;2—转台体;3—销;4—转轴;5—锥形圈;6—锁紧圈;7—螺杆轴;

8—手柄;9—分度衬套;10—对定销;11—弹簧;12—齿轮套

立轴式通用回转台常用于钻床或铣床,回转台已标准化、系列化,转盘直径有ϕ250 mm、ϕ300 mm、ϕ450 mm 等几种规格,常按 2、3、4、6、12 等分分度。转盘的工作台面可直接装夹工件或安装专用夹具。

(2) 卧轴式通用回转台

图 4.25 所示为卧轴式通用回转台的典型结构。转盘 6 与转轴 9 连接,可在转台体 7 的衬套中回转。分度时可将手柄 5 向松开方向转动,此时偏心轴 4 使移动轴 2、半圆键 1、转轴 9 和转盘 6 右移,使转盘与转台体之间产生适当的回转间隙。在转盘松开的瞬间,偏心轴 4 上的挡销 13 便带动转动套 12、拨杆 11(见 B—B 剖视图),使菱形销 14 从转盘的分度衬套 15 中退出。转盘转位后,菱形销再插入下一个分度孔中,此时将手柄 5 向锁紧方向扳动,则偏心轴将转盘锁紧。

卧轴式通用回转台按中心高可分成两类:一类用于一般立式钻床,其中心高为 180 mm,

转盘直径有 ϕ250 mm、ϕ350 mm 等几种规格，其分度孔数可按需要镗出；另一类用于摇臂钻床。当联合使用专用夹具时，可增设一个支架，以提高夹具的刚度和稳定性。回转台的分度精度为±1′。

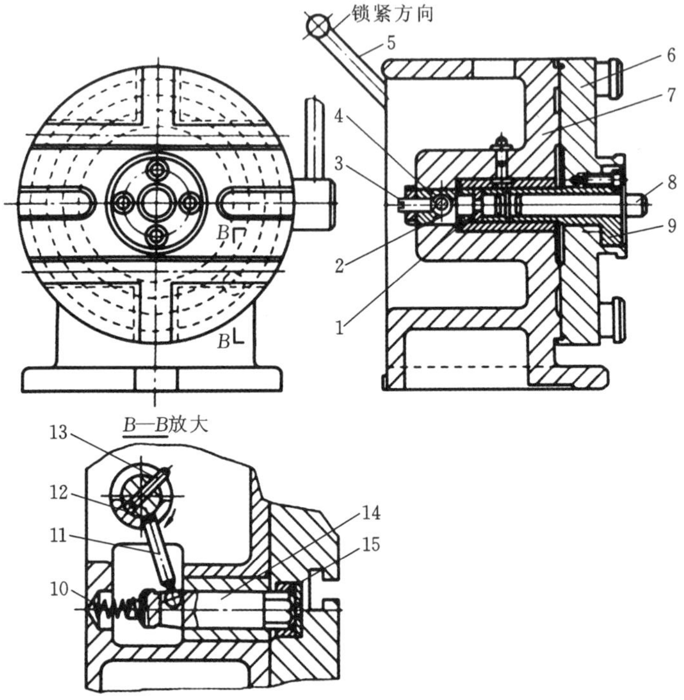

图 4.25　卧轴式通用回转台

1—半圆键；2—移动轴；3—螺钉；4—偏心轴；5—手柄；6—转盘；7—转台体；8—定位销；9—转轴；10—弹簧；11—拨杆；12—转动套；13—挡销；14—菱形销；15—分度衬套

4.3.2.5　提高分度精度的措施

提高分度精度的措施包括：

① 提高主要零件间的配合精度及其间的相互位置精度。一般对定销和衬套、导套孔的配合选用 H7/g6，分度盘相邻孔距公差≤0.06 mm；精密的分度装置相应精度分别为 H6/n5，分度盘相邻孔距公差≤0.03 mm；特别精密的分度装置应保证配合间隙 X_1、X_2≤0.01 mm，分度盘相邻孔距公差≤0.03 mm。

② 减小对定销与分度孔、导向孔间的配合间隙。如选用锥形对定销等。

③ 提高对定元件的制造精度。

④ 增大回转轴中心至分度盘衬套孔中心的距离。径向分度比轴向分度精度高，但这样必然使分度装置外形尺寸增大，应视结构而定。

⑤ 采用高精度分度对定结构。

4.3.3 精密分度

前面提及的各种分度装置都是以一个对定销依次对准分度盘上的销孔或槽口实现分度定位的，按照这种原理工作的分度装置的分度精度受到分度盘上销孔或槽口的等分误差的影响，较难达到更高精度。例如，对于航天飞行器中的控制和发信器件、遥感一遥测装置、雷达跟踪系统、天文仪器设备乃至一般数控机床和加工中心的转位刀架或分度工作台等，都需要非常精密的分度或转位部件，不用特殊手段是很难达到要求的。

(1) 端齿盘分度装置

① “误差平均效应”分度原理

端齿盘实际上相当于一对多齿的尖齿离合器的啮合。制造时工艺上需保证上齿盘的所有齿形与下齿盘相同。在图 4.26(a)所示的端齿盘局部啮合简图中，假设上齿盘为一齿，下齿盘的单个间距为 $A+\Delta_1$、$A+\Delta_2$、…，则分度误差为 Δ_1、Δ_2、…。若将上齿盘改为两齿，并由图 4.26(b)所示从Ⅰ至Ⅱ完成一个分度程序，则其单个分度间距为 $A+(A_1+\Delta_2)/2$，单个分度误差为 $A+(\Delta_1+\Delta_2)/2$。可见，在分度盘精度相同的条件下，齿盘实际分度误差为单个分度误差的平均值，即

$$\Delta\alpha = \frac{\sum\limits_{i=z}\Delta\alpha_i}{z}$$

式中 $\Delta\alpha_i$——单个分度误差，″；

z——端齿盘齿数。

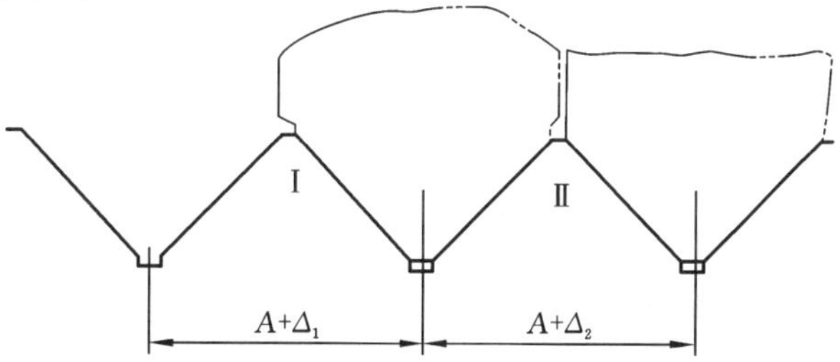

(a)

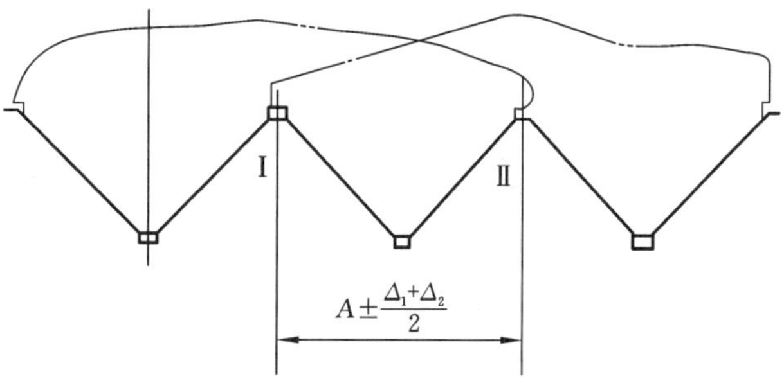

(b)

图 4.26 误差平均效应

(a)单齿啮合；(b)双齿啮合

② 端齿盘分度装置的结构及特点

图 4.27 所示为端面齿分度台，上齿盘 10 下面带有三角形端面齿，下齿盘 8 上也有同样的三角形端面齿，齿形如图 4.25$D—D$ 剖视图所示，两者齿数相同，互相咬合。根据要求齿数 z 可分为 240、300、360、480 等，分度台的最小分度值为$\frac{360°}{z}$。端齿盘的直径 D 由齿形大小和齿数确定。端齿盘齿形角 θ 取 60°和 90°两种。齿宽 B 一般按大端的齿顶宽表示，其尺寸要适当，如过宽，则易引起齿顶互碰。设计时可参考有关标准。为了保证齿宽方向良好的啮合，必须正确计算齿根角 β 和加工时分度盘的斜角 γ。

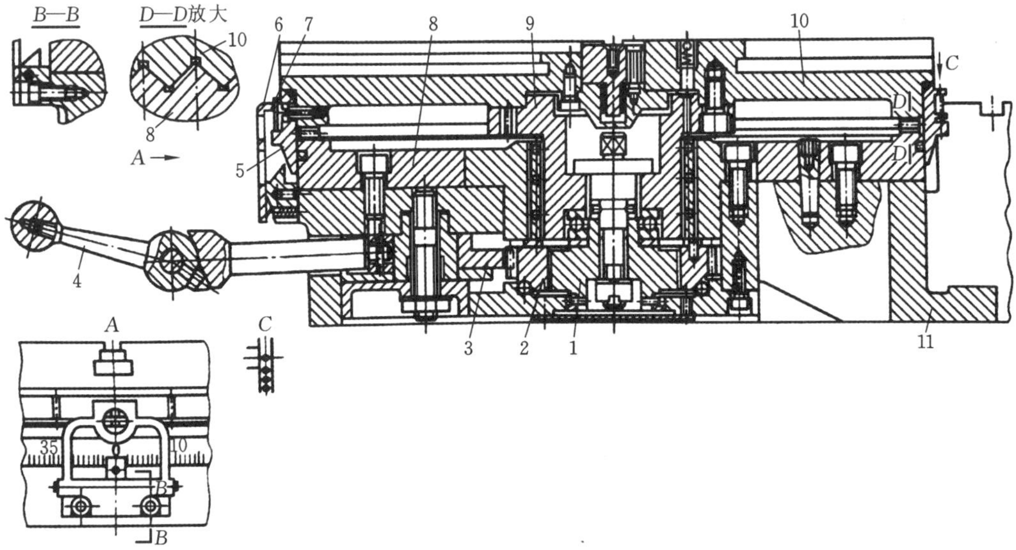

图 4.27　端齿盘分度装置

1—移动盘；2—齿轮；3—扇形齿轮；4—手柄；5—刻度盘；6—定位器；7—定位销；8—下齿盘；9—轴承内座圈；10—上齿盘；11—底座

下齿盘 8 用螺钉和圆锥销紧固在底座上，分度时将手柄 4 顺时针方向转动，带动扇形齿轮 3 和齿轮 2，齿轮 2 和移动盘 1 以螺纹连接，齿轮 2 转动，使移动盘 1 上升，将上齿盘 10 升起，使之与下齿盘 8 脱开，这时上齿盘 10 即可任意回转分度；转至所需位置后，将手柄反转，工作台下降，直至上齿盘的端面齿与下齿盘 8 的端面齿紧密咬合并锁紧。为了便于将工作台转到所需角度，可利用定位器 6 和定位销 7，使用时先按需要角度将定位销预先插入刻度盘 5 的相应小孔中，分度时就可用定位器根据插好的销实现预定位。因为上齿盘的端面齿与下齿盘的端面齿全部参加工作，各齿的不等分误差有正有负可以互相抵消，使误差得到均化，提高了分度精度。一般端面齿分度台的分度误差不大于 30″，高精度分度台误差不大于 5″。

端齿盘分度装置的特点如下：

a. 分度精度高，分度精度的重复性和持久性好。一般机械分度装置的精度随着分度装置的磨损将逐渐降低，但立式端齿盘在使用过程中却相当于上、下齿盘在连续不断地对研，因此使用越久，上、下齿盘的啮合越好，分度精度的重复性和持久性也就越好。

b. 分度范围大。端齿盘的齿数可任意确定，以适应各种分度需要。例如，齿数为360齿的端齿盘，最小分度值为1″。

c. 刚度好。上、下齿盘啮合无间隙且能自动定心，整个分度盘成为一个刚度良好的整体。

d. 结构紧凑，使用方便。

e. 端齿盘的加工工艺较复杂，制造成本较高。端齿盘对防尘和锁紧也有较高的要求。

(2) 钢球分度装置

图4.28(a)所示为钢球分度盘。这种分度装置同样利用误差均化原理，其工作原理如图4.28(b)所示，该装置的上下两个钢球盘分别用一圈相互挤紧的钢球代替上述端齿盘的端面齿。所用钢球的直径和几何形状的一致性、钢球分布的均匀性，对装置的分度精度和承载能力影响很大，须经严格挑选，其直径尺寸偏差及球的面轮廓度误差均应控制在0.3 μm以内。

这种分度装置的分度精度高，可达±1″，与端面齿分度装置相比较还具有结构简单、制造方便的优点，其缺点是承载能力较差，且随着负荷的增大，其分度精度将受到影响，因此，钢球分度装置只适用于负荷小、分度精度要求高的场合。

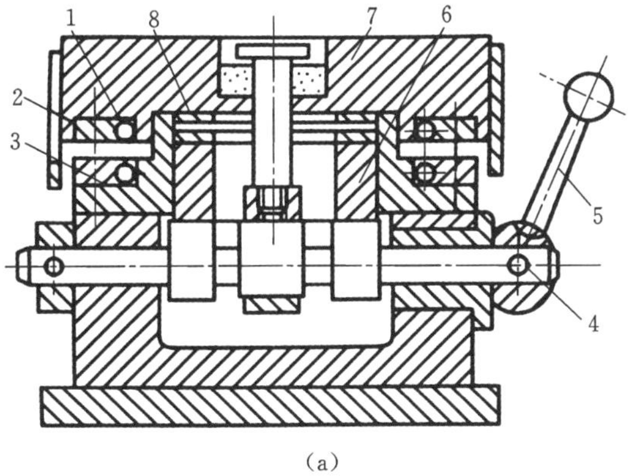

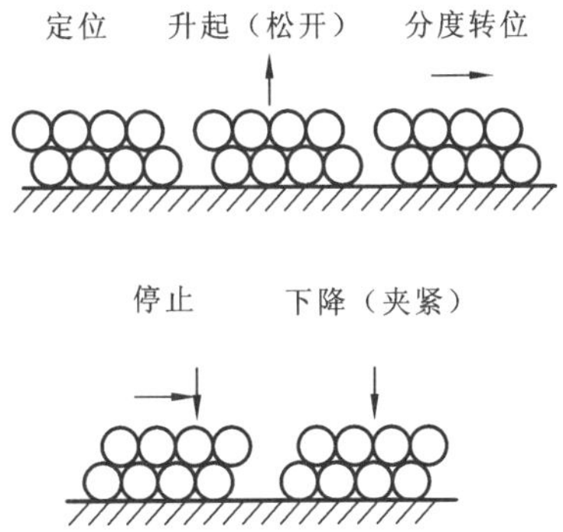

图4.28 钢球分度装置

1—钢球；2—上齿盘；3—下齿盘；4—偏心轴；5—手柄；6—套筒；7—工作台；8—止推轴承

本章小结

本章介绍了分度装置的结构及主要类型，分度装置的常用机构，包括对定机构、操纵机构、锁紧机构，以及通用回转工作台、精密分度装置等基本内容。学生通过学习，应掌握专用机床夹具分度装置的设计等相关知识，并巩固工件定位和夹紧等相关知识。

思考与练习

1. 何谓对刀？对刀方式有哪些？

2. 何谓分度装置？分度装置有哪些类型？
3. 径向分度与轴向分度各有何优缺点？
4. 通用回转台的规格有哪些？它们的应用范围是什么？
5. 为什么端齿盘可以获得较高的分度精度？

5 典型夹具

【教学目标与要求】

本章主要介绍典型夹具的四个类型，分别阐述钻床夹具、铣床夹具、车床夹具以及镗床夹具的基本概念、夹具特点、夹具的分类，并结合实例进行分析，讲解如何进行夹具的选择以及各夹具的设计要点，最终完成夹具的设计。

通过本章的学习，应达到以下目标：

(1) 熟悉典型夹具的基本概念、特点以及分类；

(2) 掌握典型夹具的设计方法；

(3) 学会典型夹具的选取；

(4) 学会在不同情况下典型夹具的选取与设计。

5.1 钻床夹具

5.1.1 钻床夹具的类型与特点的分析

(1) 钻床夹具的概念

通常情况下，在钻床(图 5.1)上进行孔的钻、扩、铰、锪及攻螺纹等加工时所用到的夹具，称为钻床夹具，俗称为钻模。

(2) 钻床夹具的特点

夹具连接在工作台上，由麻花钻进行切削形成内圆柱表面。

钻削过程中，麻花钻中心、钻套中心和被加工零件的圆的中心，三者相互关联，在同一条直线上，同时中心线与工作台保持垂直位置。

钻削的切削成形运动如图 5.2 所示。

(3) 钻床夹具的主要类型

钻床夹具可以分成六大类型，主要是回转式钻床夹具、固定式钻床夹具、盖板式钻床夹具、滑柱式钻床夹具、翻转式钻床夹具和移动式钻床夹具，每一种钻床夹具都各有特点，适合不同零件、不同场合下的夹紧。

图 5.1 钻床

(a)台式钻床;(b)摇臂钻床;(c)立式钻床;(d)卧式钻床

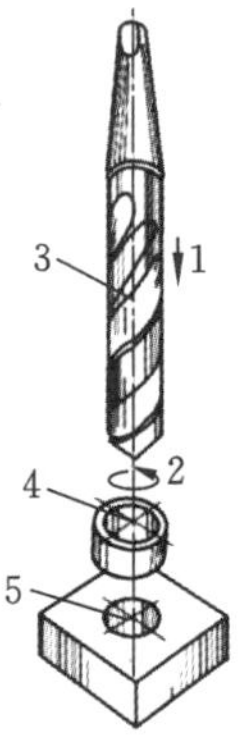

图 5.2 钻削的切削成形运动

1—麻花钻的直线进给运动,为切削成形运动;2—麻花钻回转运动,为主切削形成运动;
3—麻花钻中心;4—钻套中心;5—被加工圆中心

① 回转式钻床夹具

带有回转式分度装置的钻床夹具称为回转式钻床夹具,它用于加工同一圆周上的平行孔系,或分布在圆周上的径向孔。回转式钻床夹具主要包括立轴回转、卧轴回转和斜轴回转三种基本形式。

图 5.3 所示为立轴回转式钻床夹具的示例,主要用于加工圆周上分布的径向孔,由夹具

体 1 将夹具固定在工作台上，再由转轴 11 和其他部件将工件固定在钻床夹具上，由转盘 6 进行转动，实现多个孔位的钻削加工。在钻削加工中由于回转台已经标准化，所以回转式钻床夹具的设计，在一般情况下是设计专用的工作夹具和标准回转台联合使用。

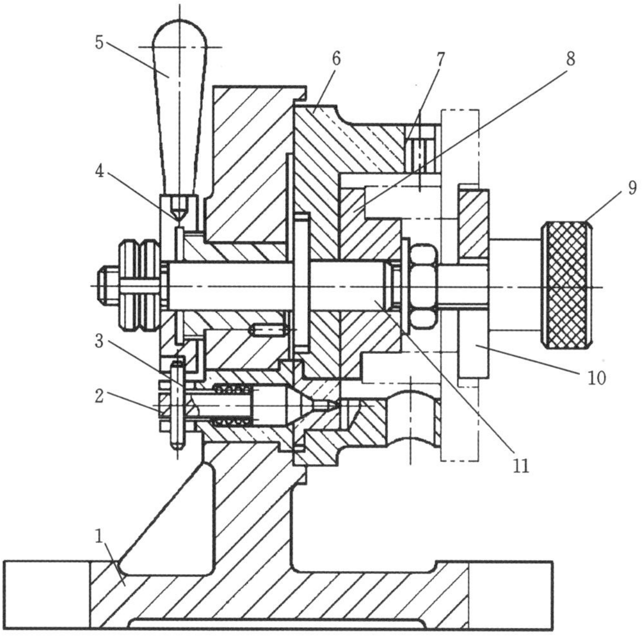

图 5.3 立轴回转式钻床夹具

1—夹具体；2—对定销；3—横销；4—螺套；5—手柄；6—转盘；
7—钻套；8—定位键；9—滚花螺母；10—开口垫圈；11—转轴

② 固定式钻床夹具

固定式钻床夹具通常是固定在钻床的工作台上，使工作台与钻床夹具形成一个整体，此类钻床夹具常用于立式钻床上加工较大的单孔，或在摇臂钻床上加工平行孔系，钻孔的精度较高。固定式钻床夹具如图 5.4 所示。

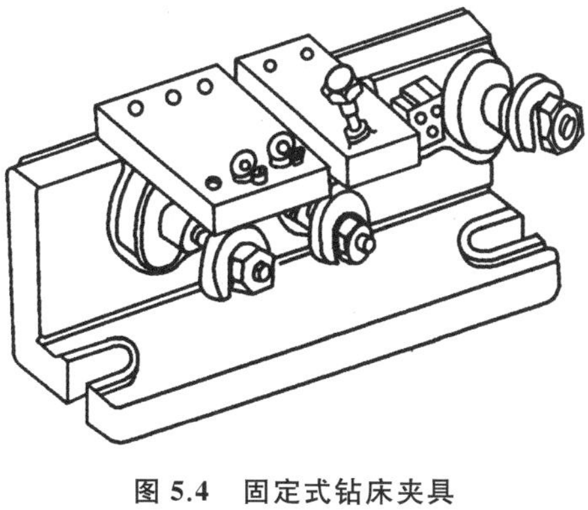

图 5.4 固定式钻床夹具

③ 盖板式钻床夹具

盖板式钻床夹具是为加工主轴箱上的孔系而设计的。这种钻床夹具的特点就是没有夹具体，所以在使用盖板式钻床夹具时，就像杯子的盖子一样，将盖板盖在工件上，定位元件、夹紧装置都安装在钻模板上。盖板式钻床夹具如图 5.5 所示。

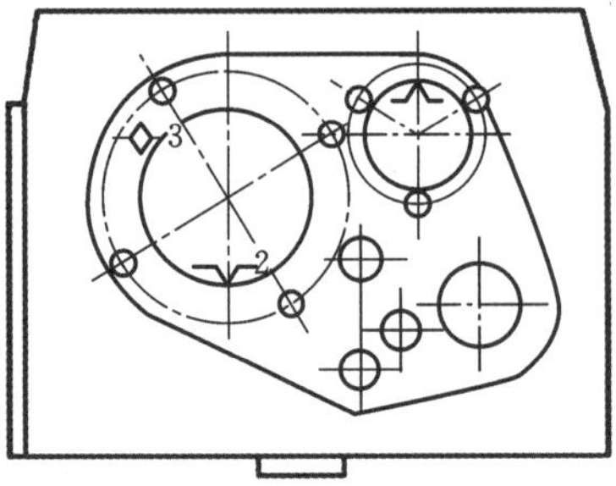

(a)

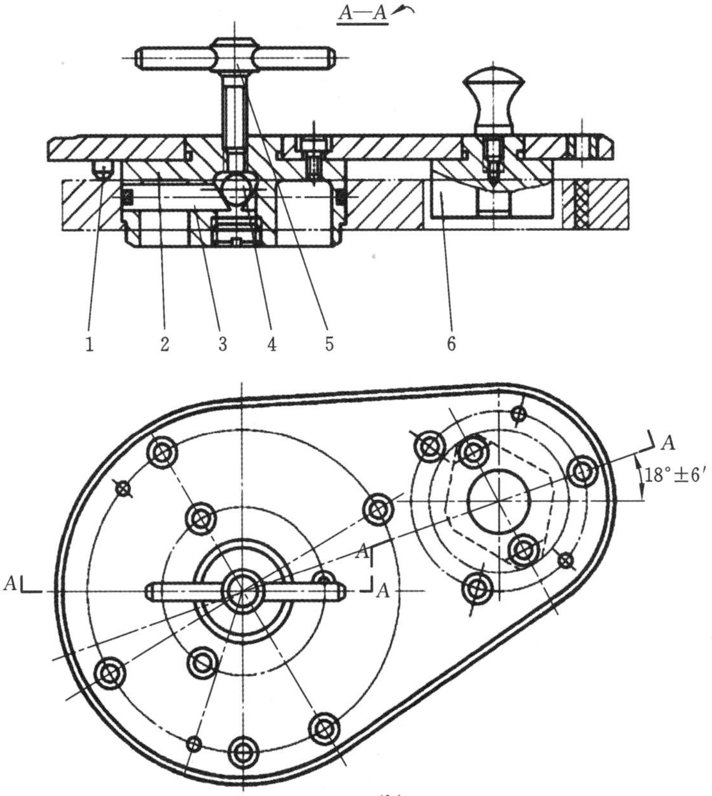

(b)

图 5.5　盖板式钻床夹具

1—支承钉；2—圆柱销；3—柱塞；4—钢球；5—螺杆；6—菱形定位销

④ 滑柱式钻床夹具

滑柱式钻床夹具是带有升降钻模板的通用的、可调的夹具。该钻床夹具的钻模板与钻模本体通过两个导柱来确定相互位置，通过圆柱斜齿轮和斜齿轮条来传递运动，圆柱斜齿轮轴上设计有两相反方向圆锥体，用于夹紧、松开工件时钻模板的锁紧，通过垫圈可调整锁紧间隙。滑柱式钻床夹具如图 5.6 所示。

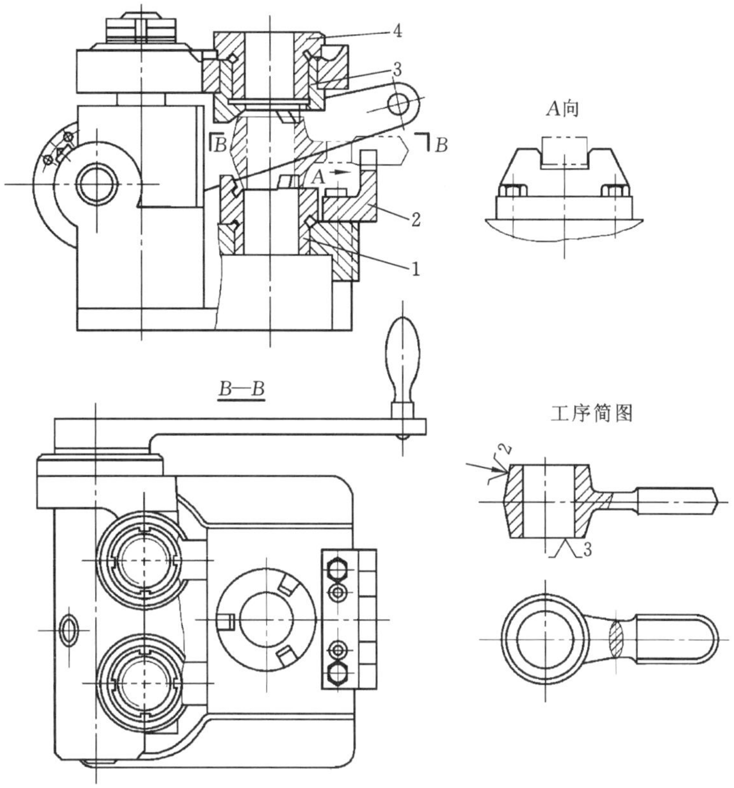

图 5.6 滑柱式钻床夹具

1—支承;2—防转定位支架;3—定心夹紧套;4—钻套

⑤ 翻转式钻床夹具

翻转式钻床夹具主要用于加工中、小型工件分布在不同表面上的孔。

如图 5.7(a)所示为需要加工的工件,需要加工的孔是套管上的六个径向的孔,因为六个径向孔不在同一表面上,所以此时需要使用翻转式钻床模具来进行加工六个孔。

如图 5.7(b)所示为翻转式钻床夹具,工件在夹具体上用定位键 2 定位,而后通过螺杆 4、开口垫圈 3 及手轮 5 将工件夹紧。钻完一组孔后,工件需要翻转 60°,钻另外一组孔。

此类翻转式钻床夹具的结构比较简单,但每次钻孔都须找正钻套相对钻头的位置,所以辅助时间较长,而且,翻转时比较费力。因此,翻转式钻床夹具在设计时连同工件的总质量不能太重,所需要加工的批量也不宜过大。所以此类夹具适合于中小型零件的小批量生产。

⑥ 移动式钻床夹具

移动式钻床夹具主要应用于钻削中、小型工件分布在不同表面上的孔或者孔系。

图 5.8(a)所示工件为需要加工的零件,主要加工连杆大、小头上的孔。工件以端面及大、小头圆弧面作定位基准,加工零件上直径为 6.5 mm 和直径为 10 mm 的孔,但因两个孔不在同一平面上,所以需要用到移动式钻床夹具进行两个孔的加工。

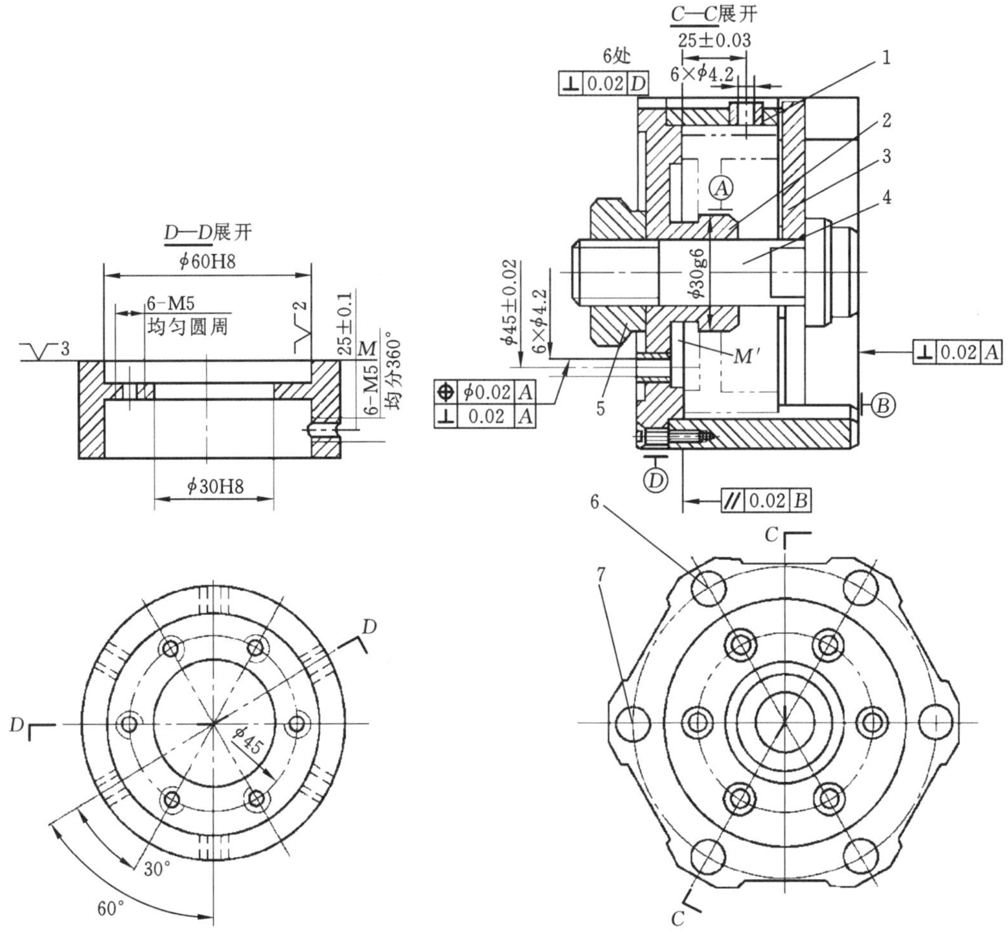

(a)　　　　　　　　(b)

图 5.7　工件及翻转式钻床夹具

(a)工件；(b)翻转式钻床夹具

1—夹具体；2—定位键；3—开口垫圈；4—螺杆；5—手轮；6—销；7—沉头螺钉

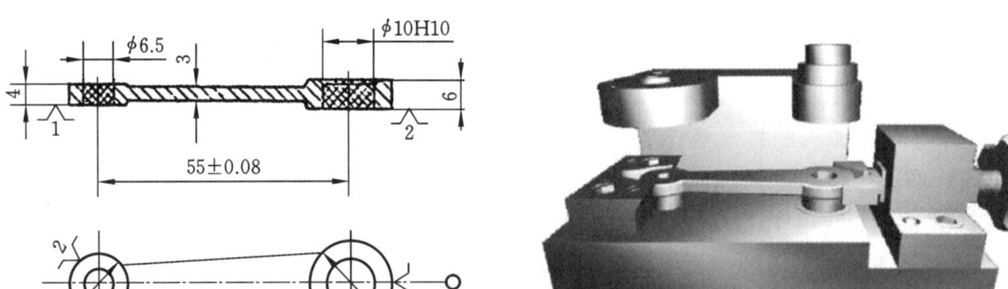

(a)　　　　　　　　(b)

图 5.8　工件及钻床夹具三维图

(a)工件；(b)钻床夹具三维图

图 5.8(b)所示为所使用到的移动式钻床夹具的三维示意图,图中中间横放的小零件是需要加工的零件。

图 5.9 所示为移动式钻床夹具二维图。

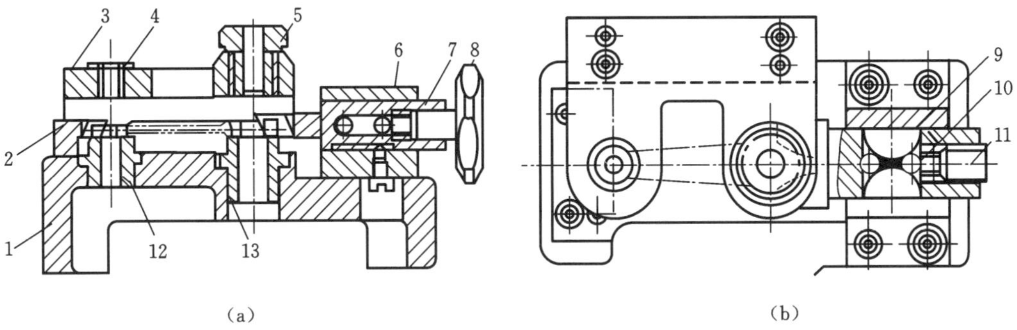

图 5.9 移动式钻床夹具二维图

(a)剖视图;(b)俯视图

1—夹具体;2—固定 V 形块;3—钻模板;4,5—钻套;6—支座;7—活动 V 形块;8—手轮;9—半圆键;10—钢球;11—螺钉;12,13—定位套

因图 5.8(a)工件中两个孔的位置高度不同,所以需要使用图 5.9(a)移动式钻床夹具中的 12 和 13 两个不同高度的定位套,从而实现使所需要加工的两个孔的上表面达到共面的效果,再通过钻套 4、5 的导向作用,从而实现两个孔的加工。在钻削加工前,由固定 V 形块 2 和活动 V 形块 7,以及定位套 12、13,来限制工件的多个自由度,最终通过手轮 8 转动锁紧,从而使工件紧固不可移动,钻头通过钻套 4 和 5 的导向进行钻削加工,完成孔及孔系的加工。

(4) 钻床夹具类型的选择

① 在立式钻床上加工直径小于 10 mm 的小孔或孔系、钻模质量小于 15 kg 时,一般采用移动式钻床夹具。

② 被钻孔直径大于 10 mm 或加工精度要求高时,宜采用固定式钻床夹具。

③ 翻转式钻床夹具适用于加工中、小型工件,包括工件在内所产生的总重力不宜超过 100 N。

④ 对于孔的垂直度和孔距要求不高的中、小型工件,有条件时宜优先采用滑柱式钻床夹具。

⑤ 对于钻模板和夹具体为焊接式的钻床夹具,因焊接应力不能彻底消除,精度不能长期保持,故一般在工件孔距公差要求不高(大于±0.1 mm)时才采用。

⑥ 床身、箱体等大型工件上的小孔的加工一般采用盖板式钻床夹具。

⑦ 当加工分布不在同心圆周上的平行孔系时,如工件与夹具所产生的总重力超过 150 N,宜采用固定式钻床夹具在摇臂钻床上加工。如生产批量大,则可在立式钻床上采用多轴传动头加工。

5.1.2 钻床夹具设计要点

(1) 钻套的设计

钻套是安装在钻模板或夹具体上的元件，其作用是用来确定工件上被加工孔的位置，引导刀具进行加工，并提高刀具在加工过程中的刚性和防止加工中的振动。

① 钻套的类型

钻套的类型，大体可以分为两大类，一是标准钻套，二是特殊钻套。在标准钻套中，又可以分为三个类别，主要是固定钻套、可换钻套以及快换钻套，而在固定钻套中，又可将其分为A型固定钻套和B型固定钻套。钻套的类型如图5.10所示。

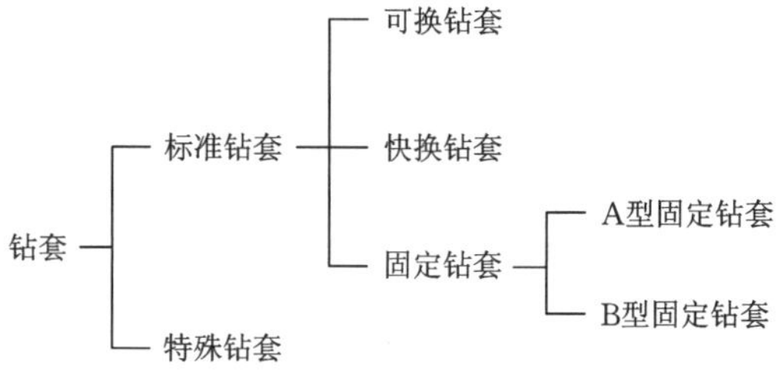

图5.10 钻套的类型

固定钻套结构简单，钻孔精度高，适用于单一钻孔工序和小批生产。

当进行单一钻孔加工工件的大批量生产时，为便于更换磨损的钻套，通常选用可换钻套。在钻套和钻模板或夹具体之间，还有一个零件，称之为衬套，钻套与衬套之间采用F7/m6或F7/k6配合，衬套与钻模板之间采用H7/n6配合。当钻套磨损后，可卸下旁边的锁紧螺钉，更换新的钻套。锁紧螺钉能防止加工时钻套转动，或退刀时随刀具拔出。

当工件需要钻、扩、铰等多工步加工时，为能快速更换不同孔径的钻套，应选用快换钻套。快换钻套的有关配合与可换钻套相同。更换钻套时，将钻套削边转至螺钉外，即可取出钻套。快换钻套在设计时，削边的方向应考虑刀具的旋向，以免钻套随刀具自行拔出。可换钻套没有削边，快换钻套含有削边。

因工件的形状或被加工孔的位置需要而不能使用标准钻套时，需自行设计钻套，此种钻套称为特殊钻套。

图5.11(a)所示为加长钻套，在加工凹面上的孔时使用。为减少刀具与钻套的摩擦，可将钻套引导高度 H 以上的孔径放大。

图5.11(b)所示为斜面钻套，用于在斜面或圆弧面上钻孔，排屑空间的高度 $h<0.5$ mm，此时应该考虑的主要问题是钻头的偏移以及折断，可以通过增加钻头的刚度，来避免钻头的偏移或折断。

图5.11(c)所示为小孔距钻套，用最右侧的圆销确定钻套位置，从而实现两个或多个相距很近的孔的加工。

图5.11(d)所示为兼有定位与夹紧功能的钻套，在钻套与衬套之间，一段为圆柱间隙配合，一段为螺纹连接，钻套下端为内锥面，可以使工件的外锥面与其配合定位，从而达到加工

的效果。

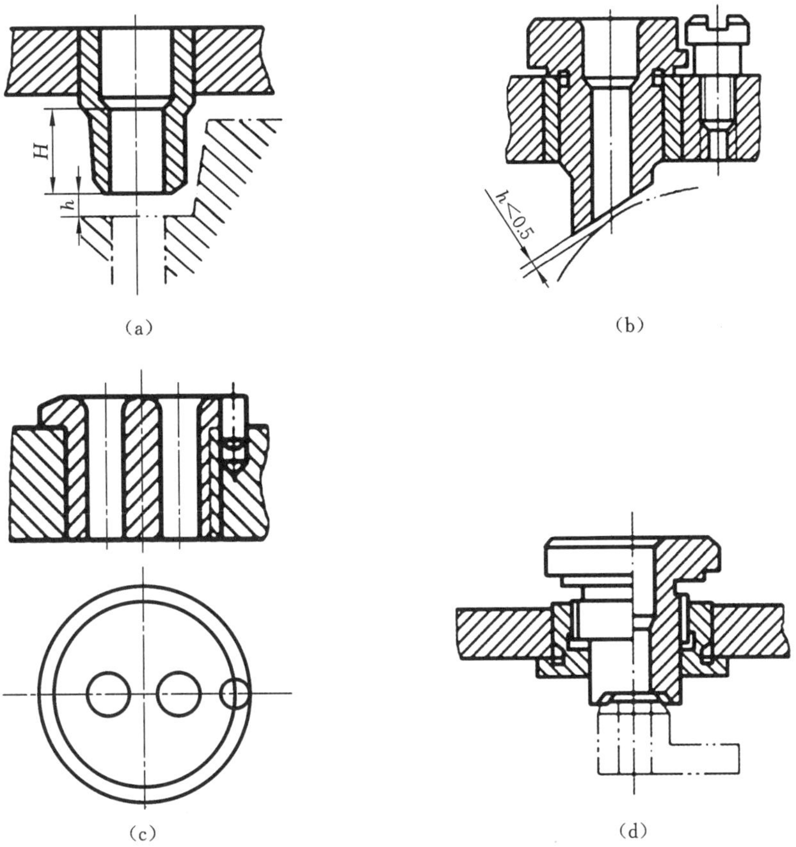

图 5.11 特殊钻套

(a)加长钻套;(b)斜面钻套;(c)小孔距钻套;(d)可定位、夹紧钻套

② 钻套的尺寸、公差

设计钻床夹具时,在选定钻套的结构类型后,需确定钻套的内孔尺寸、公差及其他有关尺寸,一般钻套导向孔的基本尺寸取刀具的最大极限尺寸,钻套配合以基轴制选取。

一般钻套导向孔的公称尺寸取刀具的上极限尺寸,采用基轴制间隙配合。钻孔时其公差取 F7 或 F8,粗铰孔时公差取 G7,精铰孔时公差取 G6。若刀具用圆柱部分导向(如接长的扩孔钻、铰刀等)时,可采用 H7/f7(g6)配合。

钻套公差带选取见表 5-1。

表 5-1 钻套公差带选取

类型	公称尺寸	钻孔时钻套公差带	扩孔时钻套公差带	铰孔时钻套公差带
一般情况	$D_{刀具max}$	F7 或 F8	F7 或 F8	G7 或 G6
加工孔为基准孔	$D_{加工孔}$	F7 或 F8	F7 或 F8	F7 或 E7

除了配合尺寸,还要选取钻套的导向高度 H。

钻套高度(H)是指钻套导引孔的有效高度,如图 5.12 所示。钻套的有效高度 H 增大时,则导向性能好,刀具刚度提高,加工精度高,但是钻套与刀具的磨损也会相应加剧。钻套的有效高度一般取 $H=(1\sim2.5)d$(其中,d 为钻套孔径),对于加工精度要求较高的孔,或被加工孔较小,其钻头刚度较差时,这个钻套的有效高度 H 应取较大值,反之取较小值。

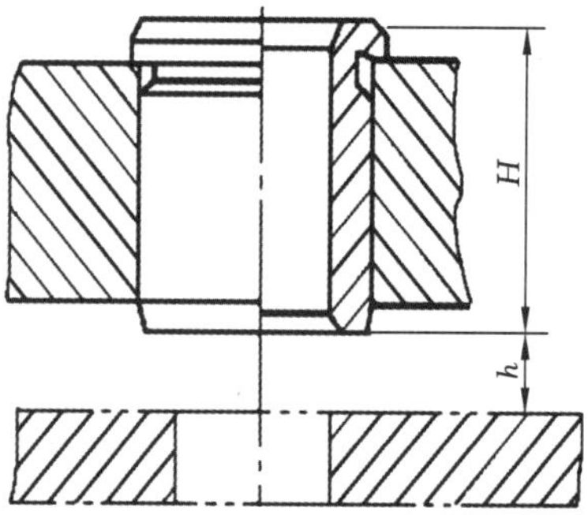

图 5.12　钻套高度

钻套的有效高度 H 设计,也同时影响着其排屑空间的大小,这个排屑空间 h,是指钻套底部与工件表面之间的空间。增大排屑空间的 h 值,排屑方便,但刀具的刚度和孔的加工精度都会降低。

所以在钻削易排屑的铸铁时,常取排屑空间 $h=(0.3\sim0.7)d$;钻削较难排屑的钢件时,常取 $h=(0.7\sim1.5)d$。工件精度要求高时,可取 $h=0$,使切屑全部从钻套中排出。

③ 钻套的材料

关于钻套材料的选取,我们可以参考《夹具设计手册》,大体上可以分成两种情况进行选取:

a. 当钻套孔径 $d\leqslant26$ mm 时,用 T10A 钢制造,热处理硬度为 HRC58～64。

b. 当钻套孔径 $d>26$ mm 时,用 20 钢制造,渗碳深度为 0.8～1.2 mm,热处理硬度为 HRC58～64。

(2) 钻模板的设计

钻模板是一种用于定位和导向钻套的工具,能够增强钻床夹具的稳定性和安全性。

① 钻模板设计要点

a. 钻模板上安装钻套的孔之间及孔与定位元件的位置应有足够的精度。

b. 钻模板应具有足够的刚度,以保证钻套位置的准确性,但又不能设计得太厚太重。注意布置加强肋以提高钻模板的刚度。钻模板一般不应承受夹紧反力。

c. 为保证加工的稳定性,悬挂式钻模板导杆上的弹簧力必须足够,以便钻模板在夹具上能够维持足够的定位压力。

② 钻模板的类型

钻模板通常装配在夹具体或支架上,或与夹具上的其他元件相连接。通常情况下,可以将其分成以下四类:固定式钻模板、铰链式钻模板、可卸式钻模板、悬挂式钻模板。

a. 固定式钻模板:固定在夹具上的钻模板称为固定式钻模板。钻模板和夹具体或支架一般采用两个圆锥销和螺钉装配连接进行固定;对于简单的结构也可采用整体的铸造或焊接结构。固定式钻模板如图 5.13 所示。

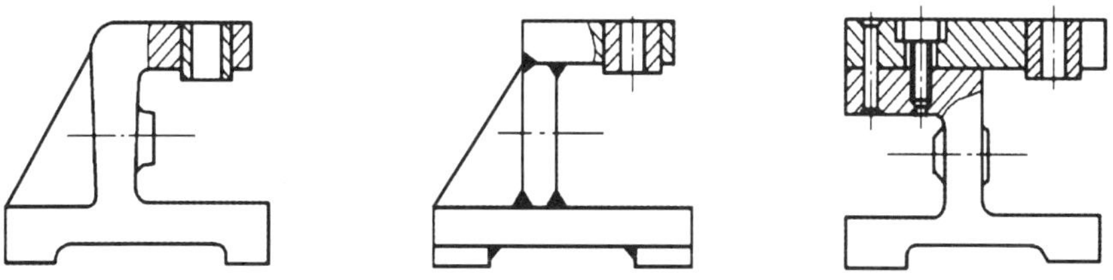

(a)　　　　(b)　　　　(c)

图 5.13　固定式钻模板

(a)铸造成一体;(b)焊接成一体;(c)用螺钉和销钉连接

图 5.13(a)所示为整体铸造成一体的固定式钻模板。图 5.13(b)所示为焊接成一体的钻模板。图 5.13(c)所示为用螺钉和销钉连接配合的钻模板,此类钻模板可在装配时调整位置,钻孔精度较高,因而使用较广泛,但要注意不可妨碍工件的装卸。

b. 铰链式钻模板:当钻模板妨碍工件装卸或钻孔后需攻螺纹时,可采用铰链式钻模板。

如图 5.14 所示的铰链式钻模板,铰链销与钻模板的销孔采用 G7/h6 配合,与铰链座的销孔采用 N7/h6 配合。钻模板与铰链座凹槽一般采用 H8/g7 配合,精度要求高时应配制,控制 0.01～0.02 mm 的间隙。钻套导向孔与夹具安装面的垂直度,可通过调整垫片或修磨支承件的高度予以保证。加工时,钻模板需用菱形螺母或其他方法予以锁紧。由于铰链销孔之间存在配合间隙,其加工精度比采用固定式钻模板低。

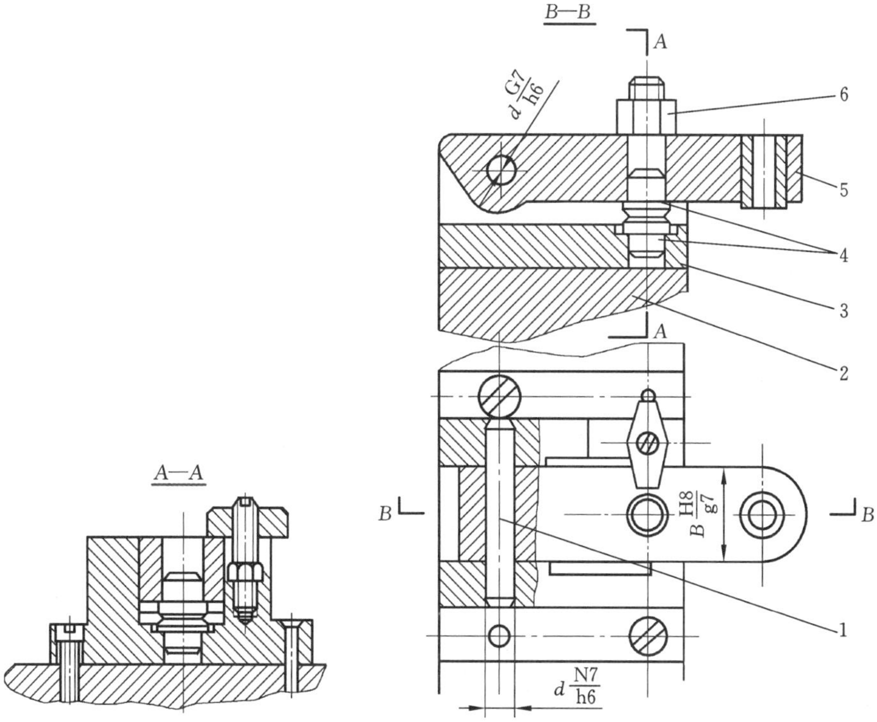

图 5.14　铰链式钻模板

1—铰链销;2—夹具体;3—铰链座;4—支承钉;5—钻模板;6—菱形销

c. 可卸式钻模板：可卸式钻模板是指钻模板与夹具体分离，钻模板在工件上定位，并与工件一起装卸。使用这类钻模板时，装卸较费力，且位置精度低，故当其他钻模板不便于装夹工件时才采用可卸式钻模板。

如图 5.15 所示，可卸式钻模板以两孔在夹具体上的圆柱销 3 和菱形销 4 上定位，并用铰链螺栓将钻模板和工件一起夹紧。加工完毕须将钻模板卸下，才能装卸工件。

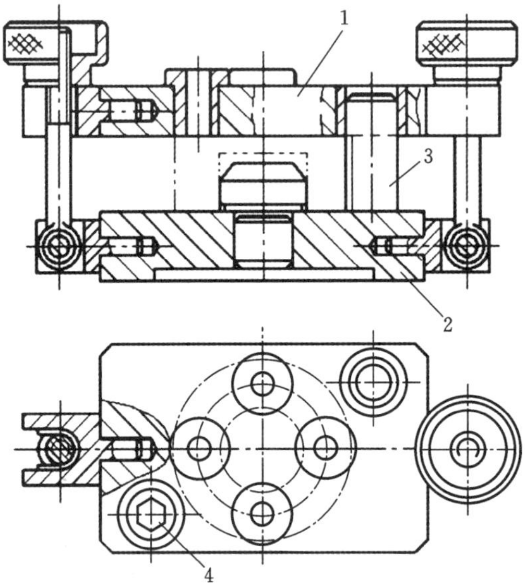

图 5.15　可卸式钻模板

1—钻模板；2—夹具体；3—圆柱销；4—菱形销

d. 悬挂式钻模板：在立式钻床上采用多轴传动头进行平行孔系加工时，所用的钻模板就连接在机床主轴的传动箱上，并随机床主轴上下移动而靠近或离开工件。

图 5.16 所示为悬挂式钻模板。工件以外圆 ϕ110 mm 和端面在定位套中定位。传动头以锥柄和机床主轴连接，并用楔铁夹紧。

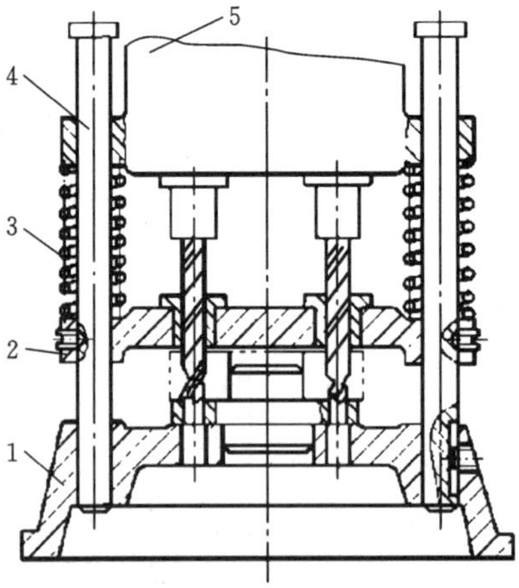

图 5.16　悬挂式钻模板

1—底座；2—钻模板；3—弹簧；4—导向滑柱；5—横梁

5.1.3 钻床夹具图纸的绘制

(1) 图纸绘制方式

钻床夹具图纸的绘制，通常有三种绘制方法，一是手工绘制，由人手工完成，二是 CAD 二维图纸的绘制，三是 SolidWorks 三维图纸的绘制，如图 5.17 所示。

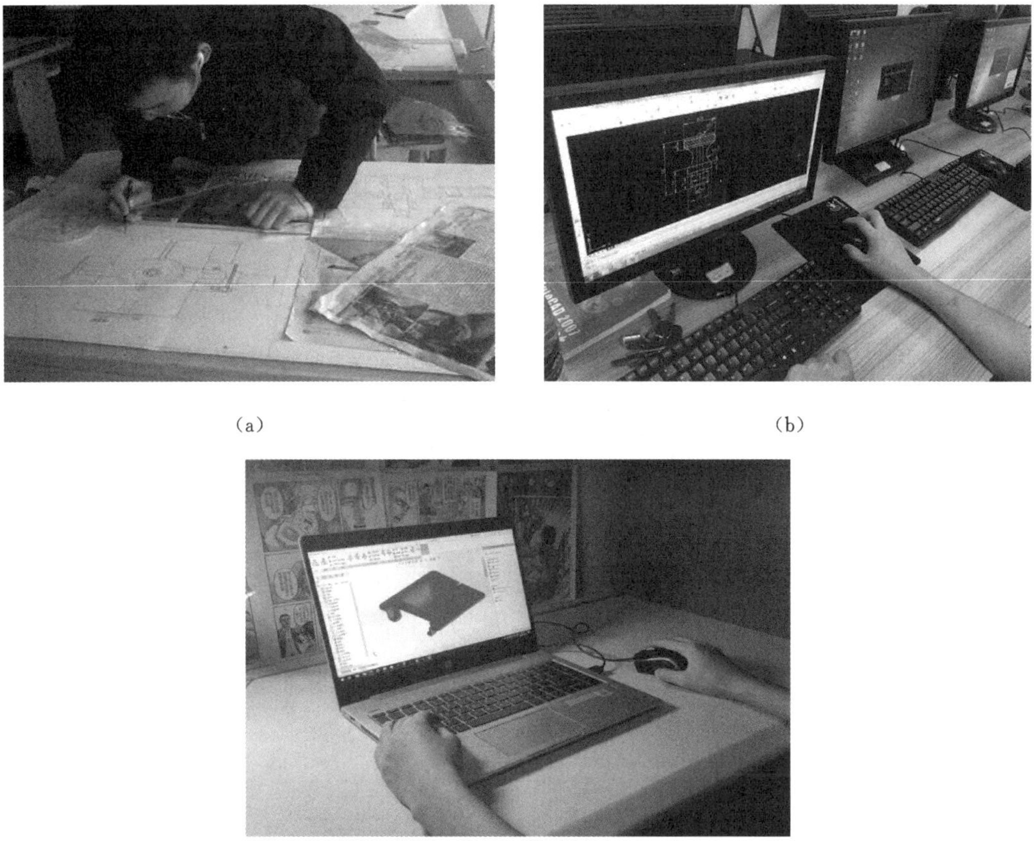

(a)　　(b)

(c)

图 5.17　图纸绘制方式

(a)手工画图；(b)CAD 画图；(c)SolidWorks 画图

(2) 装配图的绘制要求

在图纸的绘制过程中，我们要遵循以下几种要求：

① 图样绘制应符合国家制图要求：制图必须合乎标准，尤其对于一些常用简化画法、标准件的画法及有关制图方面的最新标准，应严格遵守执行。

② 尽量采用 1∶1 的绘图比例：用 1∶1 的绘图比例，可使较为复杂的结构设计具有较好的直观性，也为直接绘制图样和后阶段拆画零件提供方便。

③ 主视图选择应合理：视图安排，以能清楚地表达结构、装配关系为原则，并留出零件明细表、标题栏和装配技术要求的空间位置，主视图一般按照夹具的安装方向，选择面向操

作者的视图，或最能反映内部装配结构、动作原理的方向绘制。

5.2 车床夹具

5.2.1 车床夹具的类型与特点的分析

(1) 车床夹具的简介

车床上用来加工工件的内、外回转面及端面时所用到的夹具称为车床夹具。如图 5.18(a)所示为普通车床，而车床夹具多数安装在车床主轴上，少数安装在车床的床鞍或床身上。

安装在车床主轴上的夹具，除了各种卡盘、花盘、顶尖等通用夹具或机床附件外，还可根据加工需要设计各种心轴或其他专用夹具，加工时夹具随同机床主轴一起旋转，刀具做进给运动。

对于某些形状不规则和尺寸较大的工件，常常把夹具安装在车床床鞍上。刀具安装在车床主轴上做旋转运动，夹具做进给运动。

(a)　　(b)

图 5.18　车床

(a)普通车床；(b)数控车床

(2) 车床夹具的特点

车床夹具，通常是指卧式车床的车床夹具。它的特点是夹具连接在车床的主轴上，随主轴的回转，构成切削成形运动，以加工旋转几何体表面。如果是完成一圆柱孔的车削，就包含了工件的回转和刀具的直线进给两个切削成形运动。

如图 5.19 所示为车削的切削成形运动，它包含了工件的回转和刀具的直线进给两个切削成形运动。这两个切削成形运动是由车床来提供的。明确这点至关重要。在车削过程中，车床主轴中心、夹具中心和车削生成的圆柱面中心，三者相关联，这是车床夹具的重要特征。设计时要妥善处理好三者的关系，以满足加工精度的要求。

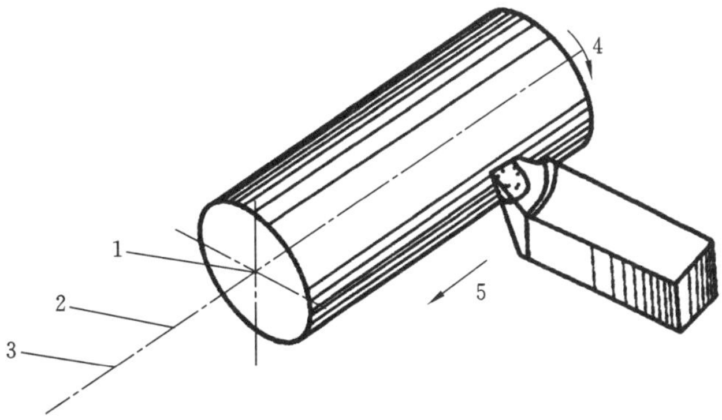

图 5.19 车削的切削成形运动

1—被加工外圆柱面的中心;2—夹具的中心;3—车床主轴中心;

4—工件的旋转运动为主切削;5—车刀的纵向进给

(3) 车床夹具的类型

车床夹具大体可以分成五个大类,分别是角铁式车床夹具,圆盘式车床夹具,心轴式车床夹具,卡盘式车床夹具和特种用途车床组合夹具。

① 角铁式车床夹具

角铁式车床夹具主要用于复杂零件的加工当中。其特点是夹具体为角铁形,而工件装夹在角铁面上。角铁面与夹具中心轴线相平行,如果工件的主要定位基准是平面,那么夹具就能满足加工面的中心距尺寸要求。

这类角铁式车床夹具可装夹泵体、接头、壳体、小型箱体、支架、杠杆、三通管、轴座等复杂零件。

图 5.20(a)所示为需要加工的零件。图 5.20(b)所示为夹具体装夹零件的三维图。图 5.20(c)所示为夹具体装夹零件的二维图,可以发现,定位销 1 主要是固定工件 5 和支承板 3,夹具体 2、压块 4,与支承板 3 形成夹紧状态,而平衡块 6 主要是为了增加配重,使整体处在中间轴线上。

② 圆盘式车床夹具

圆盘式车床夹具的夹具体为圆盘形。工件装夹在车床夹具的端平面上,端平面与夹具的中心轴线相互垂直。如果工件的主要定位基准为平面,则夹具就能满足加工圆柱面中心对平面的垂直度公差要求。这类圆盘式车床夹具常用于连杆、盖板、拨叉等复杂零件的加工中。

图 5.21(a)所示为加工回水盘的圆盘式车床夹具的工序简图,加工要求是:两螺纹孔的中心距为(78±0.3) mm,两螺纹中心连线与 $2\times\phi9H9$ 孔中心连线之间的夹角为 45°。工件采用两孔一面定位,并用分度方法加工 2 个 G1 螺纹孔。

图 5.21(b)所示为用于加工回水盘的圆盘式车床夹具结构图。定位元件是定位销 7、菱形定位销 6 和分度盘 3。与定位有关的联系尺寸是 $\phi9f9$、$\phi9f7$、(142±0.06) mm、(71±0.05) mm,与分度有关的尺寸为(39±0.05) mm。工件用螺旋压板夹紧机构 10 夹紧。此夹

具设计的难点是分度机构的结构设计，转动部分尺寸 $\phi128H7/h6$ 采用较小的间隙配合，在夹具体上开有 T 形槽，以便用 T 形螺钉锁紧分度盘。

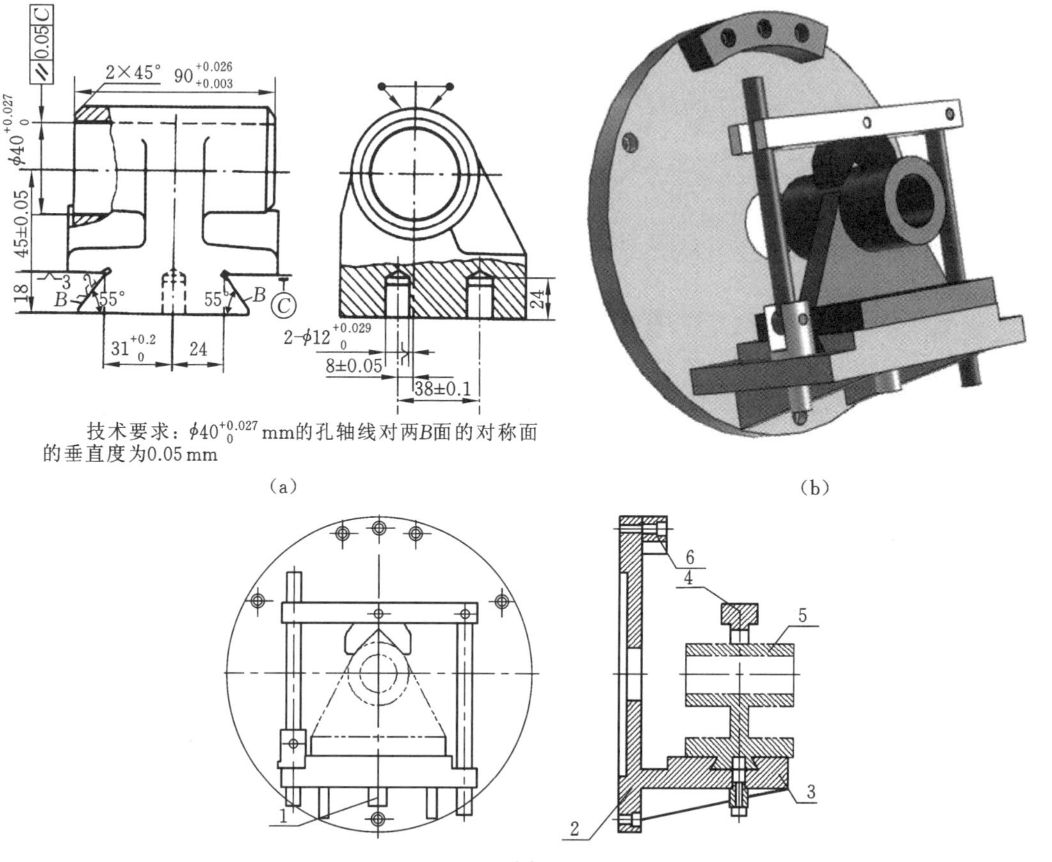

图 5.20　角铁式车床夹具

(a)工件；(b)夹具三维装配图；(c)夹具二维图

1—定位销；2—夹具体；3—支承板；4—压块；5—工件；6—平衡块

③ 心轴式车床夹具

心轴式车床夹具常用于套类、盘类零件的加工中。工件以内孔为主要定位基准定位，加工外圆，满足内、外圆同轴度公差要求。心轴的定位表面根据工件定位基准的形状、精度及工序的加工要求，可以设计成圆柱面、圆锥面、花键、螺纹等形状。车床心轴的结构有圆柱心轴、弹簧套心轴、液性塑料心轴、顶尖式心轴、波纹套心轴等多种。

图 5.22(a)所示是加工飞球保持架的工序图，图 5.22(b)所示是加工飞球保持架的心轴，心轴的连接表面为中心孔，与机床的两顶尖相连接。

对于回转体工件或以回转体表面定位的工件可以采用定心夹紧机构。常见的有弹簧心轴、顶尖式心轴、液性介质弹性心轴等。

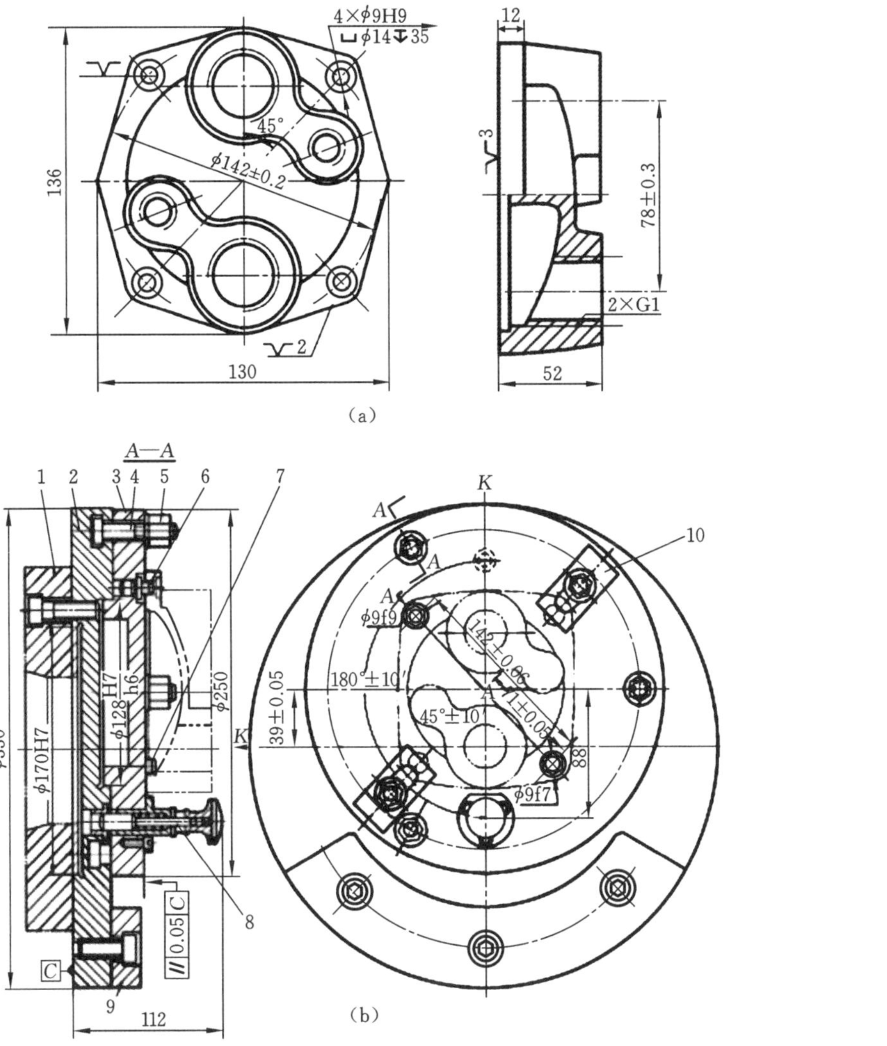

图 5.21　圆盘式车床夹具

(a)加工回水盘的圆盘式车床夹具工序简图;(b)圆盘式车床夹具结构图

1—过渡盘;2—夹具体;3—分度盘;4—T 形螺钉;5—螺母;6—菱形定位销;

7—定位销;8—分度对定机构;9—平衡块;10—螺旋压板夹紧机构

图 5.22(c)所示是弹簧心轴车床夹具。转动螺母 4,锥体 1、锥套 3 相向移动,使弹簧筒夹 5 外胀夹紧工件。

④ 卡盘式车床夹具

卡盘式车床夹具是用以代替三爪自定心卡盘,装夹一些三爪自定心卡盘无法装夹的零件。

常见的是两爪自定心卡盘,采用左右螺杆使两个滑块作等速定心移动,滑块上装着可换的卡爪,即可定心夹紧工件。按工件的形状设计制造相应的卡爪,可更换使用,故夹具的通用性较强,扩大了车床加工零件的范围。

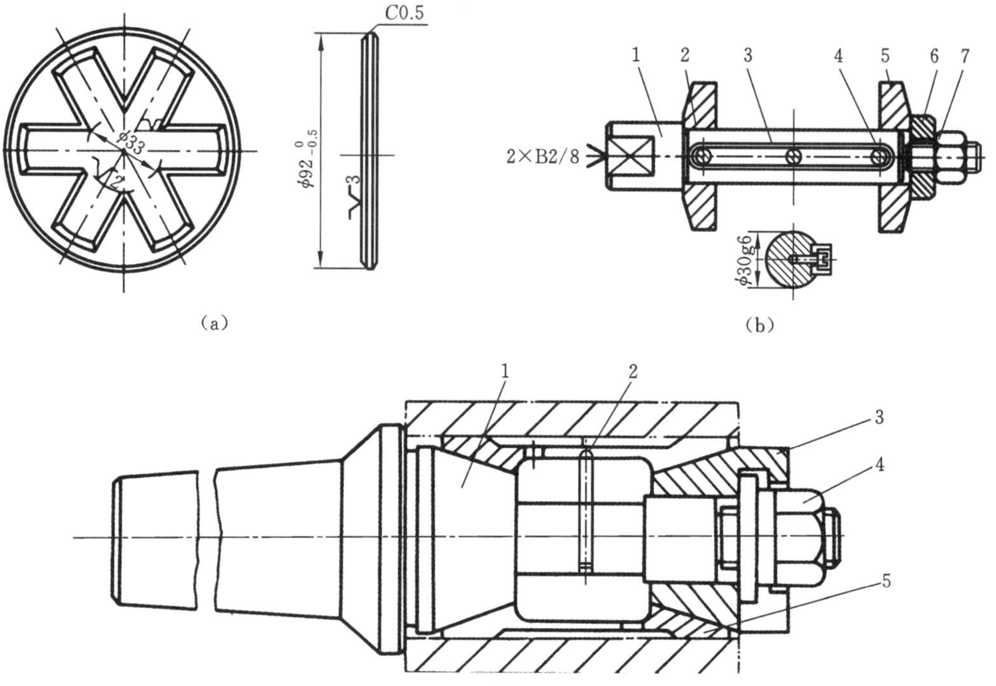

(a)　　　　　　(b)

(c)

图 5.22　心轴类车床夹具

(a)加工飞球保持架的工序图;(b)加工飞球保持架的心轴;(c)弹簧心轴车床夹具

(b)1—心轴;2,5—压板;3—定位键;4—螺钉;6—快换垫圈;7—六角螺母

(c)1—锥体;2—防转销;3—锥套;4—螺母;5—弹簧筒夹

这种夹具的特点是柔性化设计,即采用可调整的卡爪装夹工件,为可调夹具,虽定位面的形状不同,但定位基准均为中心定位。

卡爪的连接结构为凸键,并用螺钉固定在滑块上。

夹具用定位塞与车床花盘连接。

⑤ 特种用途车床组合夹具

组合夹具是采用预先制造好的标准夹具元件,根据设计好的定位夹紧方案组装而成的专用夹具。它既有专用夹具的优点,又具有标准化、通用化的优点。产品变换后,夹具的组成元件可以拆开清洗入库,不会造成浪费,适用于新产品试制和多品种小批量的生产。组合夹具在大量采用数控机床、应用 CAD/CAM/CAPP 技术的现代企业机械产品生产过程中具有独特的优势。

图 5.23 所示为偏心槽的车床组合夹具,图 5.23(a)所示为夹具剖面图,图 5.23(b)所示为工序图。

图 5.24 所示为斜孔车床组合夹具,图 5.24(a)所示为工件,图 5.24(b)所示为夹具装配图。该车床组合夹具,主要用来钻削直径为 41 mm 和45 mm 的孔。

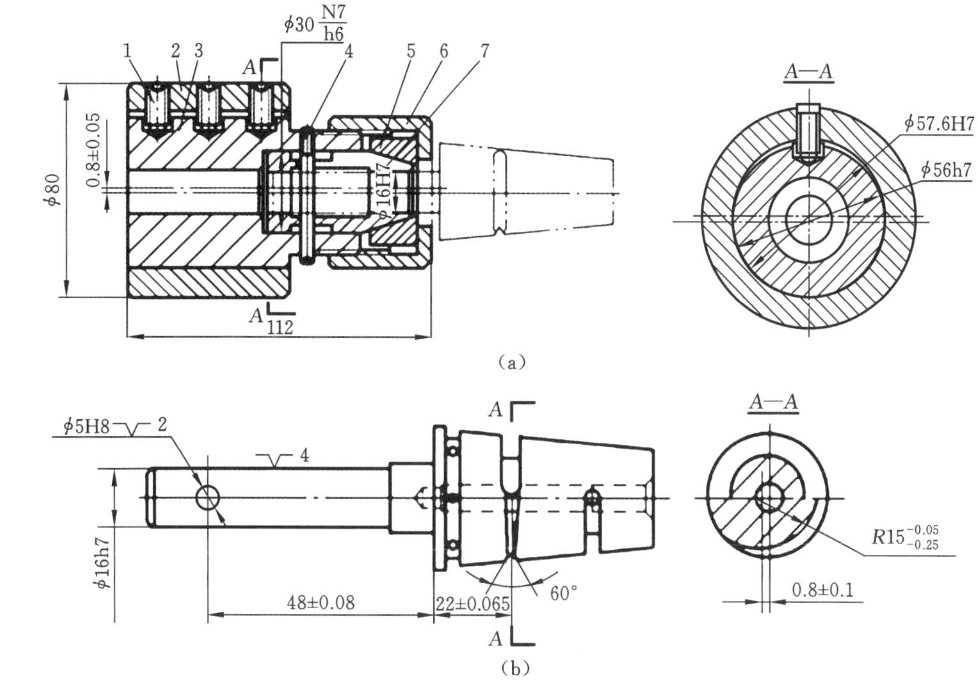

图 5.23 偏心槽车床夹具

(a)剖面图;(b)工序图

1—螺钉;2—套筒;3—夹具体;4—销;5—锥套;6—螺母;7—弹簧筒夹

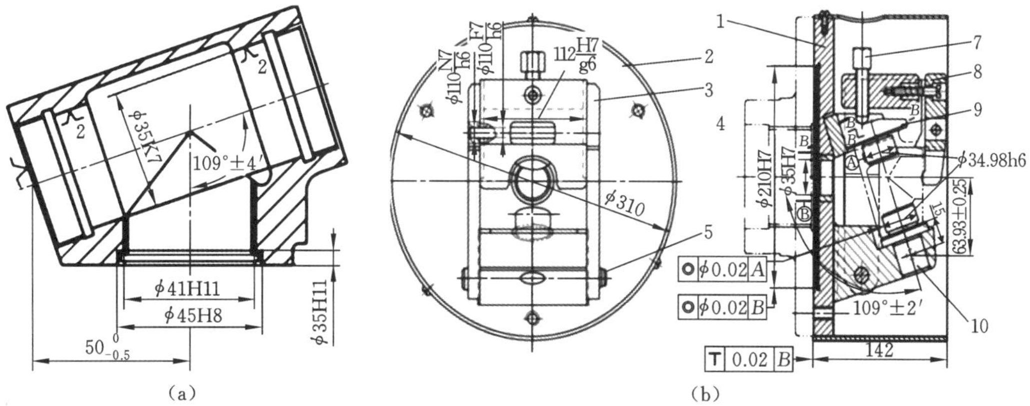

图 5.24 斜孔车床夹具

(a)工件;(b)夹具装夹图

1—夹具体;2—防护罩;3—框架;4—衬套;5—轴销;6—U 形板;7—螺钉;8—浮动挡板;9—可卸定位销;10—定位销

5.2.2 车床夹具的设计要点

(1) 定位

在车床上加工回转表面时,要求工件加工面的轴线与车床主轴的旋转轴线重合,也就是说车床夹具的工作位置应是工件被加工面的中心处于夹具的中心上。以工件的形状特征确定车床夹具的类型，并以车床夹具的中心轴线作为基准，确定定位元件的位置，在工件的定位基准处绘制定位元件，并绘出与夹具体的装配关系，就完成了定位设计。可见，以车床夹具的轴线作为基准确定定位元件的位置，亦是模拟了车削过程中工件在夹具中的工作位置。

（2）夹紧

由于车削时工件和夹具一起随主轴作旋转运动，故在加工过程中，工件除了受切削扭矩的作用外，整个夹具还受到离心力的作用，转速越高，离心力越大，会影响夹紧机构产生的夹紧效果。此外，工件定位基准的位置相对于切削力和重力的方向来说是变化的。因此，夹紧机构所产生的夹紧力必须足够，且自锁性要好。

车削时，有切削力、重力、离心力的作用，特别是大型零件的重力作用很大，所以夹紧要安全、可靠。要求夹紧牢固，防止工件脱落或抛出，造成事故，也要避免工件的夹紧变形，影响加工精度。

（3）三个中心点的关系

三个中心点分别是车床主轴的中心、夹具的中心和被加工件的中心，要妥善处理好这三个中心点的关系。在车削过程中，车床主轴中心、夹具中心和被加工圆的中心三者相关联，其中被加工圆的中心由定位元件确定，其理想状态是三个中心重合。故定位元件应对夹具的中心保持一定的中心距尺寸或位置精度要求。

（4）静平衡

由于加工时，夹具随同主轴旋转，如果夹具的总体不平衡，则会产生离心力。离心力将造成振动，影响工件的加工精度和表面粗糙度；并加剧机床主轴轴承的磨损，影响机床精度。因此，需要保持夹具的静平衡，静平衡平衡块的位置和质量最好可以调节。

通常，角铁式车床夹具的不平衡现象最为严重，所以，在确定夹具结构时，特别要注意夹具的平衡。

平衡车床夹具的方法有三种：

第一种是设置平衡块（是在较轻的一侧加配重块，其位置距离回转中心越远越好）。

第二种是作减重孔（其位置距离回转中心越近越好）。

第三种是使铸造夹具体的本体设计达到平衡。

如图 5.25 所示的角铁式车床夹具，就是使用的第一种方法，设置了平衡块。

在确定不平衡量时，可用隔离法作近似估算，即把工件及夹具分隔成几个部分，相互平衡的部分可略去不计；对不平衡的部分，可求出不平衡量。采用上述方法可使夹具的重心与夹具中心重合。车床夹具的静平衡要求，不平衡量为 100 g · cm。

（5）总体结构要求

车床夹具的夹具体应设计成圆形，为保证安全，夹具上的各种元件不允许凸出圆盘轮廓之外。圆盘直径由车床的主要参数确定。车床夹具一般是在悬臂状态下工作，为保证加工的稳定性，夹具结构应紧凑，轻便、悬伸长度要短，尽可能使重心靠近主轴。夹具的悬伸长度 L 与轮廓直径 D 之比应参考以下数值选取：

直径小于 150 mm 的夹具，$L/D \leqslant 1.5$。

直径为 150～300 mm 的夹具，$L/D \leqslant 0.9$。

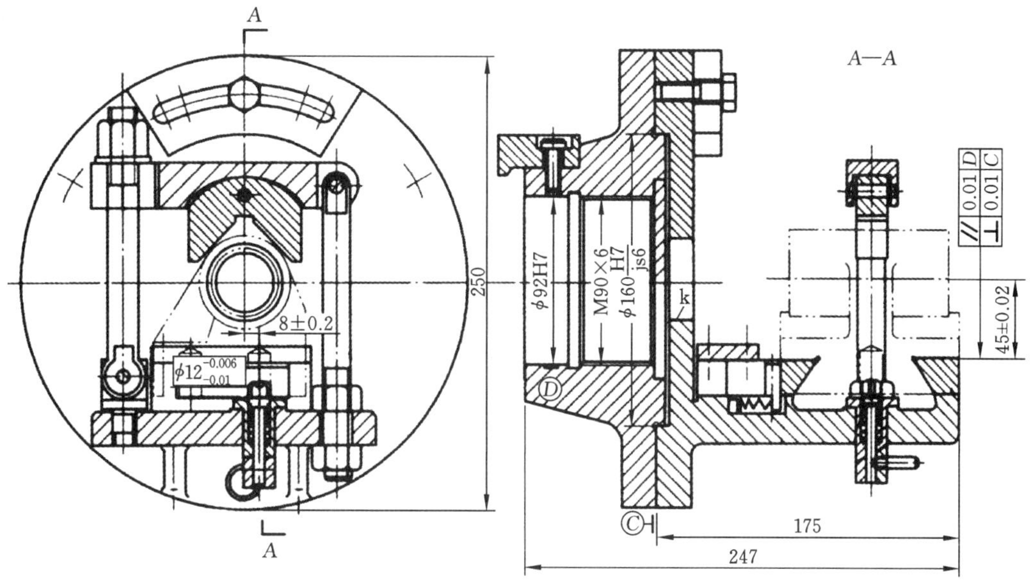

图 5.25 角铁式车床夹具

直径大于 300 mm 的夹具，$L/D \leqslant 0.6$。

夹具总体结构应具有一定的强度和刚度。

5.3 铣床夹具

5.3.1 铣床夹具的类型与特点的分析

(1) 铣床夹具的特点

铣削主要是加工平面几何体表面，因此铣床夹具主要用于加工零件上的平面、凹槽、花键及各种成型面，是最常用的夹具之一。

铣床夹具的特点，主要体现在两个方面，一是铣床夹具与铣床的工作台上面的 T 形槽连接，随工作台做横向以及纵向的进给运动(而这里铣刀以旋转运动为主运动，工件和铣刀的移动为进给运动)。如完成一直槽的铣削，就包含了铣刀回转运动和工件的直线进给两个切削成形运动。同时，铣削加工还需要对刀，来确定铣刀的位置。

因而，在对刀和铣削过程中，工件的直线运动与工作台纵向直线运动两者的关联，是铣床夹具很重要的特征。

铣床夹具的第二个特点是，铣削加工时切削用量较大，且为断续切削，故切削力较大，冲击和振动也较严重，所以铣床夹具受到的铣削力较大且不稳定。

铣削的切削成型运动如图 5.26 所示。

(2) 铣床夹具的主要类型

铣床夹具的主要类型，按照铣削时的进给方式进行分类，可以分为直线进给铣床夹具，圆周进给铣床夹具和曲线进给铣床夹具。直线进给方式是最常见的铣削方式,直线进给铣床夹具应用广泛,常用于平面、斜面、槽及成形面的铣削中。直线进给铣床夹具又可以分为三类,一是单件铣床夹具,二是多件夹紧铣床夹具,三是多工位装夹铣床夹具。铣床夹具的分类如图 5.27 所示。

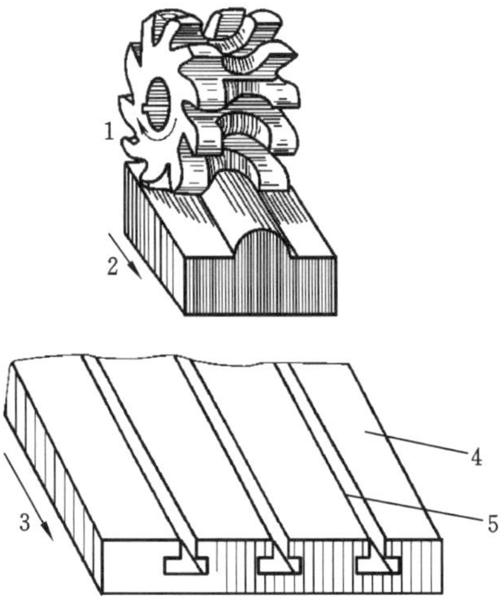

图 5.26 铣削的切削成形运动

1—铣刀的旋转运动,为主切削成形运动;2—工件的直线运动,为切削成形运动;3—工作台纵向进给;4—工作台台面;5—T 形槽

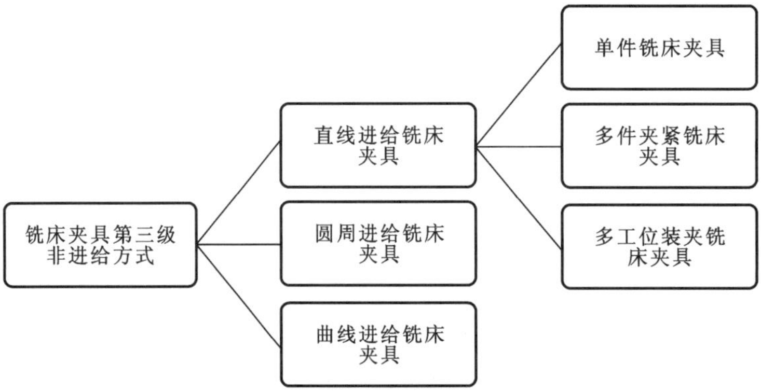

图 5.27 铣床夹具的分类

① 直线进给铣床夹具

a. 单件铣床夹具:单件装夹是常用的一种方法,单件铣床夹具是指单独一个零件进行铣削加工单一铣序时所使用到的铣床夹具,它主要用于加工尺寸较大或定位夹紧方式比较特殊的中小批量工件。

如图 5.28 所示为连杆铣削加工的单件铣床夹具。将钻床夹具与铣床夹具进行对比分析,对比学习,这样有助于我们巩固钻床夹具知识的同时,学习新的铣床夹具的相关知识。与钻床夹具相比较,单件铣床夹具没有钻套结构,而其他的结构都是相似的,比如固定 V 形块 1 和活动 V 形块 4,还有定位套筒 3、6,共同限制了零件的自由度,使零件在加工过程中可以与夹具紧固连接，实现零件的加工。

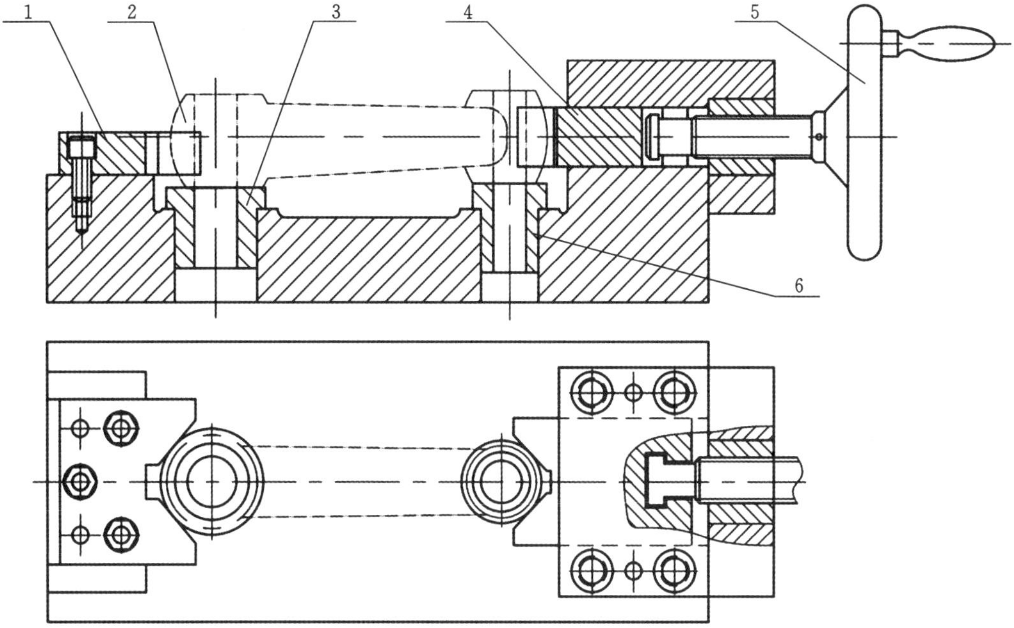

图 5.28 铣削连杆上下面的单件铣床夹具

1—固定 V 形块；2—工件；3，6—定位套筒；4—活动 V 形块；5—手轮

b. 多件夹紧铣床夹具：主要应用于中、小型零件的多件装夹，在铣削中很常见，通常采用联动夹紧机构。这类夹具注重缩短辅助时间和基本时间，以提高生产率。

如图 5.29 所示为多件夹紧铣床夹具，可以发现，多件夹紧针对的是同一个零件(也就是工件 4)，多个数量(图 5.29 中是 7 个)，在同一个铣床夹具上进行装夹，然后进行直线切削运动，可以保证多个零件平面度的同时，大大减少重复装夹的辅助时间，极大地提高了生产率。

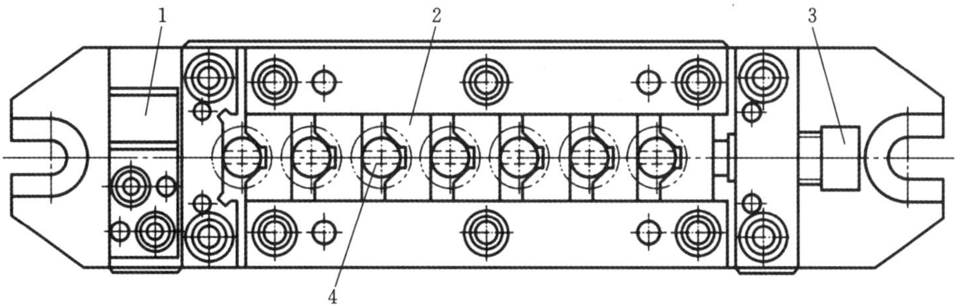

图 5.29 多件夹紧铣床夹具

1—正装直角对刀块；2—定位活动对刀块；3—侧向夹紧螺钉；4—需要加工的工件

c. 多工位装夹铣床夹具：多工位装夹铣床夹具是一种多用途夹具，其一个夹具可以代替多个夹具使用，因而是一种很经济的设计，可以降低铣床夹具的成本。

如图 5.30 所示为车床尾座套筒，我们需要加工 $A—A$ 视图的键槽 8H11 和油槽 $R2$，有两个工位。

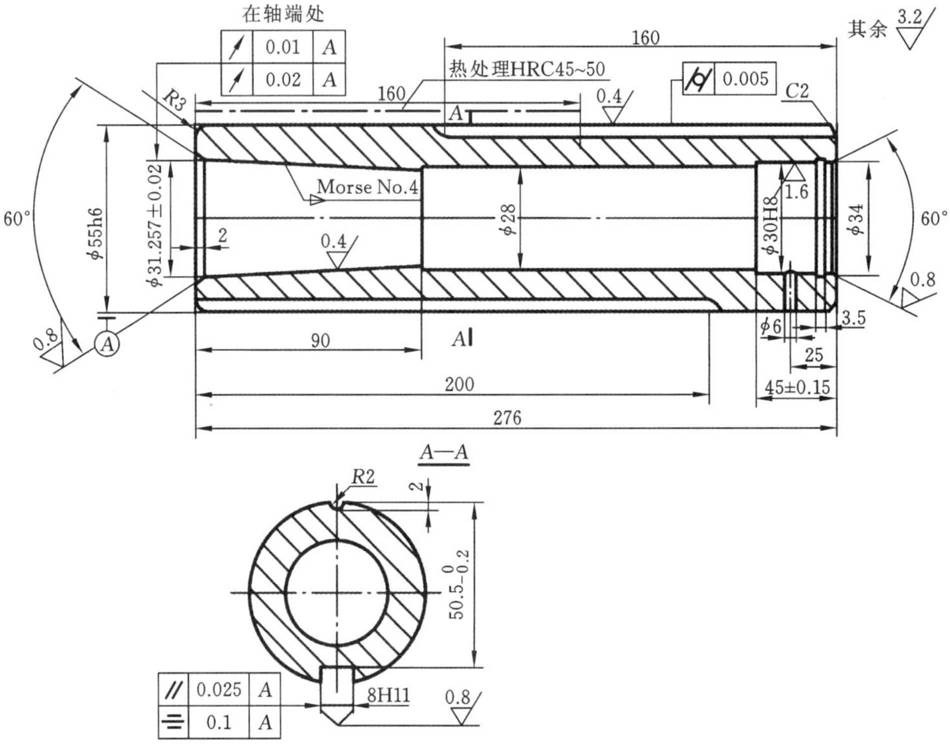

图 5.30　车床尾座套筒

多工位装夹的铣床夹具，它的特色是可以实现多工位装夹，也就是说它可以实现多种相似零件的加工。如图 5.31 所示，这是一个两工位的铣床夹具，工位Ⅰ：工件五点定位，加工键槽 8H11；工位Ⅱ：键槽 8H11 已加工，工件六点定位，加工油槽 $R2$。在工位Ⅱ上，键槽处用定位销定位，以满足两槽间的位置精度要求。夹具主要定位元件是 V 形块、可调支承。本工序采用三面刃盘铣刀和圆弧铣刀同时进行加工，生产率很高。由于键槽和油槽的长度不等，为了能同时加工完毕，将两个可调支承的位置前后错开。夹具采用液压夹紧动力装置夹紧。通过液压缸、浮动杠杆、浮动压板，能四点联动夹紧两工件。

② 圆周进给铣床夹具

圆周进给铣床夹具常见于大批量生产的企业中，夹具使用在有回转工作台的专用铣床上。

在通用铣床上使用圆周进给的铣床夹具时，应增加一个回转工作台。

图 5.32 所示为应用于立式双头回转铣床上加工柴油机连杆端面的夹具，其采用的是多件装夹，夹具沿圆周排列紧凑，使铣刀的空程时间缩短到最低，工作台按顺时针方向做圆周进给运动，由两个立铣头分别做粗铣和精铣，因而大大提高了生产率。

如图 5.33 所示为在通用铣床上应用的圆周进给铣床夹具，铣削拨叉上、下两端面，工件

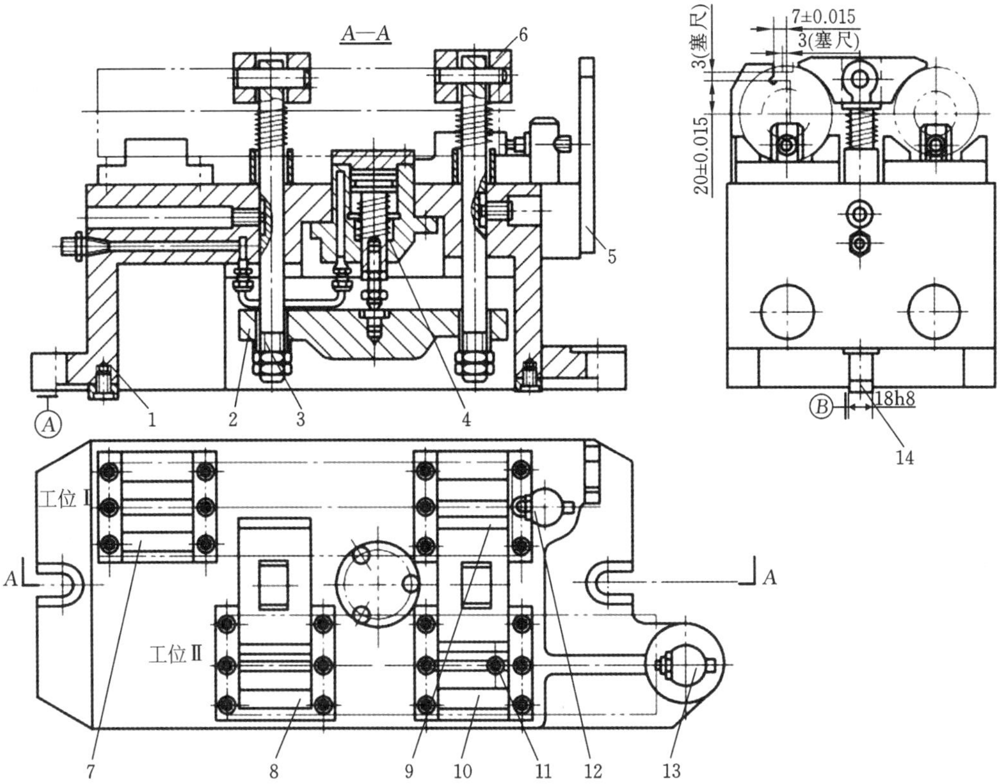

图 5.31 两工位的铣床夹具

1—夹具体;2—浮动杠杆;3—螺杆;4—液压缸;5—对刀,6—浮动压板;

7,8,9,10—V形块;11—定位销;12,13—可调支承;14—定位键

以圆孔、端面及侧面在定位销和挡销上定位,由液压缸驱动拉杆,通过快换垫圈将工件夹紧。夹具在圆周方向上装夹12个工件。

③ 曲线进给铣床夹具

曲线进给铣床夹具用于加工各种成形面。目前,许多成形面加工已由数控铣床代替。

如图5.34所示的铣床夹具,图5.34(a)所示为工件的定位点分布,图5.34(b)所示是夹具,此铣床夹具用于加工车床溜板箱中的开合螺母操纵盘上的两条曲线槽。

(3) 铣床夹具相关的误差分析

在铣削时,影响加工精度的因素中,与铣床夹具有关的因素主要有三项,一是定位误差,二是对刀误差,三是夹具的位置误差。

以圆筒形零件铣削键槽为例,图5.35所示为铣削键槽夹具在机床上的定位,夹具的定位,即通过夹具定位表面与机床的配合和连接,确定夹具相对于机床所要完成的切削成形运动的位置。

影响夹具对成形运动的定位因素,主要可以从三个方向进行分析,一是工件定位面对夹具定位面的位置误差,二是夹具定位面与机床定位面的连接配合误差,三是机床定位面对成形运动的位置误差,只要充分了解工件、夹具、机床三者之间的关系,就可以很容易地掌握影响

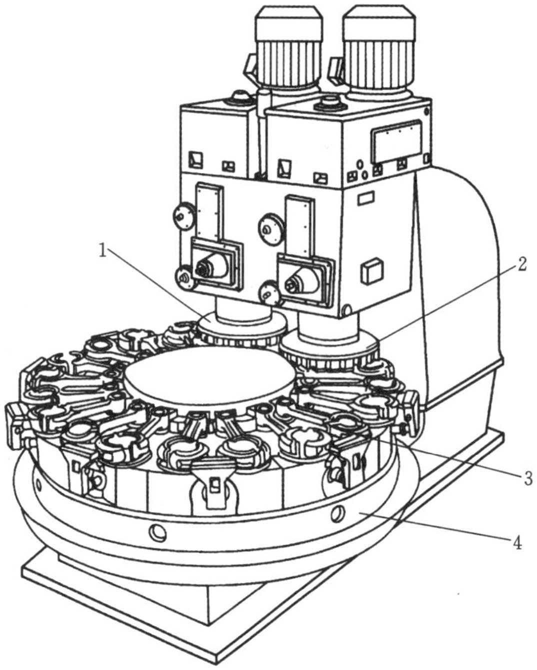

图 5.32　用于立式双头回转铣床的夹具

1—粗铣立铣头；2—精铣立铣头；3—夹具；4—回转工作台

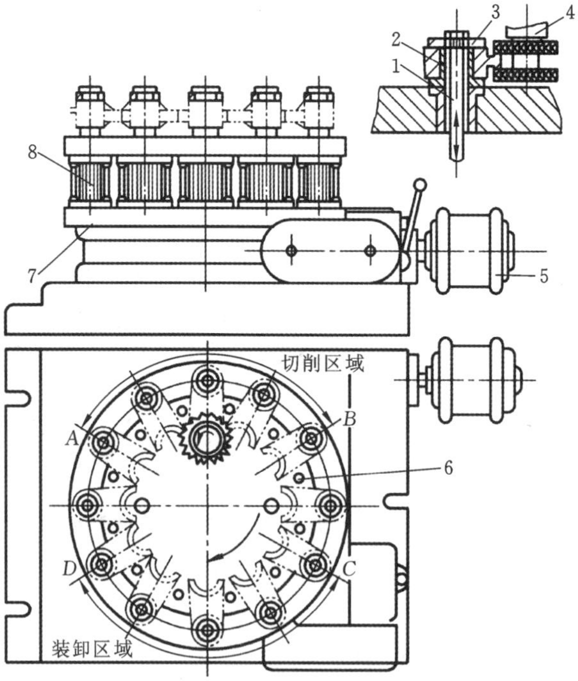

图 5.33　在通用铣床上应用的圆周进给铣床夹具

1—拉杆；2—定位销；3—快换垫圈；4—铣床主轴；5—电动机；6—挡削；7—回转工作台；8—液压缸

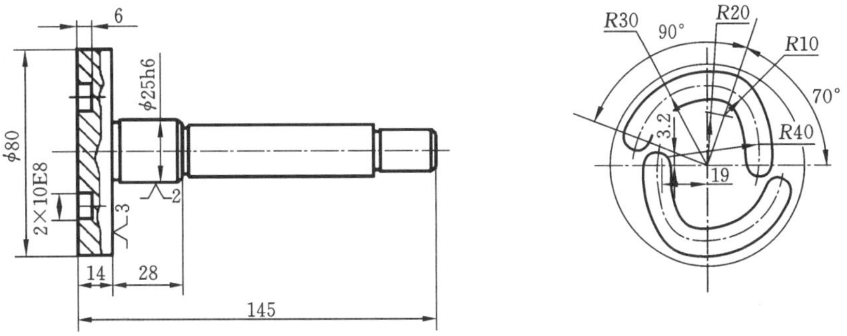

（a）

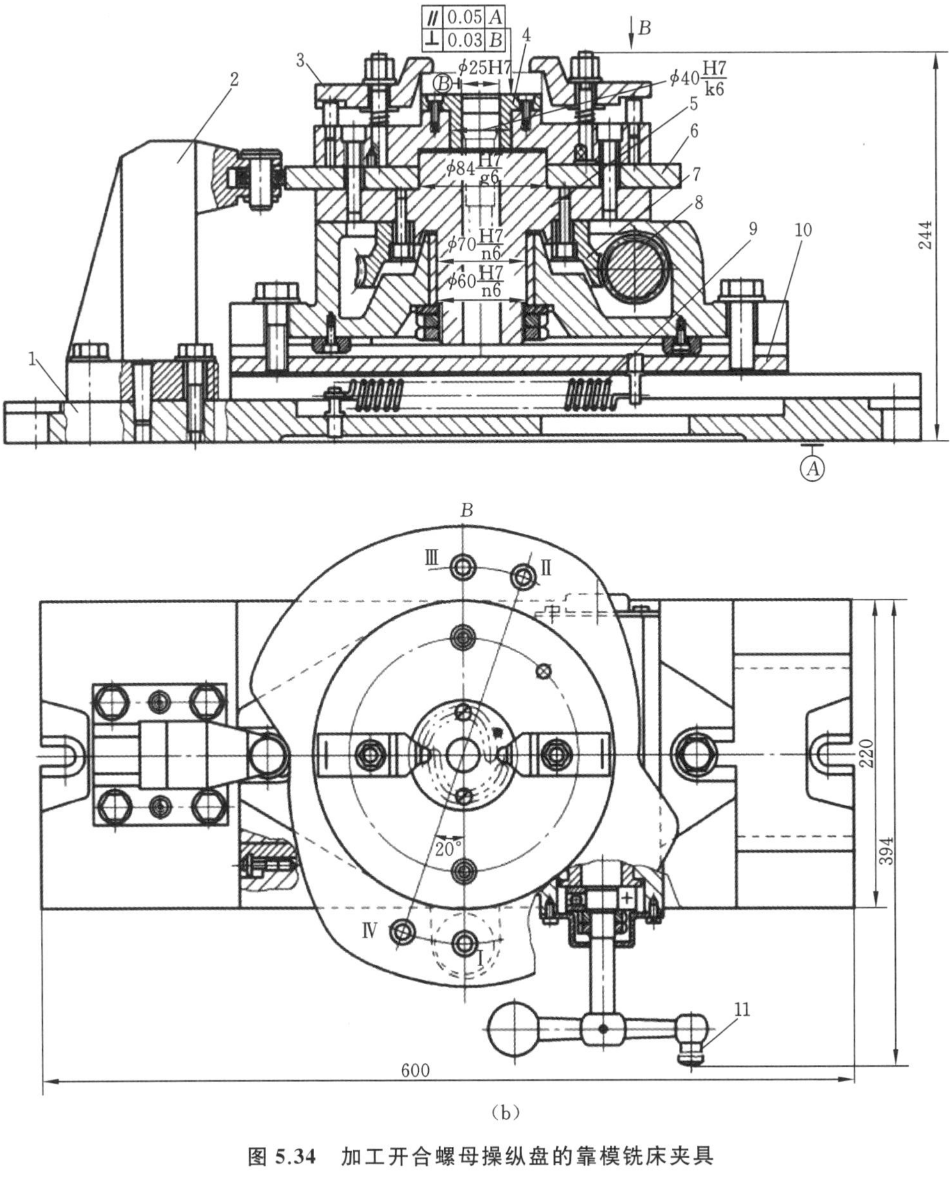

（b）

图 5.34　加工开合螺母操纵盘的靠模铣床夹具

1—夹具体；2—支架；3—螺旋压板夹紧机构；4—定位套；5—转盘；

6—靠模板；7—蜗轮；8—蜗杆；9—弹簧；10—滑板；11—手柄

铣床夹具对成形运动的定位因素。定位元件对夹具定位面的位置要求，一般取工件上相应公差要求的 1/5～1/2。

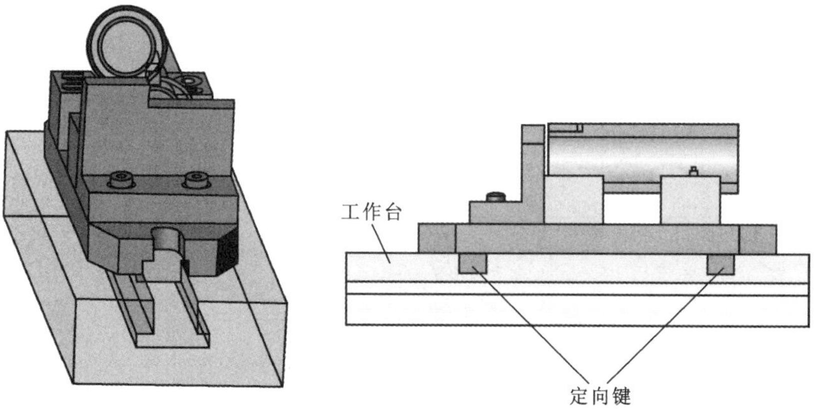

图 5.35　铣削键槽夹具在机床上的定位

图 5.36 所示为加工键槽工序图。

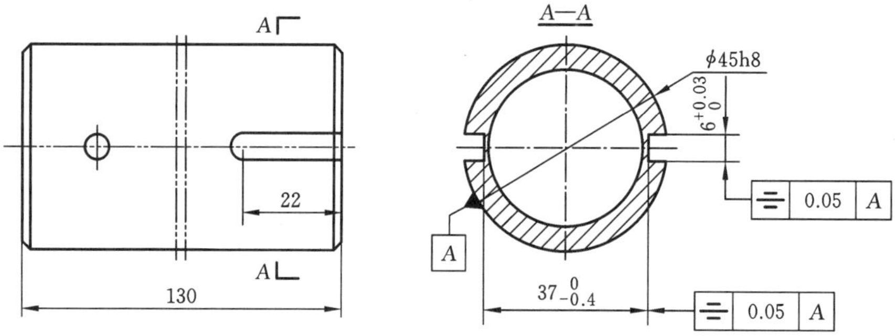

图 5.36　加工键槽工序图

在图纸的绘制过程中，应遵循以下几点要求：

① 图样绘制应符合国家制图规范要求；

② 尽量采用 1∶1 的绘图比例；

③ 主视图选择应合理。

5.3.2　铣床夹具的设计要点

铣床夹具如图 5.37 所示。

铣床夹具与铣床工作台连接，准确地说是铣床夹具的耳座，通过 T 形螺栓，将夹具体与工作台的 T 形槽紧固连接，使铣床夹具的位置与工作台纵向进给方向平行。夹具的主要连接表面为夹具体的底平面，可以有多种连接方式。

（1）定位装置

设计夹具定位装置时，应特别注意工件定位的稳定性及定位刚性。尽量增大主要支承面积,导向支承的两个支承点要尽量相距远一些。定位装置如图 5.38 所示。

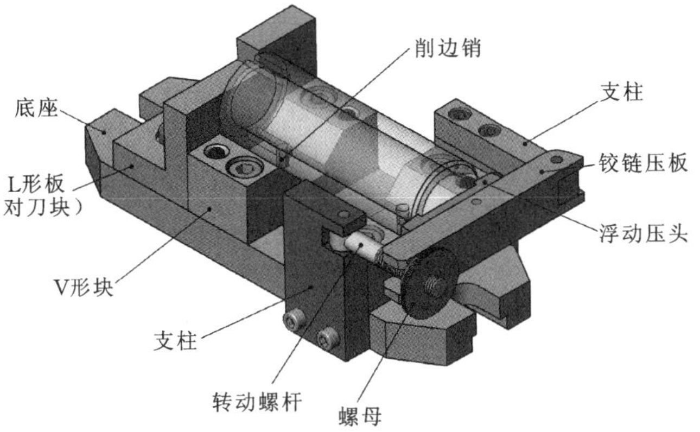

图 5.37　铣床夹具

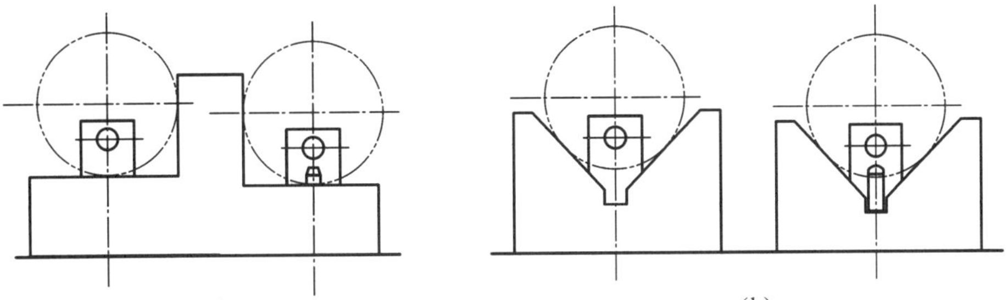

图 5.38　定位装置

(2) 夹紧装置

夹紧装置应保持足够的夹紧力,且具有良好的自锁性能,以防止夹紧机构因振动而松夹。

如图 5.39 所示为夹紧装置。

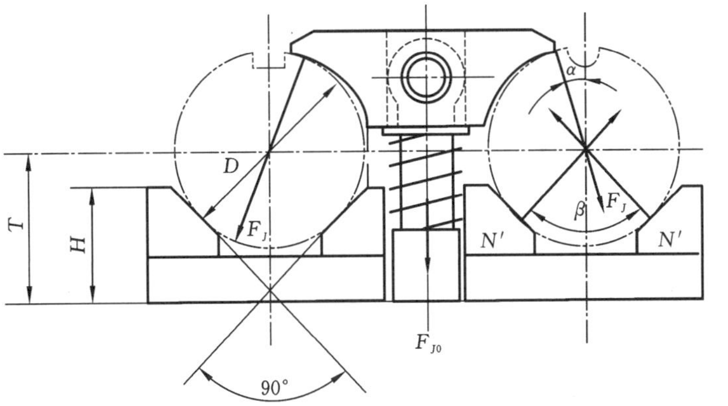

图 5.39　夹紧装置

(3) 定位键

定位键是连接铣床夹具与铣床之间的元件，两个定位键安装在夹具底面的纵向槽中，一般使用两个或多个开槽圆柱头螺钉固定。小型夹具也可使用一个断面为矩形的长键。通过定位键与铣床工作台上T形槽的配合，确定夹具在机床上的正确位置。定位键还可承受铣削时所产生的切削转矩，减轻夹具固定螺栓的荷载，加强夹具在加工过程中的稳固性。

如图5.40所示是常用到的两种定位键：A型和B型定位键。

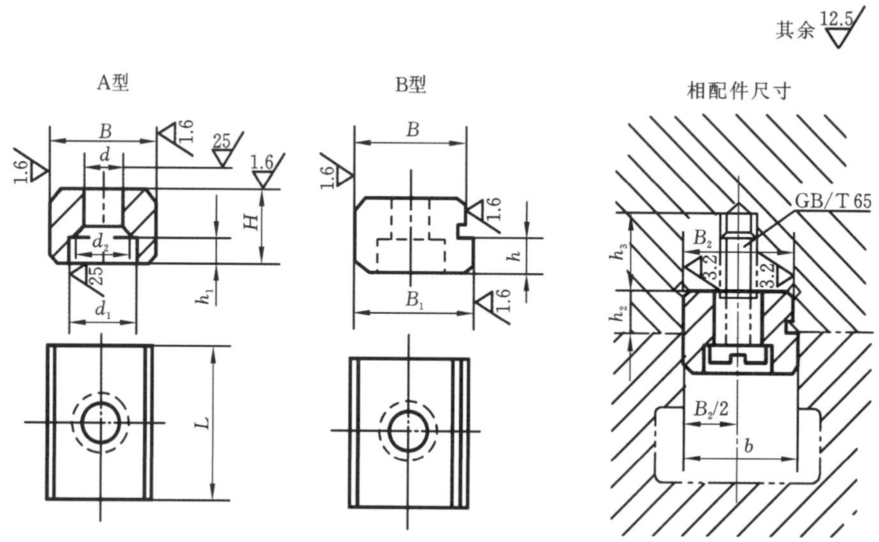

图 5.40 定位键

图5.41所示是定位键的连接，定位键通过螺栓将夹具体与T形槽紧固地连接到一起，起到定位的作用。图5.42所示是A型和B型定位键的三维图，能够更加直观地了解两种型号的定位键。

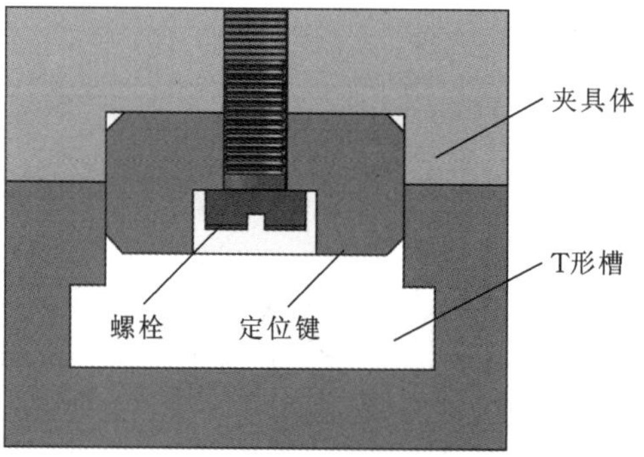

图 5.41 定位键连接

(4) 定向键

如图5.43所示为标准定向键。定向键也是连接元件，配备一对定向键，可用于多个不同夹具的连接定向，使用方便。定向键与夹具体槽的配合为H7/h6，与工作台T形槽的配合尺寸 B_1 亦留有0.5 mm磨量，可按工作台T形槽的实际尺寸配作，极限偏差取h6或h8。

为了提高精度，两个定向键间的距离尽可能加大些，安装夹具时，让定向键靠向 T 形槽一侧，以避免间隙的影响。对于安装精度要求高的夹具，常不设置定向键，而在夹具体的侧面加工出一窄长平面作为夹具安装时的找正基面，通过找正使夹具获得较高的安装精度。

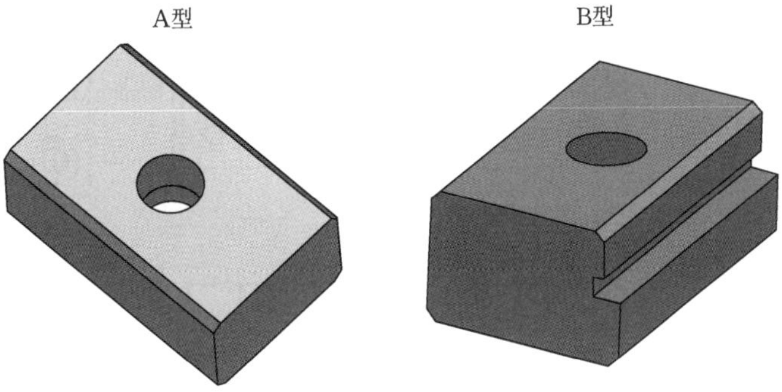

图 5.42 定位键三维图

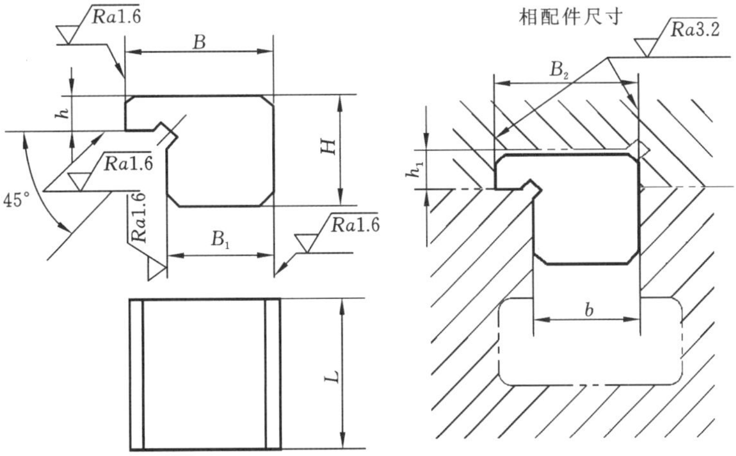

图 5.43 定向键

(5) 对刀装置

一般需要调整刀具相对夹具定位元件位置关系，以保证刀具相对于工件处于正确的位置，这个过程叫对刀。对刀装置由基座、对刀块和塞尺组成。对刀装置的对刀块和塞尺，是用以确定夹具和刀具的相对位置。对刀装置的结构形式取决于加工面的形状。

图 5.44 所示是标准对刀块及对刀装置的二维图，图 5.44(a)所示为圆形对刀块，用于加工平面；图 5.44(b)所示为方形对刀块，用于调整组合铣刀的位置；图 5.44(c)所示为直角对刀块，用于加工两相互垂直面或铣槽时的对刀；图 5.44(d)所示为侧装对刀块，亦用于加工两相互垂直面或铣槽时的对刀。这些标准对刀块的结构参数均可从有关手册中查取。图 5.44(e)所示为对刀块的使用。

使用对刀装置对刀时，在刀具和对刀块之间用塞尺进行调整，以免损坏切削刃或造成对刀块过早磨损。

图 5.45 所示是对刀装置和标准对刀块的三维图，在图 5.45(a)中可以更加直观地看到对

刀装置的组成，其由基座、对刀块、塞尺等构成。在图 5.45(b)中有圆形对刀块，用于加工平面；方形对刀块，用于调整组合铣刀的位置；直角对刀块，用于加工两垂直面或铣槽的对刀；侧装对刀块，也是用于加工两垂直面或铣槽时的对刀。

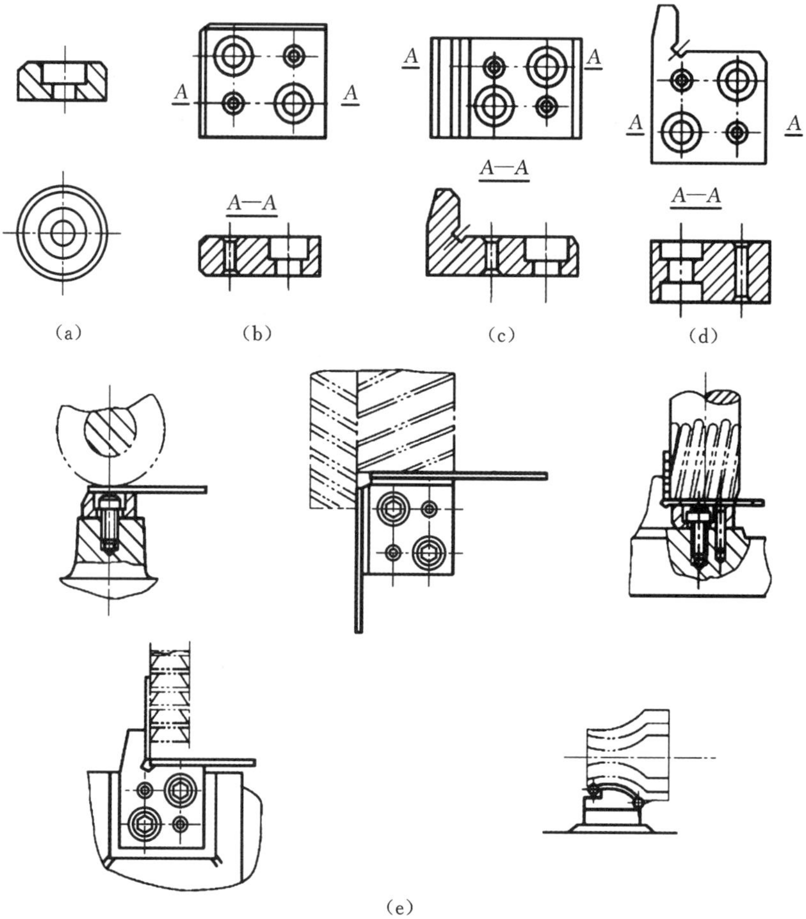

图 5.44　标准对刀块及对刀装置二维图

图 5.46 所示是圆柱塞尺和平塞尺的三维图。

(6) 夹具的总体结构与夹具体

铣床在铣削加工时，产生的切削力较大，因此容易产生震动，所以铣床夹具总体结构的抗震性要好。加工面应尽可能靠近工作台面，以降低夹具的重心。一般夹具的高宽之比应限制在 $H/B \leqslant 1 \sim 1.25$。

铣床夹具的夹具体应具有足够的刚度和强度，必要时应设置加强肋。

铣削加工时会产生大量切屑，因此，夹具应具有足够的排屑空间，并注意切屑的流向，以便方便清理切屑。

常用的夹具体为铸造的箱形、板形结构。夹具体如图 5.47 所示。

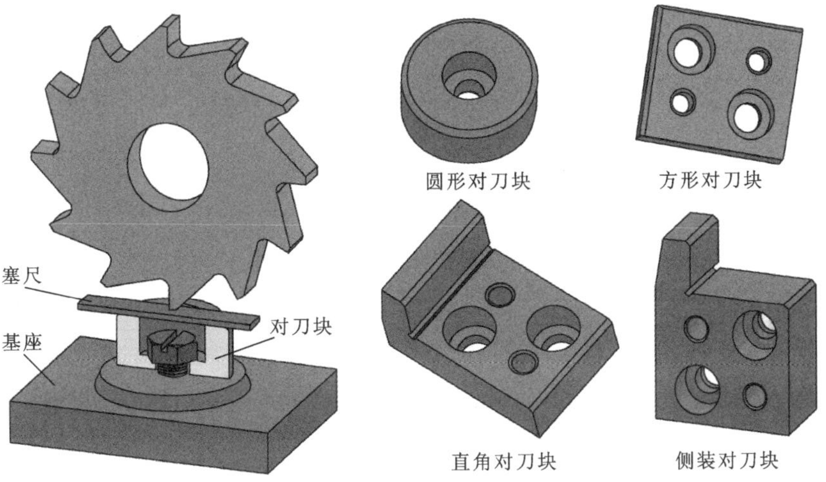

图 5.45 对刀装置及标准对刀块三维图

(a)对刀装置;(b)标准对刀快

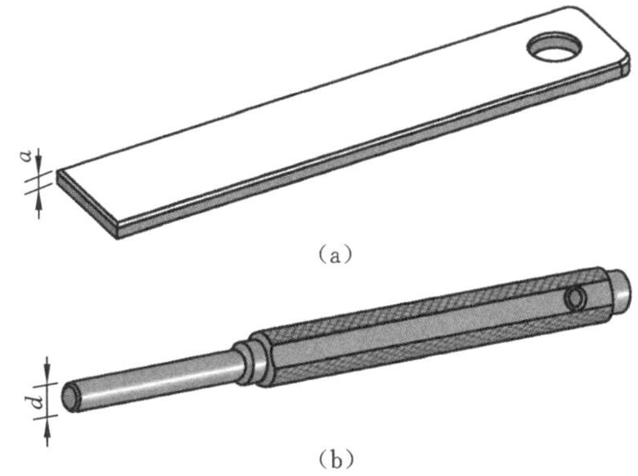

图 5.46 塞尺三维图

(a)平塞尺;(b)圆柱塞尺

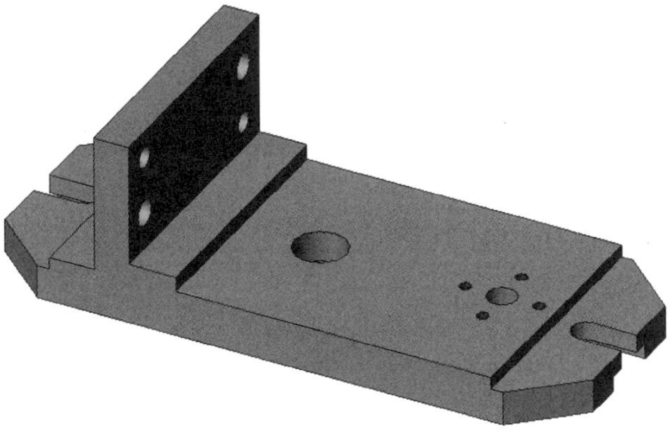

图 5.47 夹具体

合理地设置耳座，以便在夹具与工作台连接后，将夹具紧固。常见的耳座结构如图 5.48 所示，耳座有三种形式，分别为台阶式耳座、凸出式耳座、内凹式耳座，如果夹具体的宽度尺寸较大时，可在同一侧设置两个或者多个耳座来达到紧固连接的目的。但要注意的一点是，同一侧的多个耳座设计，要保证每相邻的两个耳座之间的距离，要和工作台相邻两个 T 形槽间的距离保持整数倍，或完全一致。

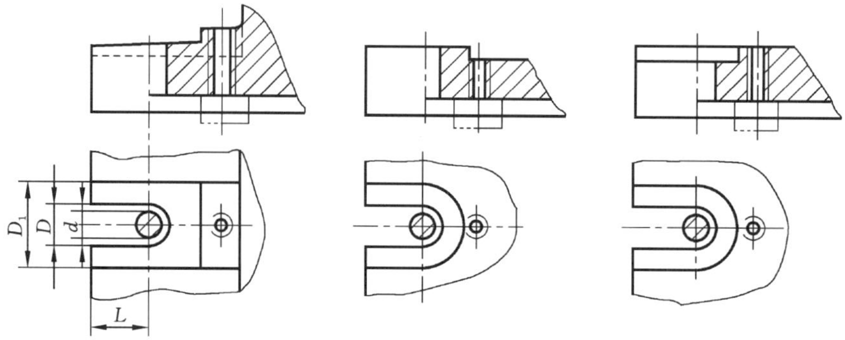

图 5.48 夹具体耳座结构

(a)台阶式耳座；(b)凸出式耳座；(c)内凹式耳座

(7) 其他设计要点

① 铣床夹具的工作位置：工件被加工表面应处于机床工作台纵向进给方向上，并对准铣刀。首先，按工作位置，用双点画线绘制工件轮廓，作为设计的模特绘制定位元件，使定位元件工作面与定位基准面接触，完成定位设计；然后，完成对刀设计。

② 夹具的基面：铣床夹具的底平面和定位键的两侧面是夹具的连接表面，亦为夹具的基面，是夹具精度设计的基准。定位元件应与之保持一定的位置精度要求。

③ 夹紧设计要点：铣削加工是断续切削，切削力较大。在进行夹紧力计算时，要处理好切削力与夹紧力间的关系。在加工过程中还会发生强烈的冲击和振动，应增加辅助夹紧点，以减小振动。

5.4 镗床夹具

5.4.1 镗床及其夹具的概念

(1) 镗床

镗床，指主要用镗刀对工件已有的预制孔进行镗削的机床。通常，镗刀旋转为主运动，镗刀或工件的移动为进给运动。它主要用于加工高精度孔或一次定位完成多个孔的精加工，此外还可以从事与孔精加工有关的其他加工面的加工。镗床使用不同的刀具和附件进行钻削、铣削、切削的加工精度和表面质量要高于钻床。镗床是大型箱体零件加工的主要设备。

图 5.49 所示为镗床。

图 5.49　镗床

(2) 镗床夹具

镗床夹具又称为镗模，它是一种很精密的夹具，主要用于加工箱体、支架类零件上的孔或者孔系，它不仅在各类镗床上使用，也可在组合机床、车床及摇臂钻床上使用。

镗床夹具的结构与钻床夹具的结构其实很相似，镗床夹具一般用镗套作为导向元件引导镗孔刀具或镗杆进行镗孔，从而保证所镗的孔的位置精度。由此可见，采用镗床夹具后，镗孔的精度可不受机床精度的影响。而相似的钻床夹具是应用的钻套。

镗床夹具的镗套按照被加工孔或孔系的坐标位置布置在镗模支架上。

5.4.2　镗床夹具的特点及其组成

(1) 镗床夹具的特点

镗床夹具的第一个特点是具有带镗模支架的镗套，用来实现对刀且引导镗杆进行镗削。

镗床夹具的第二个特点是可以将镗杆与主轴浮动连接，从而使其免受机床精度的影响，以获得较高的加工精度。最显著的是镗床在镗削孔或者孔系时，对孔及孔系位置精度的提高。

(2) 镗床夹具的组成

镗床夹具的组成主要包括五个部分，一是镗套，主要是导向的作用，与钻床夹具的钻套类似，二是镗杆，三是浮动接头，四是镗模支架，五是镗模底座。镗床夹具的组成如图 5.50 所示。

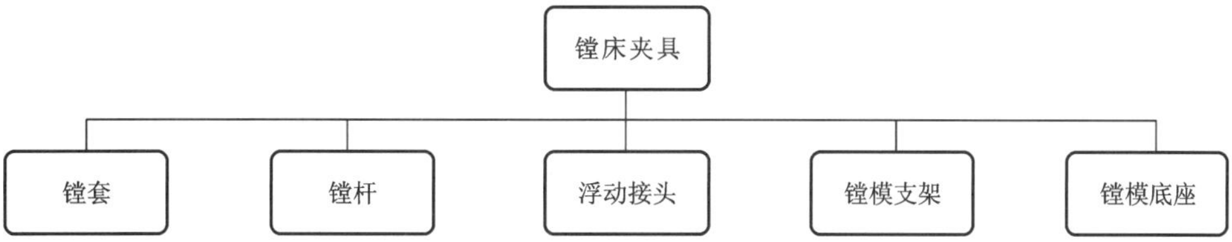

图 5.50　镗床夹具的组成

5.4.3 镗床夹具的主要类型

镗床夹具的种类很多,可以根据镗床支架的布置形式,来进行分类,主体分成两大类,单支架镗床夹具和双支架镗床夹具,其中双支架镗床夹具可分为前后双支架镗床夹具和后双支架镗床夹具,而单支架镗床夹具可以分为前单支架镗床夹具和后单支架镗床夹具,如图5.51所示。

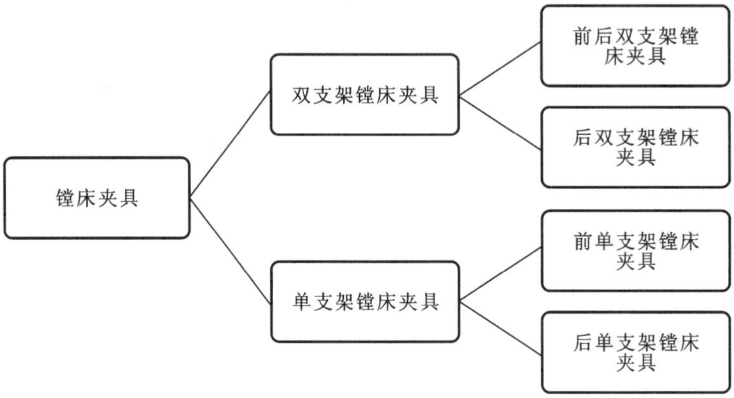

图5.51 镗床夹具的主要类型

(1) 前单支架镗床夹具

如图5.52所示,只有直径 d 的前端有一处支撑,在工件的镗杆的前端,支撑的长度为 H,所以它是前单支撑镗孔的镗床夹具。

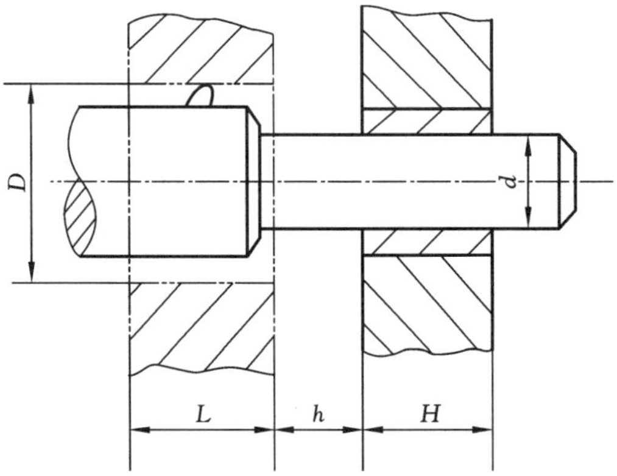

图5.52 前单支架镗床夹具

(2) 后单支架镗床夹具

图5.53(a)、(b)所示两个图都是后端支撑的镗床夹具,可以很明显地观察出它们的不同。如图5.53(b)所示,所需要加工的孔径较长,所以可以根据所镗孔的直径 D 与所镗孔的长度 L 之间的关系,来确定使用哪种后单支撑的镗床夹具,若 $D/L>1$,则采用图5.53(a)所示的夹具,若 $D/L\leqslant 1$,则采用图5.53(b)所示的夹具。

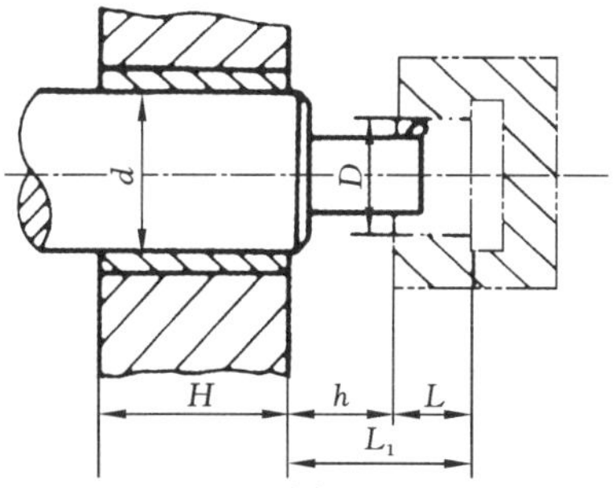

图 5.53 后单支架镗床夹具

(3) 前后双支架镗床夹具

如图 5.54 所示为车床尾座的前后双支架镗床夹具,图 5.54(a)所示是镗削加工时工件与夹具的装夹状态,是车床尾座孔的镗削加工,所使用到的夹具就是前后双支架镗床夹具。可以看到,1 为镗床夹具的支撑架,两个支撑架分别分布在车床尾座的前端和车床尾座的后端,所以称之为前后双支架镗床夹具,2 为镗套,与钻套结构相似,起到支撑及导向的作用。

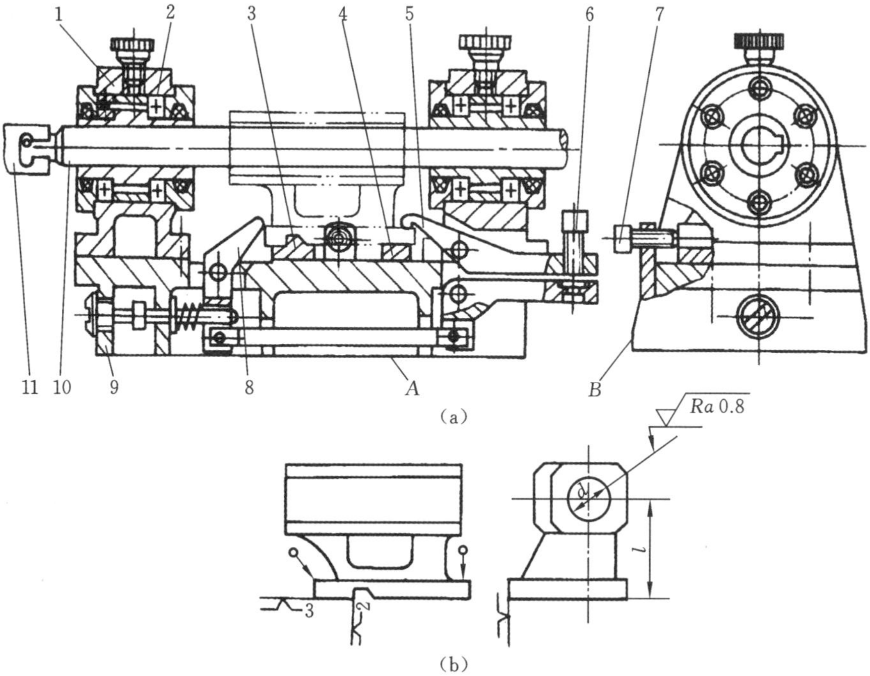

图 5.54 车床尾座的前后双支架镗床夹具

1—支撑架;2—镗套;3,4—定位板;5,8—压板;6—夹紧螺钉;
7—可调支承钉;9—底座;10—镗刀杆;11—浮动接头

(4) 后双支架镗床夹具

图 5.55 所示为后双支架镗床夹具,所要镗削的孔位置距离主轴端过远,单支撑无法保证精度,所以需要双支撑来提高精度,完成孔的镗削加工。

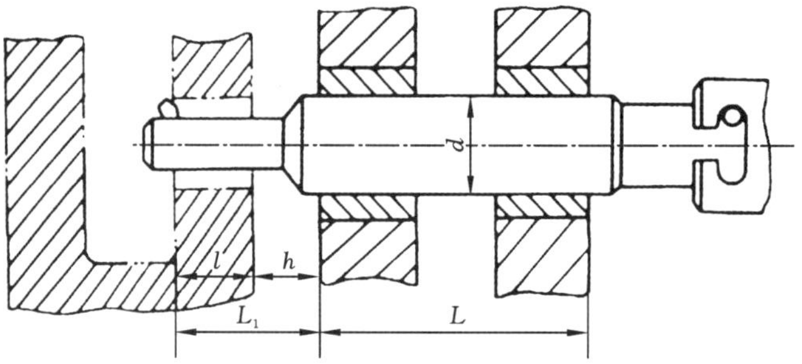

图 5.55 后双支架镗床夹具

5.4.4 镗床夹具重要组成部分的设计

(1) 镗套的选择和设计

镗套的结构和精度直接影响到被加工孔的加工精度和表面粗糙度，因此应根据工件的不同加工要求和加工条件合理设计或选择采用。

镗套的结构形式，一般可以分为两类，一种是固定式镗套，一种是回转式镗套，区分固定式还是回转式，主要观察镗套是否能随镗杆一起转动。

① 固定式镗套：镗套固定在镗床夹具的支架上，不能随镗杆一起转动。

图 5.56 所示为固定式镗套的两种型号，分别为 A 型和 B 型两种结构，这种固定式镗套具有外形尺寸小、结构简单、中心位置准确等优点，所以在一般扩孔、镗孔(或铰孔)中有广泛的应用。

镗套固定在镗床夹具的支架上，不能随镗杆一起转动，而镗杆与镗套之间有相对运动，存在摩擦。由于镗杆本身在镗套内，既有相对转动又有相对移动，镗套容易磨损而失去导向精度，所以只适合在低速情况下工作。为了减轻镗套与镗杆工作表面的磨损，可以采取如下措施：

a. 在镗套或镗杆的工作表面开油槽，润滑油可由支架上的油杯滴入。若镗套自带润滑油孔，可用油枪注入润滑油。总之，应使镗套与镗杆的工作表面间得到充分润滑。

b. 在镗杆上镶淬火钢条。这种结构的镗杆与镗套的接触面不大，工作情况较好。

c. 选用耐磨的镗套材料，如青铜、粉末冶金等。

② 回转式镗套：镗套在镗孔过程中是随镗杆一起转动的，所以镗杆与镗套之间无相对转动，只有相对移动。在高速镗孔时，这样的结构便能避免镗杆与镗套发热咬死，而且还能改善镗杆磨损情况。

镗套在结构上具有回转部分，回转部分可为滑动轴承或滚动轴承。因此，回转式镗套分为滑动式回转镗套和滚动式回转镗套两种，而按照内外滚动形式，回转式镗套又可以分为内滚式回转镗套和外滚式回转镗套。

滑动式回转镗套，其优点是结构尺寸较小，回转精度高，减振性好，承载能力强，但需要充分的润滑，摩擦面的线速度不宜超过 0.3～0.4 m/s。

滚动式回转镗套的典型结构，由于导套与支架之间安装了滚动轴承，所以回转线速度可大大提高，一般 $v>0.4$ m/s。但径向尺寸大，回转精度受轴承精度的影响。因此，常采用滚针轴承以减小径向尺寸，采用高精度的轴承以提高回转精度。

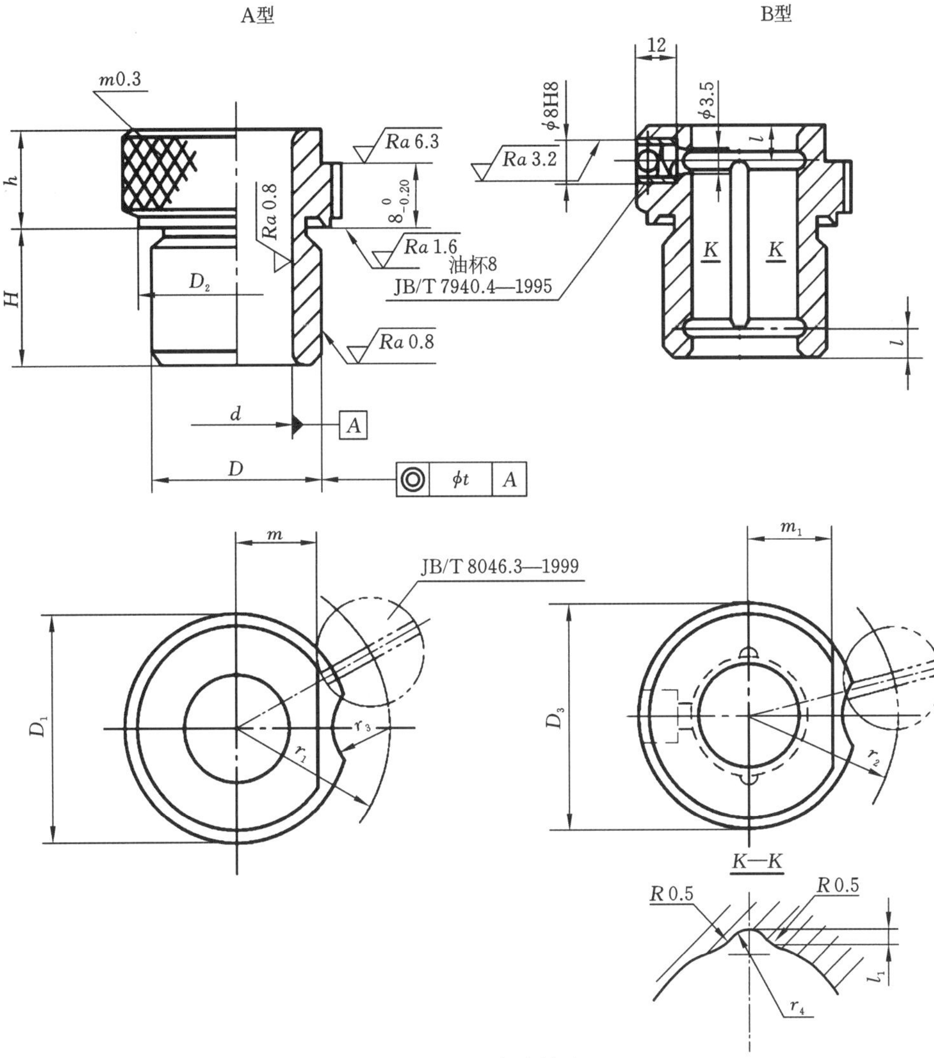

图 5.56 固定式镗套

图 5.57 所示为外滚式回转镗套。

图 5.58 所示为内滚式回转镗套，镗套回转部分安装在镗杆上，即轴承安装在导套 1 的里面，因此称为内滚式镗套。

如图 5.59 所示，回转式镗套的导套上装有传动键。键的头部呈尖端形，便于和镗杆上的螺旋导向啮合而进入镗杆的键槽中，同时保证引刀槽与镗刀对准。

图 5.60 所示为具有弹簧钩头键的外滚式镗套。这种镗套用于机床主轴有定位装置的场合，以保证镗刀与引刀槽的位置关系正确。

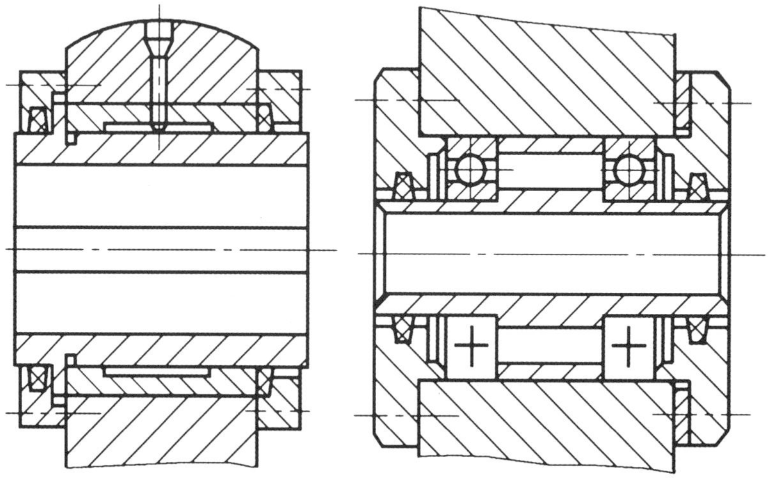

图 5.57　回转式镗套(外滚式)

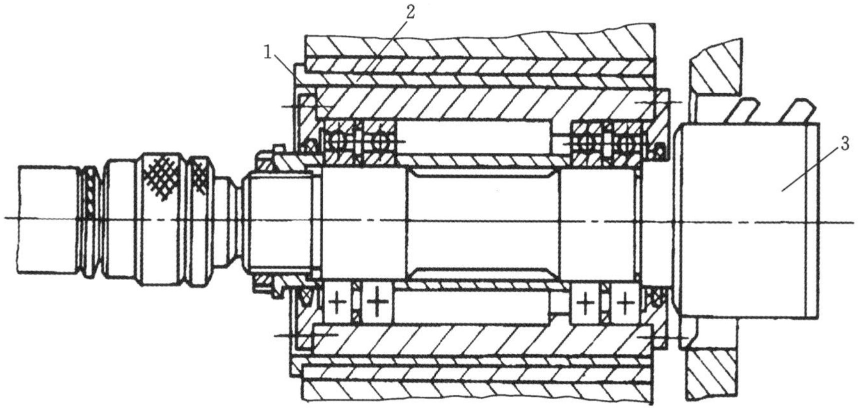

图 5.58　回转式镗套(内滚式)

1—导套;2—固定支承套;3—镗杆

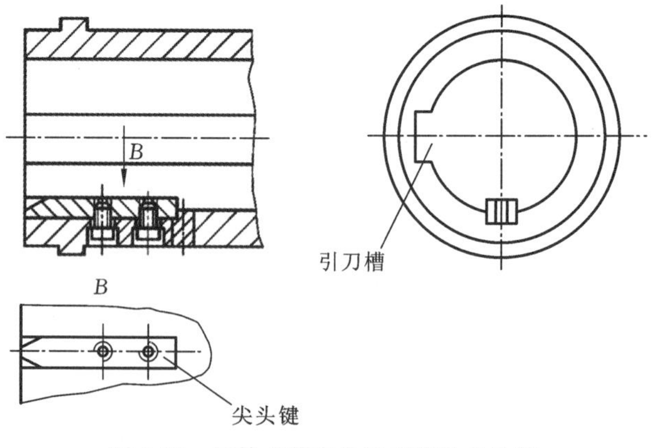

图 5.59　回转式镗套的引刀槽及尖头键

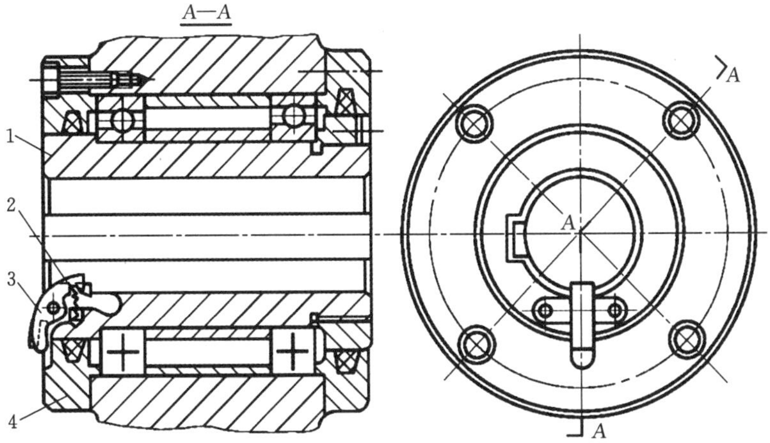

图 5.60 具有弹簧钩头键的外滚式镗套

1—导套;2—弹簧;3—钩头键;4—轴承盖

镗套材料的选取:实际工作中,若需设计非标准固定式镗套时,镗套的材料常用 20 钢或 20Cr 钢渗碳,渗碳深度为 0.8～1.2 mm,淬火硬度为 HRC55～60。一般情况下,镗套的硬度应低于镗杆的硬度。若采用磷青铜材料做固定式镗套,因其减摩性好,可用于高速镗孔,但成本较高。对于大直径镗套,或单件小批生产用的镗套,也可采用铸铁(HT200)材料。目前也有用粉末冶金制造的耐磨镗套。

镗套的主要设计要求如下:

a. 镗套内径公差带为 H6 或 H7。外径公差带,粗加工采用 g6,精加工采用 g5。

b. 镗套内孔与外圆的同轴度:当内径公差带为 H7 时,为 ϕ0.01 mm;当内径公差带为 H6 时,为 ϕ0.005 mm(外径小于 85 mm 时)或 ϕ0.01 mm(外径大于或等于 85 mm 时)。内孔的圆度、圆柱度公差一般为 0.01～0.02 mm。

c. 镗套内孔表面粗糙度值为 Ra0.8 μm 或 Ra0.4 μm;外圆表面粗糙度值为 Ra0.8 μm。

d. 镗套用衬套的内径公差带,粗加工采用 H7,精加工采用 H6。衬套的外径公差带为 n6。

e. 衬套内孔与外圆的同轴度:当内径公差带为 H7 时,为 ϕ0.01 mm;当内径公差带为 H6 时,为 ϕ0.005 mm(外径小于 52 mm 时)或 ϕ0.01 mm(外径大于或等于 52 mm 时)。

(2) 镗杆的设计

镗床夹具与刀具、辅助工具有着密切的联系,设计前应先把刀具和辅助工具的结构形式确定下来,否则设计出来的夹具可能无法使用。镗床使用的辅助工具很多,如镗杆、镗杆接头、对刀装置等。

如图 5.61 所示为固定式镗套的镗杆导向部分的结构。当镗杆导向部分的直径 $d<$ 50 mm时,镗杆常采用整体式结构。

图 5.61(a)所示为开有油沟的圆柱导向,是最简单的一种镗杆导向结构。由于镗杆与镗套的接触面积大,润滑不好,在加工时难以避免切屑进入导向部分,所以这种镗杆的导向易

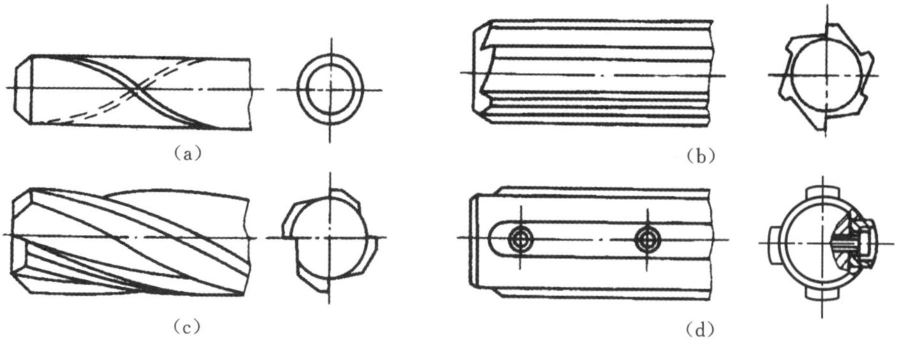

图 5.61 镗杆导向部分结构

产生“卡死”现象。

图 5.61(b)、(c)所示为开有较深直槽和螺旋槽的导向结构。这种结构可大大减小镗杆与镗套的接触面积，沟槽内有一定的存屑空间，可减少“卡死”现象，但其刚度低。

当直径 $d>50$ mm 时，常采用图 5.61(d)所示的镶条式结构。镶条应采用摩擦系数小和耐磨的材料，如铜或钢。镶条磨损后，可在底部加垫片，重新修磨使用。这种导向结构的摩擦面积小，容屑量大，不易“卡死”。

图 5.62 所示为用于外滚式回转镗套的镗杆引进结构。图 5.64(a)所示镗杆在前端设置平键，键下装有压缩弹簧，键的前部有斜面，适用于开有键槽的镗套。无论镗杆以何位置进入导套，平键均能自动进入键槽，带动镗套回转。图 5.64(b)所示镗杆上开有键槽，其头部制成螺旋引导结构，其螺旋角应小于 45°，以便于镗杆引进后使键顺利地进入槽内。当不转动的镗杆进入导套时，如果其键槽同导套上尖头键的相互位置不对，则镗杆前端的螺旋面便拨动键而迫使导套回转，使键顺利地进入键槽中，同时也保证了镗刀以准确的角度和位置顺利地进入导套的引刀槽中。

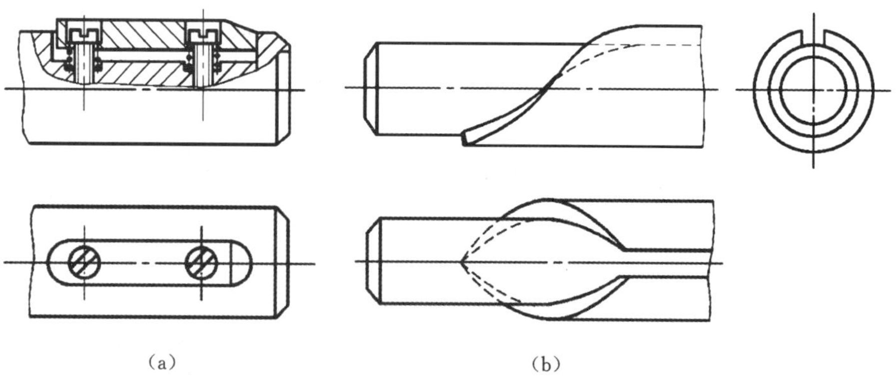

图 5.62 镗杆引进结构

镗杆直径和轴向尺寸的关系：

$$d=(0.6\sim0.8)D \tag{5-1}$$

式中 d——镗杆直径，mm；

D——被镗孔直径，mm。

在设计镗杆时，被镗孔直径 D、镗杆直径 d、镗刀截面 $B\times B$ 之间的关系为 $(D-d)/2=(1\sim1.5)B$。

表 5-2 所示为被镗孔直径 D、镗杆直径 d、镗刀截面 $B\times B$ 之间的关系，确定镗杆直径时，应考虑镗杆的刚度和镗孔时应有的容屑空间。

表 5-2　D、d、$B\times B$ 之间的关系

D/mm	30～40	40～50	50～70	70～90	90～110
d/mm	20～30	30～40	40～50	50～65	65～90
$B\times B$/mm^2	8×8	10×10	12×12	16×16	20×20

(3) 浮动接头

如果是采用双支承镗模镗孔时，镗杆与机床主轴之间需要采用浮动连接。图 5.63 所示为浮动接头。

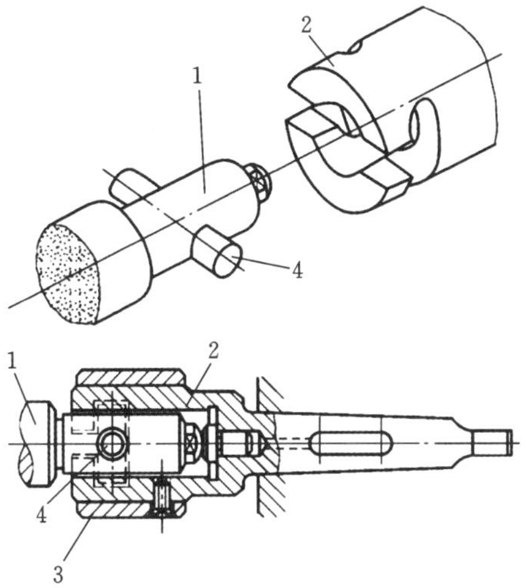

图 5.63　浮动接头

1—镗杆；2—接头体；3—外套；4—拨动销

(4) 支架和底座的设计

镗模支架和底座多为铸铁件(一般为 HT200)，常分开制造，这对于夹具的加工、装配和铸件的时效处理都有利。支架和底座用圆柱销和螺钉紧固。镗模支架应具有足够的刚度和强度，不允许支架承受夹紧反力的作用。镗模底座上要安装各种装置和元件，并承受切削力和夹紧力。

支架的设计如图 5.64 所示。

表 5-3 为镗模支架相应尺寸选取的数据参考，其中表中的材料均为铸铁件，若改为铸钢件，则其相应厚度应减小。

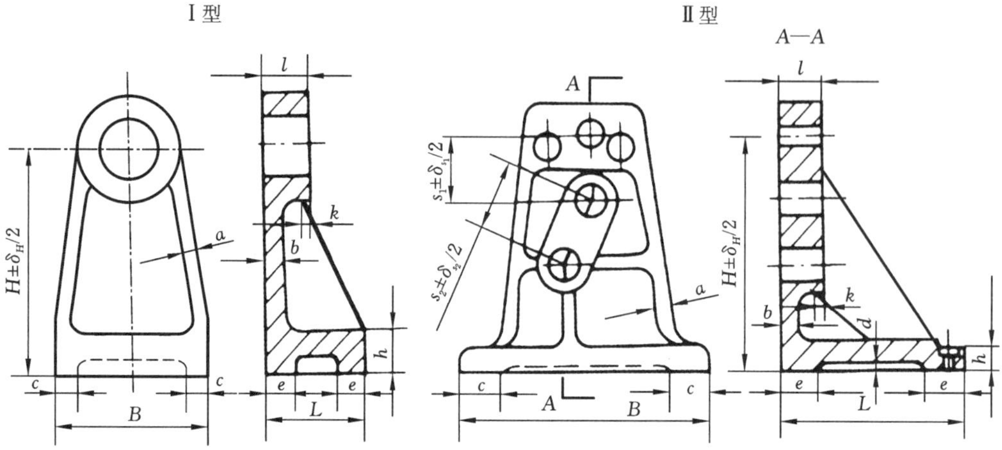

图 5.64　支架的设计

表 5-3　支架相应尺寸的选取　　单位:mm

型式	B	L	H	s_1、s_2	l	a	b	c	d	e	h	k
Ⅰ型	$(1/2\sim3/5)H$	$(1/3\sim1/2)H$	根据工件的相应尺寸进行选取			10～20	15～25	30～40	3～5	20～30	20～30	3～5
Ⅱ型	$(2/3\sim1)H$	$(1/3\sim2/3)H$										

底座的设计如图 5.65 所示。

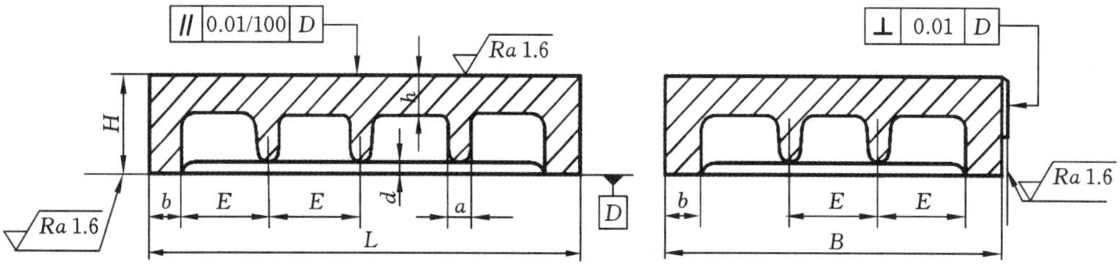

图 5.65　底座的设计

表 5-4 为底座相应尺寸选取的数据参考,其中表中的材料均为铸铁件,若改为铸钢件,则其相应的厚度应当减小。

表 5-4　底座相应尺寸的选取　　单位:mm

L	B	H	E	a	b	d	h
按照工件的大小确定		$(1/8\sim1/6)L$	$(1\sim1.5)H$	10～20	20～30	5～8	20～30

所以支架与底座最终设计时,应有足够的强度和刚度,并保持尺寸精度的稳定性。

本 章 小 结

本章介绍了典型夹具中钻床夹具、车床夹具、铣床夹具以及镗床夹具，主要从这四种夹具的概念、特点以及分类进行介绍，并结合实际案例进行分析，了解典型夹具的选取与设计，可使学生进一步加深对典型夹具设计的理解。

思考与练习

1. 典型夹具的共通点是什么?
2. 钻床夹具与镗床夹具有哪些相似的地方?
3. 设计典型夹具时有哪些注意事项?
4. 如何快速地选取所需要的夹具类型?

6 专用夹具的设计方法

【教学目标与要求】

机床夹具设计是工艺装备设计的一个重要组成部分，在专用夹具设计中，除工件的定位和夹紧外，还有一些问题需要解决，如专用夹具的设计步骤、夹具体的设计、夹具总图上尺寸公差和技术要求的标注、夹具的制造及工艺性、工件在夹具上加工的精度分析等。通过本章的学习，应达到以下目标：

（1）熟悉专用夹具设计的基本要求及步骤；

（2）掌握机床夹具装配图的绘制步骤及装配总图尺寸、公差和技术要求的标注方法；

（3）了解夹具体的基本要求和类型；

（4）熟悉夹具精度分析方法；

（5）了解夹具的制造及工艺性。

6.1 夹具设计的基本要求和设计步骤

6.1.1 夹具设计的要求

对于企业中的工艺技术人员而言，除了要消化设计图样和技术要求，进行产品零件加工的工艺文件编制及现场生产服务外，还有一个重要的任务，就是要根据工艺规程的要求，进行产品零件的加工、装配、焊接夹具和检测夹具等工装的设计工作。

夹具设计一般是在零件的机械加工工艺过程制订之后按照某一工序的具体要求进行的。制订工艺过程，应充分考虑夹具实现的可能性，而设计工装夹具时，如确有必要也可以对工艺过程提出修改意见。工装夹具设计的质量，应以能稳定地保证工件的加工质量，生产效率高，成本低，排屑方便，操作安全、省力，制造、维护容易等作为衡量指标。夹具设计时应满足以下主要要求：

① 保证工件的加工精度。保证加工精度的关键，首先在于正确地选定定位基准、定位方法和定位元件，必要时还需进行定位误差分析，还要注意夹具中其他零部件的结构对加工

精度的影响，特别对于精加工工序，应适当提高夹具的制造精度，以保证零件的尺寸公差和几何公差等加工要求。满足加工精度要求，是检验夹具性能的第一标准。

② 提高生产效率。专用夹具的复杂程度应与生产相适应，应尽量采用各种快速高效的装夹机构，保证操作方便，缩短辅助时间，提高生产效率。特别是大批量生产中使用的夹具，应设法缩短加工的基本时间和辅助时间。

③ 保证工艺性能好。专用夹具的结构应力求合理、简单，便于制造、装配、调整、检验、使用、维修等。专用夹具的制造属于单件生产，当最终精度由调整或修配保证时，夹具上应设置调整或修配结构。

④ 使用性能好。专用夹具的操作应简便、省力、安全可靠。在客观条件允许且又经济适用的前提下，应尽可能采用气动、液压以及其他机械化、自动化的夹紧装置，以减轻操作者的劳动强度。夹具排屑不畅，将会影响工件定位的正确性和可靠性，而且聚屑还可能损坏刀具。此外，积屑热量还将造成系统的热变形，影响加工质量，所以必要时可设置排屑结构。

⑤ 保证经济性好。专用夹具应尽可能采用标准元件和标准结构，力求结构简单、制造容易，以降低夹具的制造成本。设计时可按《机床夹具零件及部件快换钻套》(JB/T 8045.3—1999)选用标准元件，特别应选用商品化的标准元件，以缩短夹具制造周期，降低夹具成本，提高夹具在生产中的经济效益。

以上要求有时是相互矛盾的，故应在全面考虑的基础上，处理好主要矛盾，使之达到较好的效果。例如，在钻模设计中，通常侧重于生产率的要求；镗模等精加工用的夹具则侧重于加工精度的要求等。

6.1.2 夹具设计的步骤

结合夹具设计的基本要求，夹具的设计步骤可划分为五个阶段。

(1) 明确设计任务，收集设计资料

工艺人员在编制零件的工艺规程时，提出了相应的夹具设计任务书，其中对定位基准、夹紧方案及有关要求作了说明。夹具设计人员根据任务书进行夹具的结构设计。为了使所设计的夹具能够满足上述基本要求，设计前要认真收集和研究下列资料：

① 生产纲领

工件的生产纲领对于工艺规程的制订及专用夹具的设计都有着十分重要的指导作用。夹具结构的合理性及经济性与生产纲领有着密切的关系。大批量生产多采用气动或其他机动夹具，自动化程度高，同时夹紧的工件数量多，结构也比较复杂。单件小批生产时，宜采用结构简单、成本低廉的手动夹具，以及万能通用夹具或组合夹具，以便尽快投入使用。

② 零件图及工序图

零件图是夹具设计的重要资料之一，它给出了工件在尺寸、位置等方面的精度要求。工序图则给出了所用夹具加工工件的工序尺寸、工序基准、已加工表面、待加工表面、工序精度要求等，它是设计夹具的主要依据。

③ 零件工艺规程

了解零件的工艺规程主要是指了解该工序所使用的机床、刀具、加工余量、切削用量、工步安排、工时定额、同时安装的工件数目等。关于机床、刀具方面,应了解机床主要技术参数、规格、机床与夹具连接部分的结构与尺寸,刀具的主要结构尺寸、制造精度等。

④ 夹具结构及标准

工艺人员应收集有关夹具零、部件标准,包括国标、厂标等,以及典型夹具结构图册,了解本厂制造、使用夹具的情况以及国内外同类型夹具的资料。结合本厂实际,吸收先进经验,尽量采用国家标准。

(2) 确定夹具的结构方案

在构思夹具结构方案时主要包括:确定定位方案;确定夹紧方案;确定刀具导向方案;确定其他元件或装置的结构形式;确定夹具总体布局和夹具体的结构形式,以及进行必要的分析计算。

① 在确定定位方案时,需根据工件的定位原理,确定工件的定位方式及定位点分布,选择定位元件。

② 在确定夹紧方案时,主要考虑选择适宜的夹紧机构,使夹紧力与切削力静力平衡。

③ 确定刀具导向方案。主要确定刀具的对准及引导方式,选择刀具的对准及导引元件。

④ 确定其他元件或装置的结构形式,主要指定向元件、分度装置的确定等。

⑤ 确定夹具总体布局和夹具体的结构形式,并处理好定位元件在夹具体上的位置。在选择合理设计方案后,绘制夹具方案设计草图。绘制时,先要绘出一些准备性的草图,如:主要部分或重要部分的结构详图,各元件的形状和尺寸,元件间的连接方式,标注必要的尺寸、公差配合并提出技术要求,确定视图的数量,以及剖面位置、布图方式等。

⑥ 进行必要的分析计算。工件加工精度较高时,应进行加工误差分析;有气压、液压等机械传动装置的夹具,需计算夹紧力。当有多种夹具设计方案可选时,可进行技术经济分析,选择经济效益较高的方案。

(3) 审查方案与改进设计

夹具草图画出后,应征求有关人员的意见,并送有关部门审查,然后根据反馈的意见对夹具方案进行进一步修改。方案设计审核主要包括下列内容:

① 夹具的标志是否完整。

② 夹具的搬运是否方便。

③ 夹具与机床的连接是否牢固和准确。

④ 定位元件是否可靠和精确。

⑤ 夹紧装置是否安全和可靠。

⑥ 工件的装卸是否方便。

⑦ 夹具与有关刀具、辅具、量具之间的协调关系是否良好。

⑧ 加工过程中切屑的排除是否良好。

⑨ 操作的安全性是否可靠。

⑩ 夹具制造精度审核，其加工精度应符合工件图样所规定的要求。

⑪ 生产率能否达到工艺要求。

⑫ 夹具是否具有良好的结构工艺性和经济性。

⑬ 夹具的标准化审核。

（4）绘制夹具装配总图

绘制夹具装配总图时应遵循国家制图标准，绘图比例应尽量取 1∶1，以便使图形有良好的直观性。如果工件尺寸大，夹具总图可按 1∶2 或 1∶5 的比例绘制；零件尺寸过小，总图可按2∶1 或 5∶1 的比例绘制。总图中视图的布置也应符合国家制图标准，在清楚表达夹具内部结构及各装置、元件位置关系的情况下，视图的数目应尽量少。绘制总图时，主视图应取操作者实际工作时的位置，以便于夹具装配及使用时参考。

某柴油机连杆铣接合面专用夹具如图 6.1 所示。工件可看作为"透明体"，所画的工件轮廓线与夹具的任何线条彼此独立，不相干涉。其外廓以黑色双点画线表示。

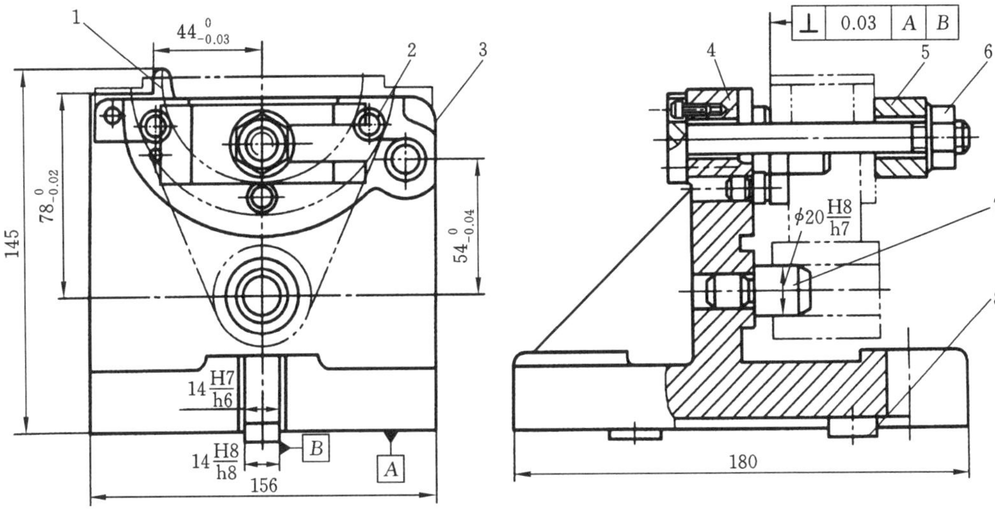

图 6.1　某柴油机连杆铣接合面专用夹具

1—对刀块；2—支承钉；3—防转销；4—夹具体；5—压板；6—螺母；7—定位销；8—定位键

（5）绘制夹具零件图

夹具中的非标准零件均要绘制零件图，并按夹具总体的要求，确定零件的尺寸、公差及技术要求。

夹具设计图纸全部绘制完毕后，设计工作并没有结束。因为所设计的夹具还有待于实践的验证，在试用后有时可能要对原设计作必要的修改。因此设计人员应关心夹具的制造和装配过程，参与鉴定工作，并了解使用过程，以便发现问题及时加以改进，使之达到正确设计的要求。只有夹具制造出来并使用合格后才能算完成设计任务。

6.2 夹具体的设计

6.2.1 夹具体设计的基本要求

夹具体是夹具的基础件，夹具上的各种装置和元件通过夹具体连接成一个整体。如图6.2所示，在夹具体上，要安放组成该夹具所需要的各种元件、机构、装置，并且还要考虑便于装卸工件以及在机床上的固定。因此夹具体的形状和尺寸应满足一定的要求，它主要取决于工件的外廓尺寸和各类元件与装置的布置情况以及加工性质等。所以在专用夹具中，夹具体的形状和尺寸很多是非标准的。夹具体设计时应满足以下基本要求：

① 夹具体的结构形式一般由机床的有关参数和加工方式而定，主要分两大类：车床夹具的旋转型夹具体，铣床、钻床、镗床夹具的固定型夹具体。旋转型夹具体与车床主轴连接，固定型夹具体则与机床工作台连接。如图6.3(a)所示为车床夹具体结构形式，图6.3(b)所示为铣床夹具体结构形式。

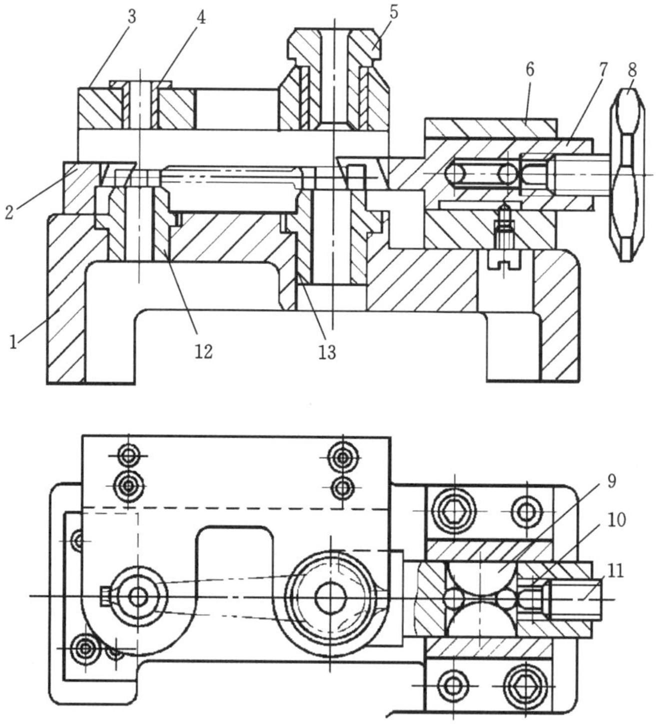

图6.2 移动式钻模平面图

1—夹具体；2—固定V形块；3—钻模板；4,5—钻套；6—支座；7—活动V形块；8—手轮；9—半月键；10—钢球；11—螺钉；12,13—定位套

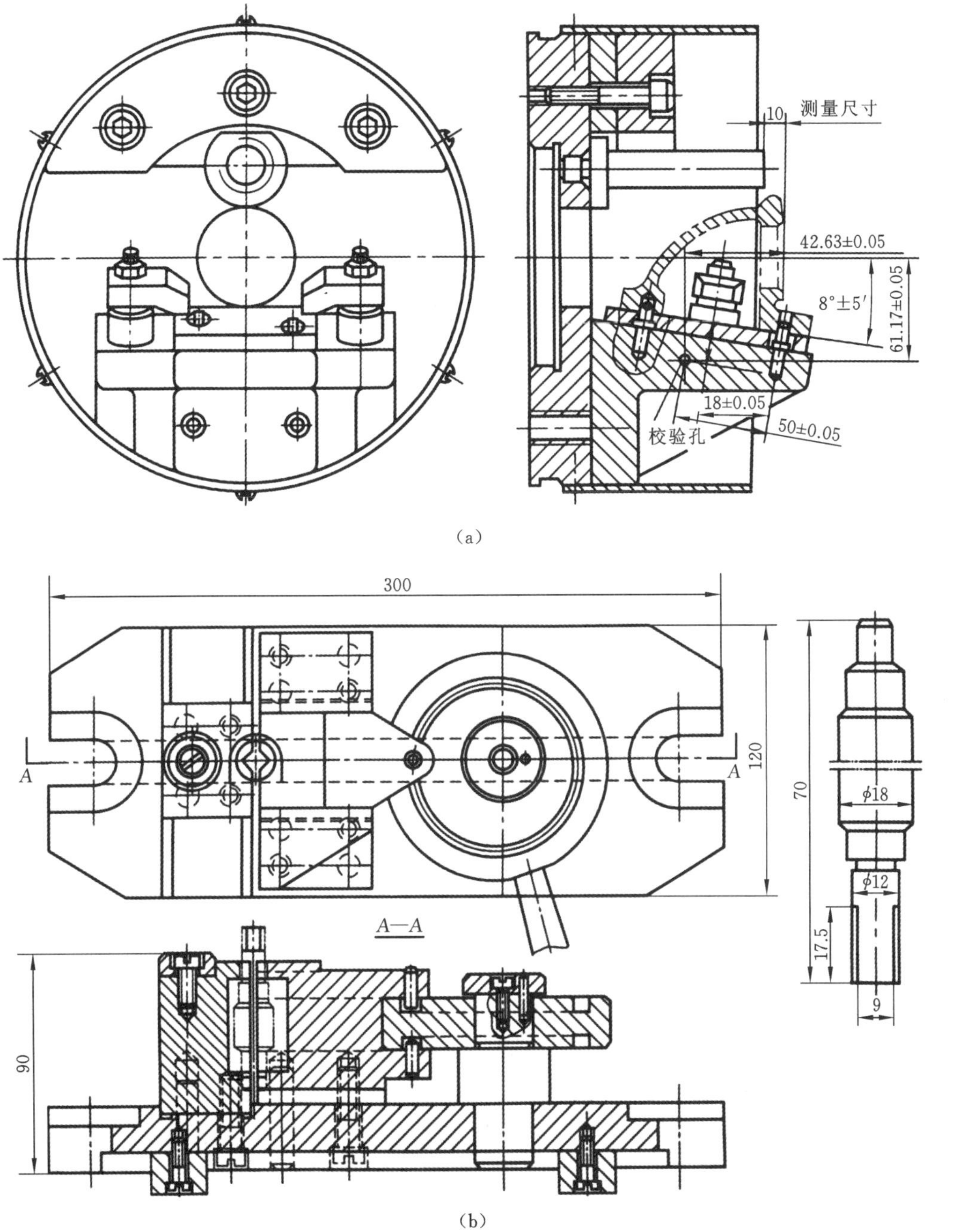

图 6.3　夹具结构示例

(a)车床夹具体；(b)铣床夹具体

② 夹具体需要尺寸稳定、有一定的精度。夹具体上的重要表面，如安装定位元件的表面、安装对刀或导向元件的表面以及夹具体的安装基面，比如与机床相连接的表面等，应有适当的尺寸和形状精度，而且它们之间还应有适当的位置精度。同时，夹具体制造后，为避

免其日久变形，应对焊接夹具体进行退火处理，对铸造夹具体进行时效处理，并且铸造夹具体其壁厚过渡要和缓、均匀，以免产生过大的铸造残余应力。

③ 夹具体需要有足够的强度和刚度。在加工过程中，夹具体要承受较大的切削力和夹紧力。为保证夹具体不产生不允许的变形和振动，夹具体应有足够的强度和刚度，因此夹具体需有一定的壁厚。铸造和焊接夹具体常设置加强筋，一般加强筋厚度取壁厚的 0.7～0.9 倍，筋的高度不大于壁厚的 5 倍，或者在不影响工件装卸的情况下将夹具体设计为框架式结构。夹具体结构形式如图 6.4 所示。

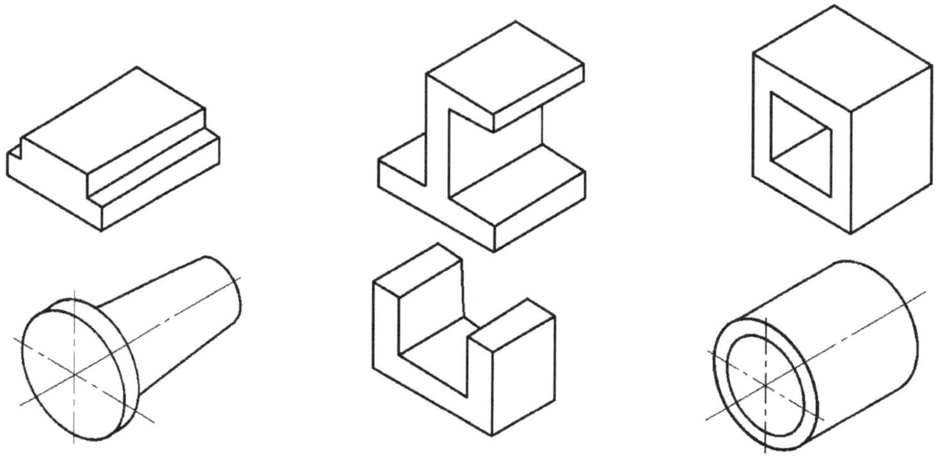

(a)　　(b)　　(c)

图 6.4　夹具体结构形式

(a)开式结构；(b)半开式结构；(c)框架式结构

④ 夹具体在机床上安装稳定可靠。夹具在机床上的安装都是通过夹具体上的安装基面与机床上相应表面的接触或配合实现的。夹具体在机床上的安放应稳定，对于固定在机床上的夹具应使其重心尽量低，对于不固定在机床上的夹具，则其重心和切削力作用点应落在夹具体在机床上的支承面范围内。夹具越高，支承面积应越大。为了使接触面接触紧密，夹具底面四边应凸出，使夹具体的安装基面与机床的工作台面接触良好，各接触部位应在夹具体的一次安装中同时磨出或刮研出。夹具体安装基面的形式如图 6.5 所示。接触边或支脚的宽度应大于机床工作台梯形槽的宽度，应一次加工出来，并保证一定的平面精度；当夹具在机床主轴上安装时，夹具安装基面与主轴相应表面应有较高的配合精度，并保证夹具体安装稳定可靠。

⑤ 夹具体结构工艺性好。夹具体结构应尽量紧凑，工艺性好，便于制造、装配。夹具体上有三个重要表面，即夹具体在机床上的连接面、装配定位元件的表面和装配对刀或导向元件的表面等。连接表面，亦为夹具体基面。一般应以夹具体的基面为夹具的主要设计基准及工艺基准，这样有利于夹具的制造、装配、使用和维修。夹具体上不加工的毛面与工件表面之间应保证有一定的空隙，以免工件与夹具体间发生干涉。其间隙当工件为毛面时取 8～15 mm，工件为光面时取 4～10 mm。此外，铸造夹具体上的装配表面，一般应铸出 3～5 mm高的凸面，以减小加工面积。铸造夹具体壁厚要均匀，转角处应有 $R5$～$R10$ 的圆角。

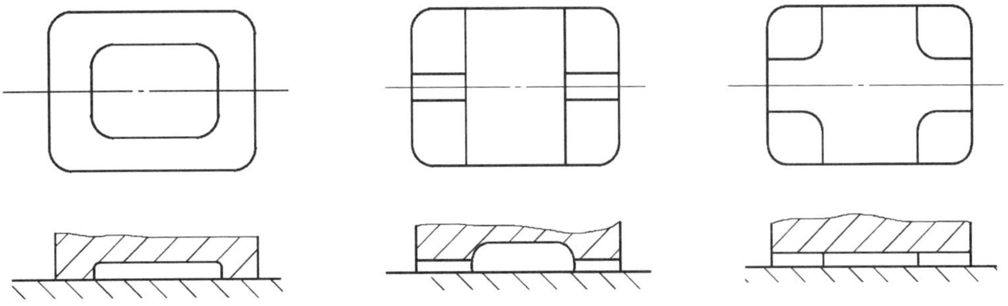

(a)　　(b)　　(c)

图 6.5　夹具体安装基面的形式

(a)周边接触;(b)两端接触;(c)四脚接触

夹具体结构形式应便于工件的装卸。

⑥ 要有适当的容屑空间和良好的排屑性能。在加工过程中所产生的切屑,一部分要落在夹具体上。若切屑积聚过多,将影响工件安装的可靠性,因此夹具体在结构上应考虑清除切屑方便。一般常采用以下两种形式。

a. 增加容纳切屑的空间,使落在定位元件上的少量切屑,排向容屑空间。图 6.6(a)所示是在夹具体上增设容屑沟。图 6.6(b)所示是通过增大定位元件工作表面与夹具体之间的距离形成容屑空间。这两种方法受到夹具体和定位元件结构强度和刚度的限制,实际所增加的容屑空间是有限的,故适用于加工时产生切屑不多的场合。

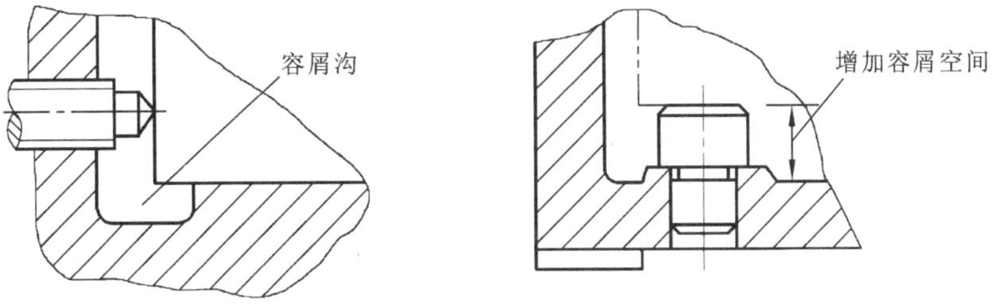

(a)　　(b)

图 6.6　容屑空间

(a)开容屑沟槽;(b)增加容屑空间

b. 采用可自动排屑结构,如在夹具体上设计排屑用的斜面和缺口,使切屑自动由斜面处滑下排出夹具体外。如图 6.7(a)所示为钻床夹具所采用的一种排屑结构,在被加工孔的下部设置斜面,以使切屑自动滚落,避免切屑在夹具上积聚。图 6.7(b)所示为车床夹具常用排屑结构,即设置排屑孔,借助离心力将切屑从孔中甩出。

⑦ 夹具体应紧凑、轻便,便于吊装。在保证一定的强度和刚度的情况下,应尽可能使其体积小、质量轻。在不影响刚度和强度的地方,应开窗口、凹槽,以便减小其质量。特别对于手动、移动或翻转夹具,通常要求夹具总质量不超过 10 kg,以便于操作。同时,夹具体的设计应使夹具吊装方便、使用安全。在加工中要翻转或移动的夹具,通常要在夹具体上设置手柄或手扶部位,以便于操作。对于大型夹具,为便于吊运,在夹具体上应设有起吊孔、起吊环或起重螺栓。对于旋转类的夹具体要尽量避免凸出部分,或装上安全罩,并考虑平衡。

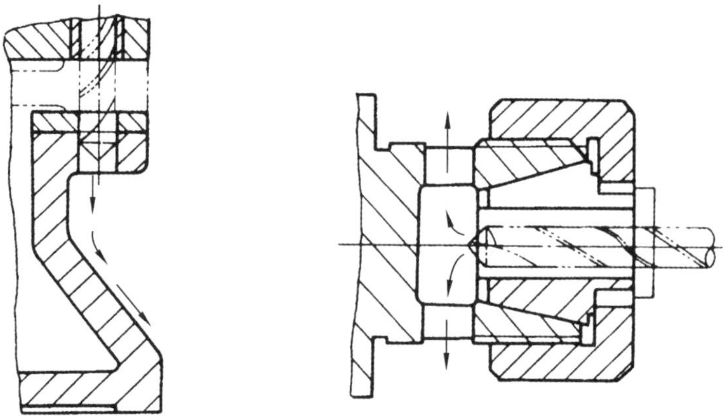

(a)　　　　(b)

图 6.7　夹具体上设置排屑结构

(a)排屑斜面;(b)排屑孔

6.2.2　夹具体毛坯的类型

夹具体毛坯的类型有铸造夹具体、焊接夹具体、锻造夹具体和装配夹具体等,如图 6.8 所示。在设计夹具体时应根据对制造周期、经济性、结构工艺性等方面要求,结合工厂的具体条件加以选定。

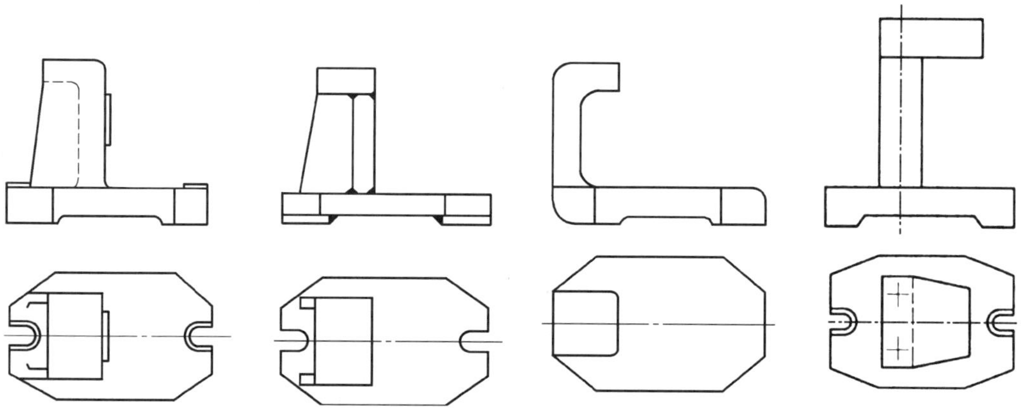

(a)　　　　(b)　　　　(c)　　　　(d)

图 6.8　夹具体毛坯类型

(a)铸造夹具体;(b)焊接夹具体;(c)锻造夹具体;(d)装配夹具体

(1) 铸造夹具体

铸造夹具体的优点是工艺性好,可铸出各种复杂形状,同时铸造夹具体还具有较好的抗压强度、刚度和抗震性,但缺点是生产周期长,单件制造成本高,需进行时效处理以消除内应力。精密夹具体在粗加工后还需作第二次时效处理。常用的材料为灰铸铁,如 HT150 及 HT200,要求强度高时用铸钢如 ZG270～ZG500,要求质量轻时用铸铝。

铸造夹具体的结构如图 6.9 所示，它们的特点是夹具体的基面 1 和夹具体的装配面 2 有平行度要求。图 6.10 所示为角铁式车床夹具体设计示例，它的特点是夹具体的基面 A 和夹具体的装配面 B 有垂直度要求。由于车床夹具体为旋转型，故还设置了校正圆 C，以确定夹具旋转轴线的位置。目前铸造夹具体应用较多，在设计铸造夹具体时需注意合理选择壁厚、肋、铸造圆角及凸台等。

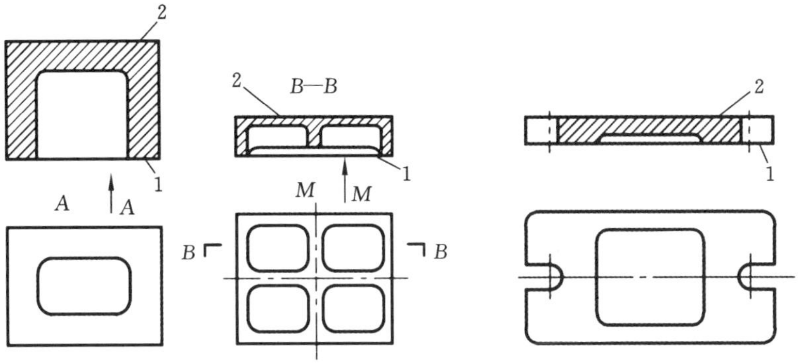

(a)　　　　　　　　(b)

图 6.9　铸造结构的夹具体

(a)箱形；(b)板形

1—基面；2—装配面

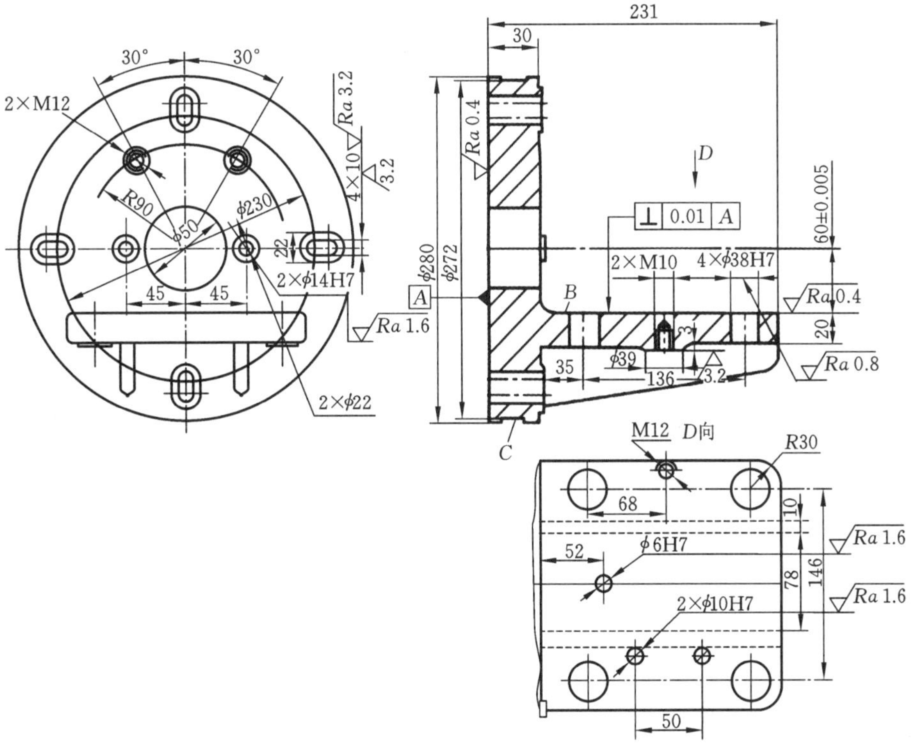

图 6.10　角铁式车床夹具体设计示例

A—夹具体基面；B—装配面；C—校正圆

(2) 焊接夹具体

焊接夹具体和铸造夹具体相比，制造容易、生产周期短；焊接夹具体所采用的材料为钢板、型材等，如果结构合理，布置得当，其质量与同体积的铸铁夹具体相比要轻很多，可比铸造夹具体成本低 30%～35%；而且当发现夹具体刚度不足时，可补焊肋和隔板。但焊接夹具体很难得到铸造夹具体那样复杂的外形，且焊接变形较大，抗震性不好。焊接夹具体适用材料有碳素结构钢 Q195、Q215、Q235 等。焊接夹具体在其制造过程中要产生热变形和残余应力，对其精度影响很大，故焊成后要进行退火处理，局部热处理后进行低温回火。

(3) 锻造夹具体

锻造夹具体适用于形状简单、尺寸不大，要求强度和刚度大的场合。常用合金结构钢 40Cr 等经调质、正火或回火后制成。这类夹具体的应用较少。

(4) 装配夹具体

如图 6.11 所示，装配夹具体由标准的毛坯件、零件及个别非标准件通过螺钉、销钉连接，组装而成。由于标准件为专业工厂进行专业化成批生产，因而不仅可大大缩短夹具体的制造周期，也可以降低生产成本，有利于夹具标准化、系列化，也便于夹具的计算机辅助设计。

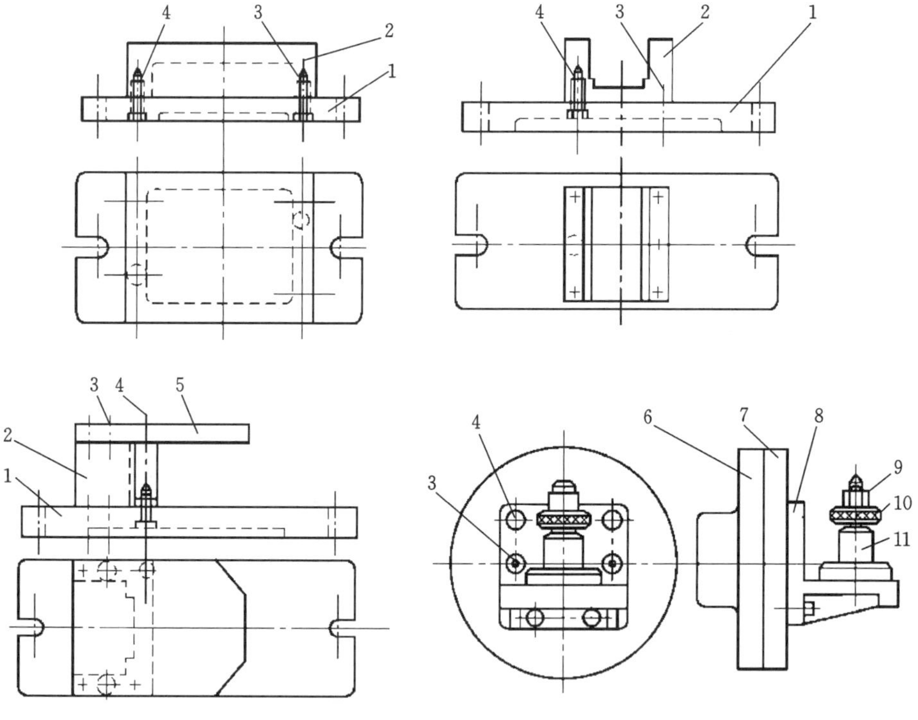

图 6.11　装配夹具体

1—底座；2—支承；3—销钉；4—螺钉；5—钻模板；6—过渡盘；7—花盘；8—角铁；9—螺母；10—开口垫圈；11—定位心轴

6.2.3 夹具体的技术要求

夹具体与各元件配合表面的尺寸精度和配合精度通常都较高，常用的夹具元件间配合的选择见表6-1。定位元件与工件定位基面之间，如定位销与工件基准孔之间，一般精度为H7/h6、H7/g6及H7/f7，较高精度为H6/h5及H6/g5等，表中还列出有引导作用、并有相对运动的元件之间，无引导作用、但有相对运动的元件之间以及无相对运动的元件之间的精度要求。在设计夹具体时需要满足相应的精度要求。

表6-1 夹具元件间常用的配合选择

工作形式	精度要求		示例
	一般精度	较高精度	
定位元件与工件定位基面之间	H7/h6、H7/g6、H7/f7	H6/h5、H6/g5、H6/f5～f6	定位销与工件基准孔
有引导作用、并有相对运动的元件之间	H7/h6、H7/g6、H7/f7 H7/h6、G7/h6、F8/h6	H6/h5、H6/g5、H6/f5～f6 H6/h5、G6/h5、F7/h5	滑动定位元件、刀具与导套
无引导作用、但有相对运动的元件之间	H7/f9、H7/g9～g10	H7/f8	滑动夹具底板
无相对运动的元件之间	H7/h6、H7/r6、H7/r6～s6 H7/m6、H7/k6、H7/js6	（无紧固件） （有紧固件）	固定支承钉 定位销

此外，有时为了夹具在机床上找正方便，常在夹具体侧面或圆周上加工出一个专用于找正的基面，以代替对元件定位基面的直接测量，这时对该找正基面与元件定位基面之间必须有严格的位置精度要求。

6.3 夹具总图上尺寸、公差和技术要求的标注

6.3.1 夹具总图上应标注的尺寸和公差

(1) 夹具外形轮廓尺寸(S_L)

夹具外形轮廓尺寸一般指夹具最大外形轮廓尺寸，即夹具的长、宽、高尺寸。如图6.12所示的最大轮廓尺寸S_L为84 mm、ϕ70 mm和60 mm。若夹具上有可动部分，则应用双点画线画出最大活动范围，或标出可动部分的尺寸范围。例如，夹具体上有超出夹具体外的移动或旋转部分时，应注出最大旋转半径；有升降部分时，应注出最高位置及最低位置。标出夹具最大外形轮廓尺寸，就能知道夹具在空间实际所占的位置和可能活动的范围，以便能够发现夹具是否会与机床、刀具发生干涉。

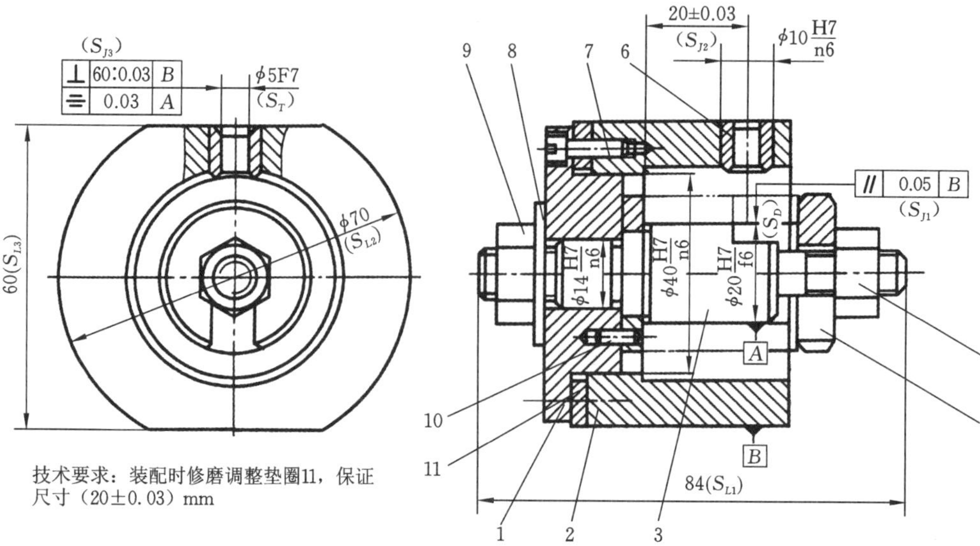

图 6.12　钢套钻模

1—盘；2—套；3—定位心轴；4—开口垫圈；5—夹紧螺母；6—固定钻套；7—螺钉；8—垫圈；9—锁紧螺母；10—防转销；11—调整垫圈

（2）影响定位精度的尺寸和公差（S_D）

影响定位精度的尺寸和公差常指工件以孔在心轴或定位销上定位时，工件孔与上述定位元件间的配合尺寸及公差等级，以及定位元件之间的尺寸、公差。如图 6.12 中标注的定位基面与限位基面的配合尺寸 ϕ20H7/f6。

（3）影响对刀精度的尺寸和公差（S_T）

影响对刀精度的尺寸和公差指用来确定夹具上对刀及导引元件的位置尺寸。对于铣、刨夹具而言是指对刀元件与定位元件的位置尺寸；对于钻、镗夹具来说，是指钻套或镗套与定位元件间的位置尺寸，钻套之间的位置尺寸，以及钻套与刀具导向部分的配合尺寸。如图 6.12 中钻套内孔 ϕ5F7。

（4）影响夹具在机床上安装精度的尺寸和公差（S_A）

影响夹具在机床上安装精度的尺寸和公差指用于确定夹具在机床上正确位置的尺寸，主要指夹具安装基面与机床相应配合表面之间的尺寸及公差。对于车床及磨床夹具，主要是指夹具与主轴端的连接尺寸，如图 6.13 所示，安装基面 A 与车床主轴的配合尺寸 D_1H_7 及找正孔 K 相对车床主轴的同轴度 $\phi\delta_{t2}$；对于铣、刨夹具则是指夹具上的定向键与机床工作台上的 T 形槽的配合尺寸。标注尺寸时，还常以夹具上的定位元件作为位置尺寸的基准。

（5）影响夹具精度的尺寸和公差（S_J）

影响夹具精度的尺寸和公差主要指定位元件、对刀或导向元件、分度装置及安装基面相互之间的尺寸、公差和位置公差，与工件、机床、刀具无关，主要是为了夹具安装后能满足规定的使用要求。如图 6.12 中标注的钻套轴线与限位基面间的尺寸（20±0.03）mm、钻套轴线相对于定位心轴的对称度 0.03 mm、钻套轴线相对于安装基面 B 的垂直度 0.03 mm、定位心轴相对于安装基面 B 的平行度 0.05 mm。

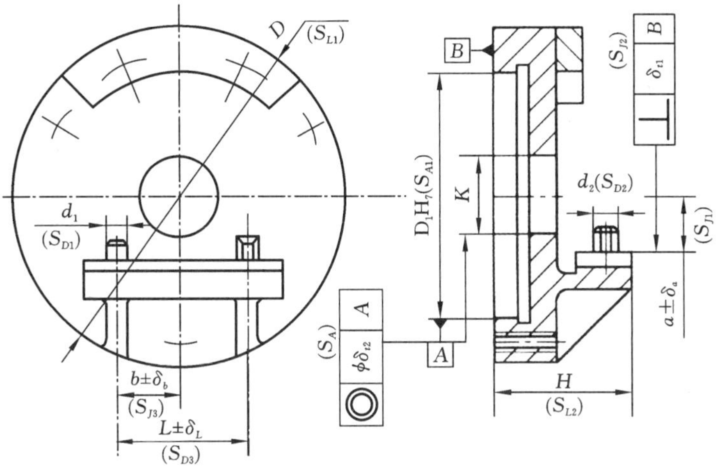

图 6.13　车床夹具尺寸标注示意

6.3.2　夹具总图上公差值的确定

夹具总图上标注公差值的原则是:在满足工件加工要求的前提下,尽量降低夹具的制造精度。

(1) 直接影响工件加工精度的夹具公差 δ_J

夹具总图上标注的第 2～5 类尺寸的尺寸公差和位置公差均直接影响工件的加工精度。取夹具总图上的尺寸公差或位置公差为

$$\delta_J = (1/5 \sim 1/2)\delta_K \tag{6-1}$$

式中　δ_K——与 δ_J 相对应的工件尺寸公差或位置公差,mm。

当工件批量大、加工精度低时,δ_J 取小值,因为这样既可以延长夹具的使用寿命,又不会增加夹具的制造难度;反之,取大值。

如图 6.12 中的尺寸公差、位置公差均取相应工件公差的 1/3 左右。

对于直接影响工件加工精度的配合尺寸,在确定了配合性质后,应尽量选用优先配合,如图 6.12 中的 ϕ20H7/f6。

工件的加工尺寸未注公差时,工件加工尺寸公差 δ_K 视为 IT12～IT14,夹具上相应的尺寸公差按 IT9～IT11 标注;工件上的位置要求未注公差时,工件位置公差 δ_K 视为 9～11 级,夹具上相应的位置公差按 7～9 级标注;工件上加工角度未注公差时,工件加工尺寸公差 δ_K 视为 $\pm 10' \sim \pm 30'$,夹具上相应的角度公差标为 $\pm 3' \sim \pm 10'$(相应边长为 10～400 mm 时,边长短时取大值)。

(2) 夹具上其他重要尺寸的公差与配合

这类尺寸的公差与配合的标注对工件的加工精度有间接影响。在确定配合性质时,应考虑减小其影响,其公差等级可参照相关“夹具手册”或“机械设计手册”标注。它们是图

6.12中的 $\phi 40H7/n6$、$\phi 14H7/n6$、$\phi 10H7/n6$。

6.3.3 夹具总图上应标注的技术要求

为了保证夹具制造和装配后达到设计规定的精度要求,在设计图上除了直接标注尺寸公差和几何公差之外,夹具总图上无法用符号标注而又必须说明的问题,可作为技术要求用文字写在总图上,习惯上把用文字说明的夹具精度要求统称为技术要求。

在夹具装配图上应标注的技术要求有如下几方面:

① 定位元件之间或定位元件与夹具体底面间的位置要求。其作用是保证加工面与定位基面间的位置精度。

② 定位元件与连接元件或找正基面间的位置要求。夹具在机床上安装时,是通过连接元件和夹具体底面来确定其在机床上的正确位置的。而工件在夹具上的正确位置,靠夹具上的定位元件来保证。因此,工件在机床上的最终位置,实际上就由定位元件与连接元件或找正基面间的相互位置来确定。故定位元件与连接元件和夹具体底面间应当有一定的相互位置要求。

③ 对刀元件与连接元件或找正基面间的位置要求。标注这类技术要求的目的是要保证刀具相对工件的正确位置。加工时,工件在夹具定位元件上定位,而定位元件如前述已能保持与连接元件和或找正基面的相互位置。故只要保证导引元件与连接元件或找正基面的相互位置要求,就能保证刀具对工件的正确位置。

④ 定位元件与导引元件的位置要求。这类技术要求是指钻套镗套与定位元件间的相互位置要求。

此外夹具在制造和使用上的要求,如夹具的平衡和密封、装配性能和要求、有关机构的调整参数、主要元件的磨损范围和极限、打印标记和编号以及使用中应注意的事项等,都要用文字标注在夹具的总图上。

6.4 工件在夹具上加工的精度分析

6.4.1 夹具精度的概念

夹具的误差分为静态误差和动态误差两部分,其中静态误差占重要的比例,因此,夹具的精度在无特殊注明时是指夹具的静态误差或称静态精度,即指夹具非受力状态下的精度。

夹具的精度是由一组完备的测量项目决定的,具体包括以下内容:

(1) 定位及定位支承元件的工作表面对夹具底面(在机床上的安装基准面)的位置度(平行度、垂直度等)误差。

(2) 对刀和导向元件的工作表面或轴线(或中心线)对夹具底面和定向键中心平面或侧

面的尺寸及位置误差。

(3) 定位元件上工作面或轴线(或中心线)之间及对刀、导向元件工作面或轴线(或中心线)之间的尺寸及位置误差。

(4) 定位元件及导向元件本身的尺寸。

(5) 对于有分度或转位机构的夹具,还应有分度或转位误差。

其中(1)、(2)两项是定位、导向元件相对夹具安装基准的误差;(3)、(4)两项是定位、导向元件本身及相互位置误差。

图 6.14 所示为一简单铣床夹具,其需要测量控制的项目有:

① 属于第(1)项的有:定位衬套 6 的上端面对夹具的安装基准面 A 的平行度为 0.05 mm/100 mm;定位衬套 6 的轴线对夹具的安装基准面 A 的垂直度为 ϕ0.05 mm。

② 属于第(2)项的有:对刀块 3 的工作面对夹具的安装基准面 A 的平行度为 0.05 mm;对刀块侧平面对夹具定向键中心平面的距离尺寸为(17.25±0.03) mm。

③ 属于第(3)项的有:定位夹紧装置的两个卡爪的工作面同步对中移动对定位衬套 6 的轴线的对称度为 0.1 mm;对刀块 3 的上平面与定位衬套 6 的上端面之间的尺寸为(48±0.05) mm。

④ 属于第(4)项的有:定位衬套 6 的直径 ϕ38H7。

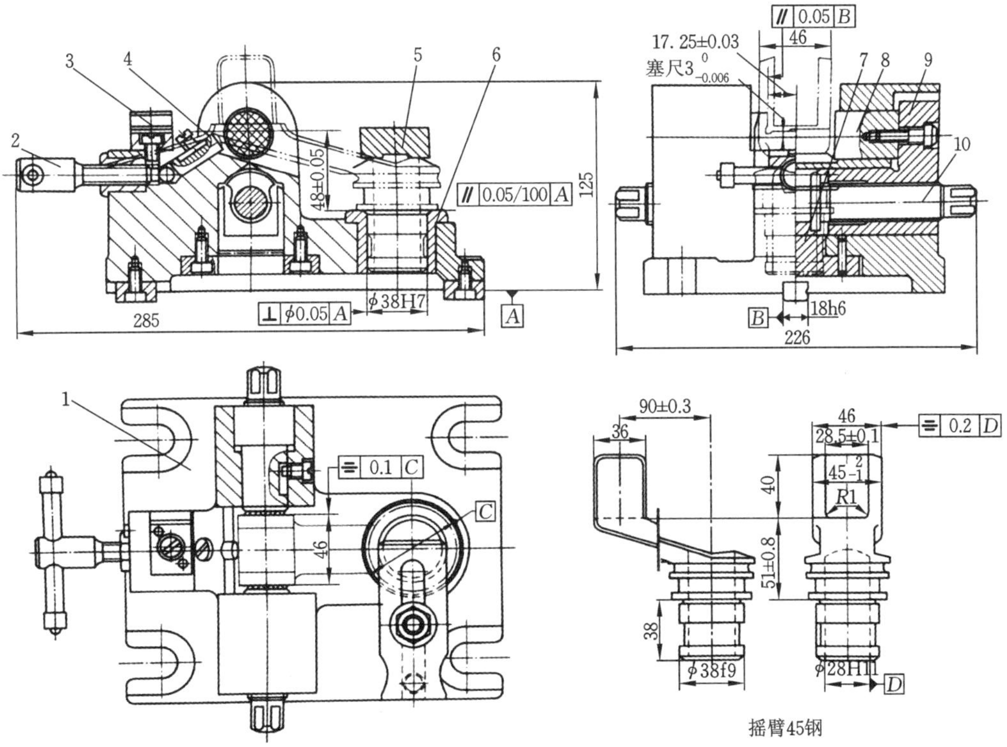

图 6.14　铣床夹具

1—夹具体;2—扳手螺钉;3—对刀块;4—滑柱;5,8—压板;6—定位衬套;
7—限位卡箍;9—左右夹紧螺母;10—双头左右螺栓

夹具的静态精度就是用这些测量项目来描述的，完整地标注出这些项目是控制夹具精度的必要条件。由于每个测量项目都是各自独立的，都是直接或间接影响夹具加工精度的因素，因此，夹具的精度就是这些测量项目的多元函数。

6.4.2 加工精度分析

使用夹具的首要目的在于保证工件的加工质量，具体来说，使用夹具加工时必须保证工件的尺寸精度、形状精度和位置精度。采用夹具装夹法对工件进行加工时，为了保证工件加工表面相对其他有关表面的尺寸和位置精度，必须满足下述三个条件：

① 工件在夹具中的定位准确。工件的定位使工件在夹具中占有准确的加工位置。

② 夹具在机床上的位置准确。夹具在机床上的相对定位，是使夹具体的连接表面与机床连接，以确定夹具在机床主轴或工作台上的准确位置，实现对机床切削成形运动的定位。

③ 刀具的位置准确。使刀具相对有关的定位元件工作面之间保持准确的位置关系，这就保证了刀具在工件上加工出的表面对工件定位基准的位置尺寸，达到了加工精度要求。

夹具设计中，为了保证制造精度，首先应选择好定位表面（基准），其次应考虑定位点的合理分布。定位件的位置不准确，必然造成工件定位和方位的变化，进而引起工件产生几何误差，因此设计时必须认真分析、综合考虑各方面因素，包括受力变形、受热变形、磨损等动态因素对定位的影响。

（1）影响加工精度的因素

用夹具装夹工件进行机械加工时，其工艺系统中影响工件加工精度的因素很多。与夹具有关的因素如图 6.15 所示，有定位误差 Δ_D、对刀误差 Δ_T、夹具在机床上的安装误差 Δ_A 和夹具误差 Δ_J。在机械加工工艺系统中，影响加工精度的其他因素综合称为加工方法误差 Δ_G。上述各项误差均导致刀具相对工件的位置不精确，从而形成总的加工误差 $\sum\Delta$。

定位误差 Δ_D，包括基准不重合误差和基准位移误差。对刀误差 Δ_T，因刀具相对于对刀或导向元件的位置不精确而造成的加工误差。夹具的安装误差 Δ_A，夹具在机床上的安装不精确而造成的加工误差。夹具误差 Δ_J，因夹具上定位元件、对刀或导向元件、分度装置及安装基准之间的位置不精确而造成的加工误差。如图 6.15 所示，夹具误差 Δ_J 主要包含定位元件相对于安装基准的尺寸或位置误差 Δ_{J_1}，定位元件相对于对刀或导向元件的尺寸或位置误差 Δ_{J_2}，导向元件相对于安装基准的尺寸或位置误差 Δ_{J_3}，若有分度装置时，还存在分度误差 Δ_F。以上几项共同组成夹具误差 Δ_J。

加工方法误差 Δ_G 是指因机床精度、刀具精度、刀具与机床的位置精度、工艺系统的受力变形和受热变形等因素造成的加工误差。因该项误差影响因素多，又不便于计算，所以常根据经验为它留出工件公差 δ_K 的 1/3，计算时可设

$$\Delta_G=\delta_K/3 \tag{6-2}$$

以图 6.12 所示钢套钻 $\phi 5$ mm 孔的钻模为例计算。

① 定位误差 Δ_D

加工尺寸 20 ± 0.1 mm 的定位误差，$\Delta_D=0$。

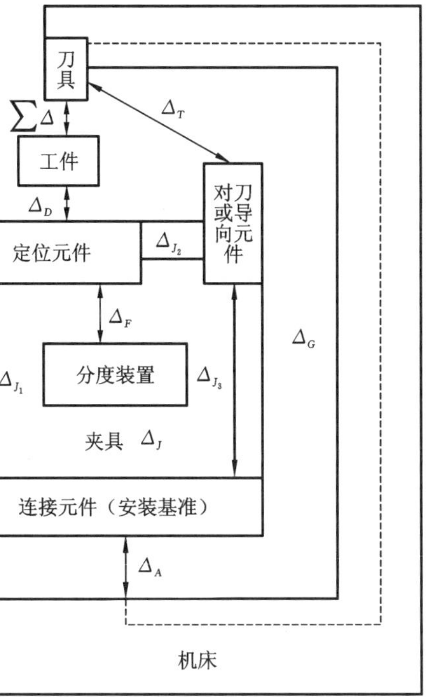

图 6.15　工件在夹具上加工时影响加工精度的主要因素

对称度 0.1 mm 的定位误差为工件定位孔与定位心轴配合的最大间隙。工件定位孔的尺寸为 ϕ20H7($\phi 20^{+0.021}_{0}$ mm)，定位心轴的尺寸为 ϕ20f6($\phi 26^{-0.020}_{-0.033}$ mm)。

$$\Delta_D = X_{\max} = (0.021+0.033)\ \text{mm} = 0.054\ \text{mm}$$

② 对刀误差 Δ_T

如图 6.12 中钻头与钻套间的间隙，会引起钻头的位移或倾斜，造成加工误差。由于钢套壁厚较薄，可只计算钻头位移引起的误差。钻套导向孔尺寸为 ϕ5F7($\phi 5^{+0.022}_{+0.010}$ mm)，钻头尺寸为 ϕ5h9($\phi 5^{\ 0}_{-0.03}$ mm)。尺寸 20±0.1 mm 及对称度 0.1 mm 的对刀误差均为钻头与导向孔的最大间隙。

$$\Delta_T = X_{\max} = (0.022+0.03)\ \text{mm} = 0.052\ \text{mm}$$

③ 夹具的安装误差 Δ_A

图 6.12 中夹具的安装基面为平面，因而没有安装误差，$\Delta_A = 0$。

④ 夹具误差 Δ_J

图 6.12 中，影响尺寸 20±0.1 mm 的夹具误差的定位面到导向孔轴线的尺寸公差 $\Delta_{J_2} =$ 0.06 mm，及导向孔对安装基面 B 的垂直度 $\Delta_{J_3} = 0.03$ mm。

影响对称度 0.1 mm 的夹具误差为导向孔对定位心轴的对称度 $\Delta_{J_2} = 0.03$ mm(导向孔对安装基面 B 的垂直度误差 $\Delta_{J3} = 0.03$ mm，与 Δ_{J_2} 在公差上兼容，只需计算其中较大的一项即可)。

(2) 保证加工精度的条件

工件在夹具中加工时，总加工误差 $\sum\Delta$ 为上述各项误差之和。由于上述误差均为独

立随机变量，应用概率法叠加。因此保证工件加工精度的条件是

$$\sum\Delta=\sqrt{\Delta_D^2+\Delta_T^2+\Delta_A^2+\Delta_J^2+\Delta_G^2}\leqslant\delta_K \tag{6-3}$$

即工件的总加工误差 $\sum\Delta$ 应不大于工件的加工尺寸公差 δ_K。

为保证夹具有一定的使用寿命，防止夹具因磨损而过早报废，在分析计算工件加工精度时，需留出一定的精度储备量 J_C。因此将上式改写为

$$\sum\Delta\leqslant\delta_K-J_C$$

或

$$J_C=\delta_K-\sum\Delta\geqslant 0 \tag{6-4}$$

当 $J_C\geqslant 0$ 时，夹具能满足工件的加工要求。J_C 值的大小还表示夹具使用寿命的长短和夹具总图上各项公差值 δ 确定得是否合理。

(3) 在钢套上钻 $\phi 5$ mm 孔的加工精度计算

在图 6.12 所示钻模上钻钢套的 $\phi 5$ mm 孔时，加工精度的计算列于表 6-2 中。由表 6-2 可知，该钻模能满足工件的各项精度要求，且有一定的精度储备。

表 6-2　用钻模在钢套上钻 $\phi 5$ mm 孔的加工精度计算

误差名称	加工要求	
	20±0.1 mm	对称度为 0.1 mm
Δ_D	0	0.054 mm
Δ_T	0.052 mm	0.052 mm
Δ_A	0	0
Δ_J	$\Delta_{J_2}+\Delta_{J_3}=(0.06+0.03)$ mm	$\Delta_{J_2}=0.03$ mm
Δ_G	(0.2/3) mm=0.067 mm	(0.1/3) mm=0.033 mm
$\sum\Delta$	$\sqrt{0.052^2+0.06^2+0.03^2+0.067^2}$ mm =0.108 mm	$\sqrt{0.054^2+0.052^2+0.03^2+0.033^2}$ mm =0.087 mm
J_C	(0.2−0.108) mm=0.092 mm>0	(0.1−0.087) mm=0.013 mm>0

6.4.3　获取夹具精度的工艺方法

夹具的精度是由一组完备的测量尺寸精度保证的，然而这些测量尺寸精度一般都很高，有的不采取特殊的工艺手段是不容易达到的。了解达到这些要求的工艺方法，无疑对于提高夹具精度、降低夹具制造成本是十分必要的。

获得夹具测量尺寸精度的工艺方法通常有如下五种。

(1) 装配后加工法

为了达到钻套孔或镗套孔轴线对夹具安装基面的垂直度或平行度要求，唯一的工艺方法是采用装配后精镗孔。对于如图 6.16 所示的铰链式钻模夹具的活动钻模板上的钻套底

孔,采用装配后精镗孔,其效果尤为明显。

这种工艺方法基本上是靠坐标镗床的精度直接保证夹具所要求的位置精度。因此,它是保证钻套或镗套轴线和夹具安装基面垂直或平行的最可靠、最简便的方法,所有钻镗类夹具的导向套底孔基本上都采用这种工艺方法加工。

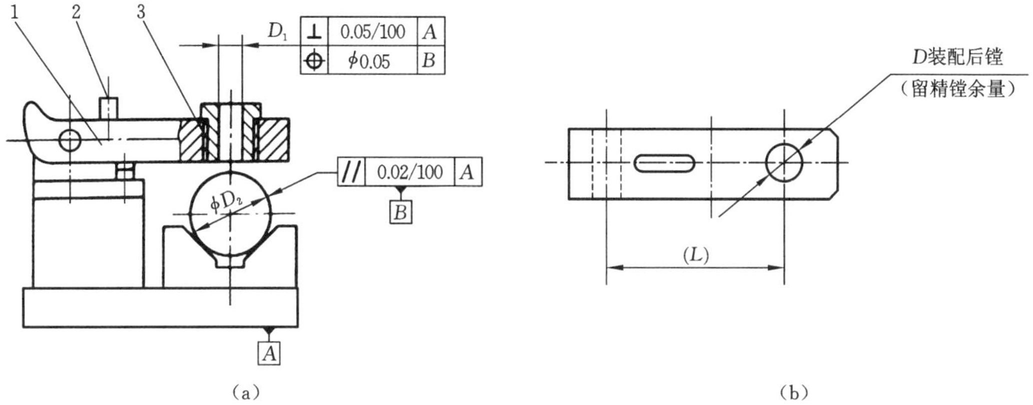

图 6.16 铰链式钻模

(a)钻模夹具;(b)钻模板

1—钻模板;2—蝶形螺母;3—钻套衬套

(2) 找正固定法

找正固定法是指先找正位置,然后用螺钉紧固,再合件配钻、铰销钉孔并压入有过盈量的定位销,以实现最后的定位的方法。这是广泛应用于获得夹具形状和位置精度的方法。找正固定法常用于找正 V 形块、对刀块、定位用支座等元件的位置精度。

找正一般利用通用量具进行相对测量,如图 6.17 所示。找正的过程是反复调整和修磨的过程,找正的精度全靠工人的技术水平、量具和测量基准的精度来保证的。根据生产实践的经验,找正固定法的平均经济精度在 ±0.02～±0.05 mm 范围内,对高精度的夹具取 ±0.02 mm 即可满足要求。

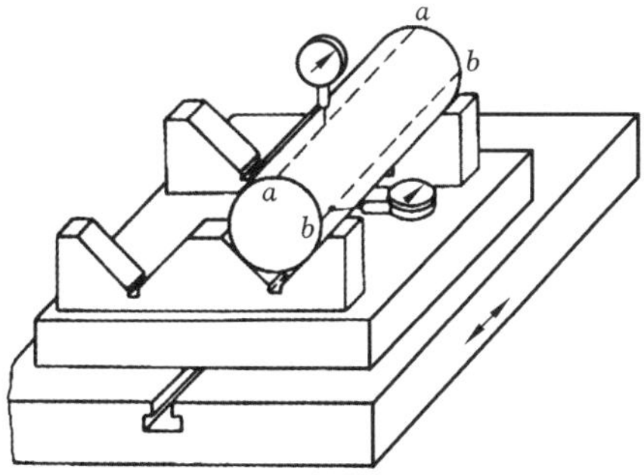

图 6.17 V 形块在夹具体上固定时的找正

(3) 就地加工法

就地加工法是指在使用该夹具的机床上直接进行最终加工来保证夹具精度的方法。这种方法只有在那些精度要求很高而结构比较简单的夹具,如一些内、外磨床和车床夹具才采用。

直接用机床上的砂轮或刀具精加工夹具的定位元件工作表面，可以获得对安装基面极小的径向跳动和端面跳动。这种方法可以消除夹具的制造、装配、安装误差，以获得极高的精度。

使用就地加工法的情况是有限的，只有具备就地加工条件的机床才能使用此法。设计人员要求使用此法时，在夹具设计总图上应注明“按图样尺寸留精加工余量到使用机床上最终加工”。

(4) 修磨调整法

图 6.18 所示为定心 V 形钳口，使用此夹具加工时，转动螺杆 3，在左右螺旋的作用下，两边的活动钳口 1 同步向定位中心、钻套孔轴线移动，定位并夹紧工件。为了在工件的轴线方向打中心孔，要求在夹紧状态下 V 形钳口定位中心线和钻套孔轴线应重合。为了获得较高的同轴度，只可采用修磨调整法获得。螺杆左右调整时，放松两端的螺母 2，移动整个钳口，使其在支座面上的相对位置逐渐达到其定位中心线，直至与插入钻套孔中的心轴轴线同轴为止。上下调整时，可修磨钳口下的结合面 A，直至与心轴轴线同轴为止。这种调整法不能得出误差的具体数值，以量具检验合格为准，所以调整精度不高。

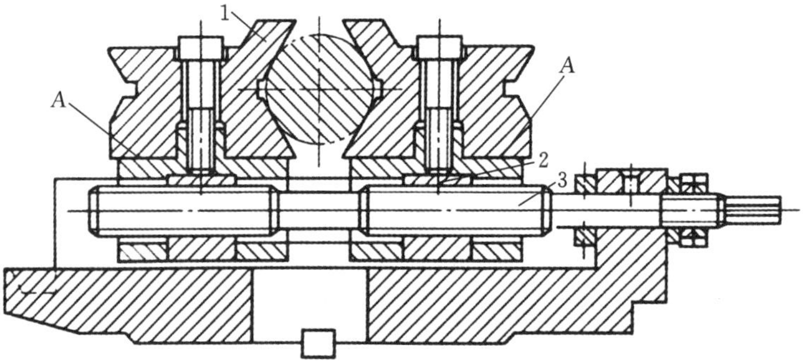

图 6.18　定心 V 形钳口

1—钳口；2—螺母；3—螺杆

(5) 组成零件精度保证法

上述四种方法都是利用特殊的工艺方法，消除了各组成零件的误差积累，而直接获得所需要的夹具精度，是获得夹具精度比较理想的方法。但是，在有些情况下，以上各种方法均无法采用，必须依靠组成零件的精度来获得零件组合之精度。设计夹具时，应根据累积误差的计算，合理确定组成零件的精度。一般来说，组成零件越少，累积误差也越小，精度也就越高。因此设计夹具时，为了提高组合件之间的位置精度，应尽量减少夹具的零件数目。

6.5　夹具的制造及工艺性

6.5.1　保证夹具制造精度的方法

(1) 夹具的制造特点

夹具制造属于单件生产性质，制造周期一般较短，且制造精度一般要求较高。故一般用调整、修配、装配后组合加工、总装后在使用机床上就地进行最终加工等方法来保证夹具的工作精度。为了使所设计的夹具在制造、检验、装配、调试、维修等方面所花费的劳动量最少、费用最低，在应用互换性原则方面也有一定的限制，应做到在整个夹具中，广泛采用各种标准件和通用件，减少专用件。各种专用件的结构应易于加工、测量；各种专用部件的结构易于装配、调试、维护。

对于与工件加工尺寸直接有关的，且精度较高的部位，在夹具制造时常用修配法和调整法来保证夹具制造精度。

(2) 保证装配精度的方法

对于与工件加工尺寸直接有关的且精度较高的部位，在夹具制造时常用修配法和调整法来保证夹具精度。

① 修配法的应用

对于需要采用修配法的零件，可在其图样上注明“装配时精加工”或“装配时与某某件配作”等字样。如图 6.19 所示，支承板和支承钉装配后，与夹具体合并加工定位面，以保证定位面对夹具体基面 A 的平行度公差。

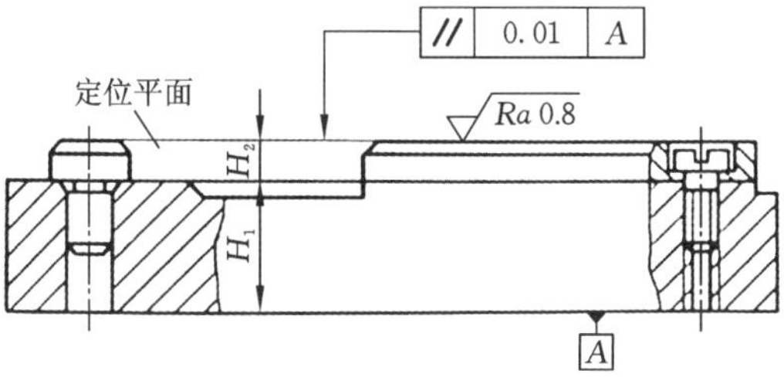

图 6.19　支承板和支承钉保证位置精度的方法

图 6.20 所示为一钻床夹具保证钻套孔距尺寸(10±0.02) mm 的方法。在夹具体 2 和钻模板 1 的图样上注明“配作”字样，其中钻模板上的孔可先加工至留 1 mm 余量的尺寸，待测量出正确的孔距尺寸后，即可与夹具体合并加工出销孔 B。

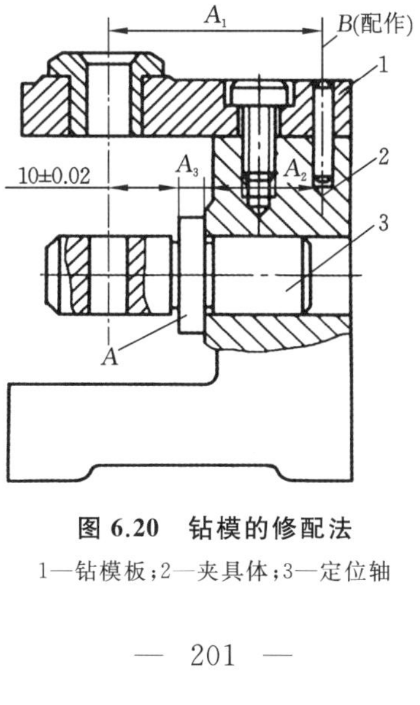

图 6.20　钻模的修配法

1—钻模板；2—夹具体；3—定位轴

夹具的修配法都涉及夹具体的基面，从而不致使各种误差累积，能够达到预期的精度要求。

② 调整法的应用

调整法与修配法相似，在夹具上通常可设置调整垫圈、调整垫板、调整套等元件来控制装配尺寸。这种方法较简易，调整件选择得当即可补偿其他元件的误差，从而提高夹具的制造精度。

例如，将图 6.20 所示的钻模改为可调整结构，如图 6.21 所示，只要增设一个支承板，待钻模板装配后再按测量尺寸修正支承板的尺寸 A 即可。

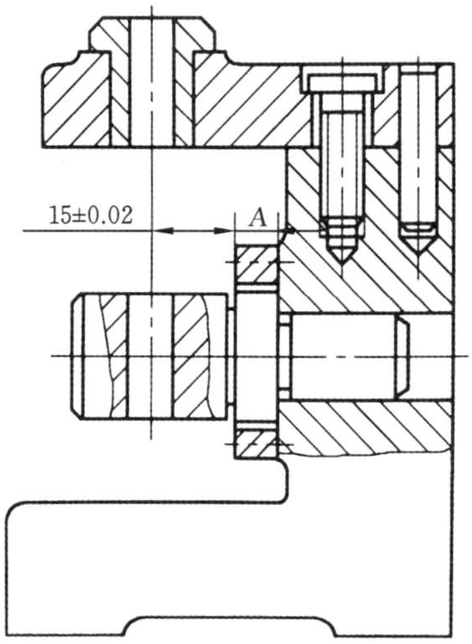

图 6.21　钻模的调整法

6.5.2　夹具的结构工艺性

夹具的结构工艺性主要表现为夹具零件制造、装配、调试、测量和使用等方面的综合性能。夹具零件的一般标准和铸件的结构要素等，均可查阅有关手册进行设计。以下就夹具零部件的加工、维修、装配和测量等工艺性进行分析。

(1) 注意加工和维修的工艺性

夹具上很多重要零部件的连接采用螺钉或销钉。为了拆卸、维修方便，销钉孔尽可能制成贯穿的通孔，拆卸时可由孔底将销钉打出，如图 6.22(a)所示；也可在销钉孔侧面加工出推销钉的横孔，如图 6.22(b)所示；或采用头部带螺孔的销钉，以便拧入拔出销钉用的工具，如图 6.22(c)所示。

当无凸缘衬套类型零件压入不通孔时，为方便取出可在其底部钻孔攻丝，做成螺纹孔，或在其底部端面上铣出缺口槽，如图 6.23 所示。

当夹具中有螺纹连接结构时，应避免螺纹孔过长或螺钉突出外表面现象，应合理设计沉孔，以提高装配性。如图 6.24(b)、(c)所示为较好的连接结构。

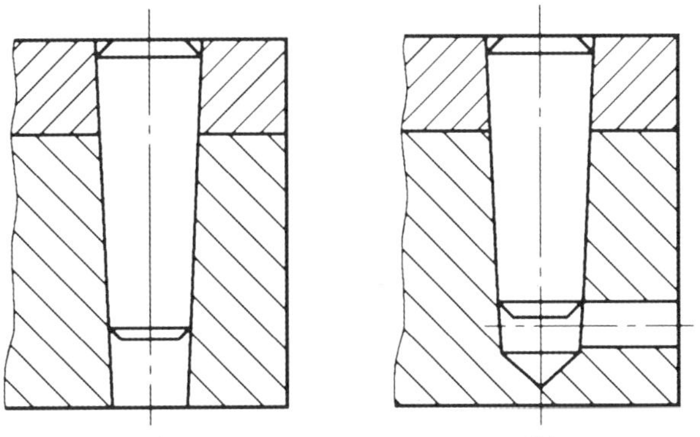

(a) (b) (c)

图 6.22 销、孔连接的工艺性

(a)贯穿的销钉孔;(b)便于拆卸的结构;(c)带内螺纹的圆锥销

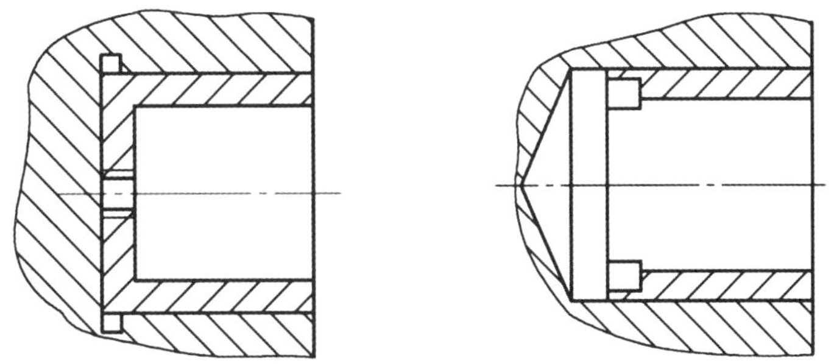

(a) (b)

图 6.23 可维修的衬套结构

(a)带螺孔的衬套;(b)带缺口槽的衬套

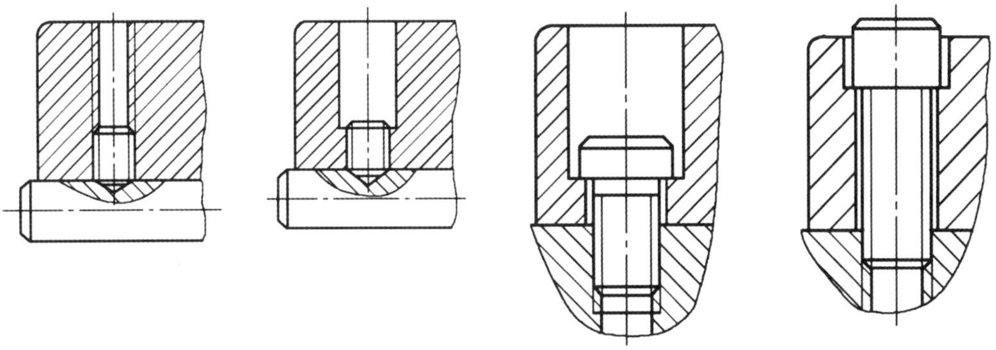

(a) (b) (c) (d)

图 6.24 螺纹连接的工艺性

(a)成本较高;(b)较好;(c)好;(d)较差

从夹具上拆去某零件时,应不受其他零件的妨碍。如图 6.25(a)所示,为了拧去螺母 2 就必须拆除零件 1,显然结构工艺性不好。为了解决这一问题,可如图 6.25(b)所示,在零件

1 上预先加工一个供拧出螺母 2 用的孔，然后设计一个端盖进行封堵，这样可极大提高装配的便利性。

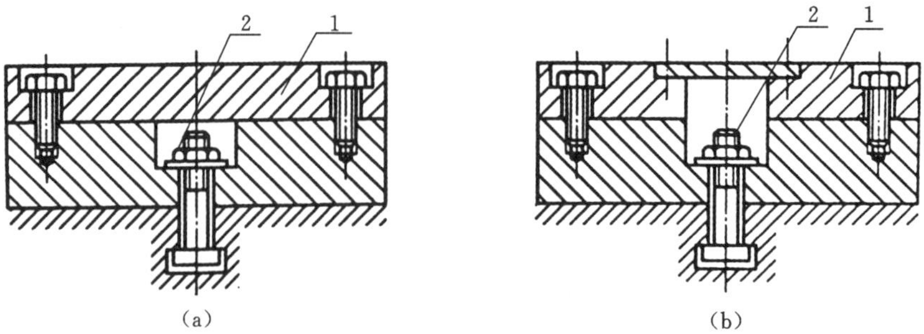

图 6.25　便于拆卸的结构改进

1—零件；2—螺母

(2) 注意装配测量的工艺性

夹具的装配测量是夹具制造的重要环节。无论是用修配法或调整法装配，还是用检具检测夹具精度时，都应处理好基准问题。为了使夹具的装配、测量具有良好的工艺性，应遵循基准统一原则，以夹具体的基准面为统一的基准，以便于装配、测量，保证夹具的制造精度。

图 6.26 所示为夹具精度的检测示例。

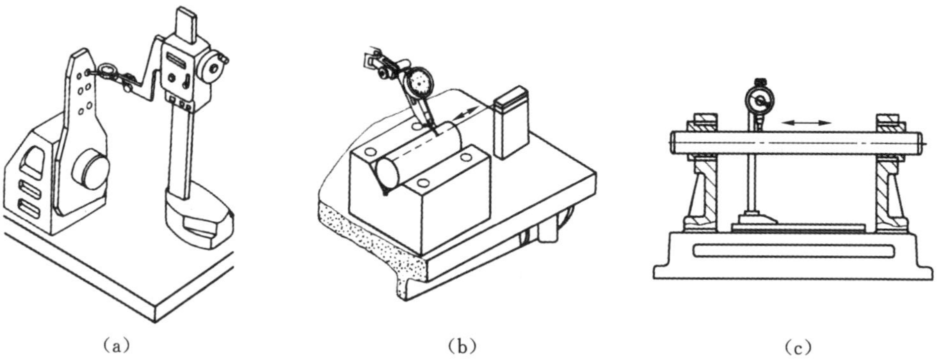

图 6.26　夹具精度的检测

(a)数显高度游标尺测量钻模；(b)检验棒和量块测量 V 形块；(c)检验棒测量镗模导向孔

图 6.26(a)所示为用数显高度游标尺测量钻模孔距的方法。由于盖板式钻模没有夹具体，故直接用钻模板及定位元件为测量基准。

图 6.26(b)所示为用检验棒和量块测量 V 形块标准圆中心高和平行度的方法。

图 6.26(c)所示为用检验棒测量镗模导向孔平行度的方法。装配时可通过修刮支架的底面来保证镗模的中心高尺寸和平行度要求。

当遇到加工斜面、斜面上钻孔或钻空间斜孔等加工问题时，夹具体的基面不能满足上述要求，此时可设置工艺孔来解决测量问题。

如图 6.27 所示，工件上被加工孔与基准孔倾斜 21°，它与作为第二定位基准的基准孔间

距离为 l_2，与定位平面的距离为 H。因此，夹具上钻套的轴心线与圆柱定位销的轴线也呈同样的角度。

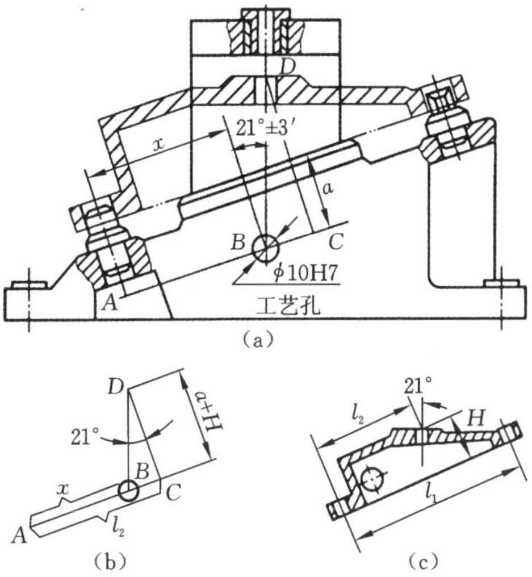

图 6.27 应用工艺孔解决测量问题

夹具装配时钻套轴心线与圆柱定位销轴心线呈 21°这一要求，因无法测量不能保证。此时，可在夹具体上加工出一个工艺孔 ϕ10H7，使它的轴心线与所钻孔的轴心线正交，并和夹具上定位平面的距离为任一选定值 a，则尺寸 x 的数值可由图 6.27(b)所示的几何图形求得

$$x = AC - BC = l_2 - (a + H)\tan 21^\circ$$

在夹具总图上应标注的检验尺寸为 x 和 a，夹具装配后只要保证 x 这一尺寸，就可以间接保证装配的角度要求。在工艺孔中穿入测量心棒，x 与 a 均可准确测量，故可保证较高的角度精度。

由上例可见，设置工艺孔的目的是为了便于夹具制造和测量，因此设计工艺孔时应注意以下要点：

① 工艺孔的位置应尽可能设计在夹具体上，且应易于加工。

② 选择工艺孔位置时，应考虑尽量减少与它相关的坐标尺寸，以简化尺寸换算。

③ 工艺孔的位置尺寸最好取整数，并标注双向公差，一般距离公差值取±(0.01～0.02) mm，角度公差值取工件公差的 1/5 左右。

④ 为便于制造和使用，工艺孔尽可能采用 ϕ6H7、ϕ8H7 或 ϕ10H7 等标准尺寸。

6.6 机床夹具的计算机辅助设计

6.6.1 概述

机械工业在激烈的市场竞争形势下，产品更新换代的周期缩短，因此也要求缩短夹具设计和制造的周期。传统的机床夹具设计需要检索许多资料，并花费许多绘图时间，设计的效率低，且成本高。机床夹具设计往往还需借助于设计者的经验。采用机床夹具 CAD(计算机辅助设计)/CAM(计算机辅助制造)技术，可以大大缩短夹具设计和制造周期，实现优化设计，提高夹具标准化和通用化程度，使夹具制造方便，而且可进一步提高夹具的质量并降低成本。

机床夹具的 CAD 软件包括夹具结构软件和夹具绘图软件等。设计时按工件形状尺寸绘出轮廓，然后绘制定位元件和夹紧装置的相关视图。通常，在计算机数据库中还可存放典型元件和装置的图形、数据以及相关的标准、资料等。图 6.28 所示为一种计算机辅助设计系统框图。这是一种人机对话式程序，可完成定位元件、夹紧装置、夹具体和总体设计。程序先按工件加工要求、材料，确定所使用的机床；由切削用量和有关系数计算切削力，选择夹紧螺钉的参数和夹紧机构；然后再设计定位元件和夹具体等。

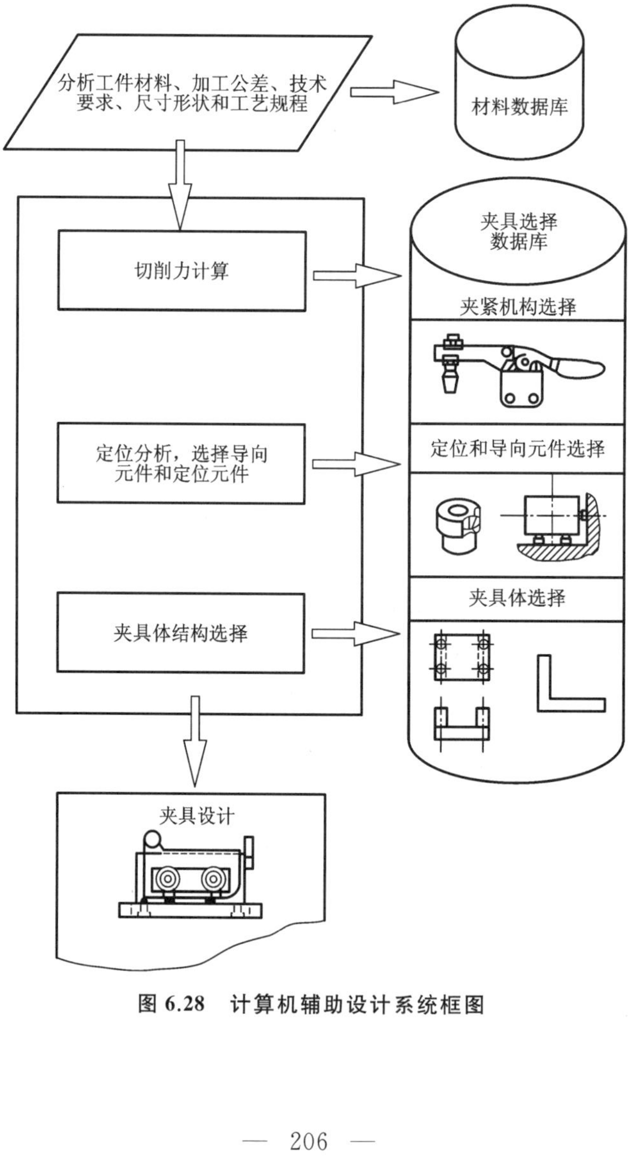

图 6.28　计算机辅助设计系统框图

夹具计算机辅助设计的特点如下：

① 有利于夹具结构设计的优化和标准化。

② 能提高效率，缩短夹具设计的周期。

③ 设计的水平不依赖于设计人员的技术水平。

④ 计算机辅助夹具设计是自动化的现代制造技术的发展需要。

⑤ 夹具计算机辅助设计，可以信息共享，以 CAD/CAM 集成，用于夹具元件的制造。

6.6.2　夹具计算机辅助设计的类型和基本模块

(1) 夹具计算机辅助设计的类型

夹具计算机辅助设计有如下类型：

① 变异型。变异型是利用成组技术，将夹具的典型定位、夹紧装置存入数据库中，以便选用。

② 创成型。创成型由设计决策模块对夹具结构进行一系列决策，从无到有生成夹具结构。创成型适用于设计专用夹具。

③ 综合型。综合型是变异型与创成型的合成，是目前使用较为广泛的一种计算机辅助夹具设计类型。综合型可用于设计专用夹具、成组夹具等。

④ 交互型。交互型是以人机对话的方式完成夹具的设计。

(2) 夹具计算机辅助设计的基本模块

夹具计算机辅助设计包括以下基本模块：

① 控制模块。用于协调控制各模块的运行，也是人机交互的窗口。

② 零件信息模块。用此模块可输入零件的有关信息。

③ 相似性判别模块。用于选择相似的夹具结构单元。

④ 修改模块。用此模块可修改原有的设计。

⑤ 设计策划模块。设计策划模块为创成模块，其中包括定位元件、对刀导向元件、夹紧装置及夹具体的设计。

⑥ 输出模块。用于输出夹具图样和文件。

夹具计算机辅助设计框图如图 6.29 所示。

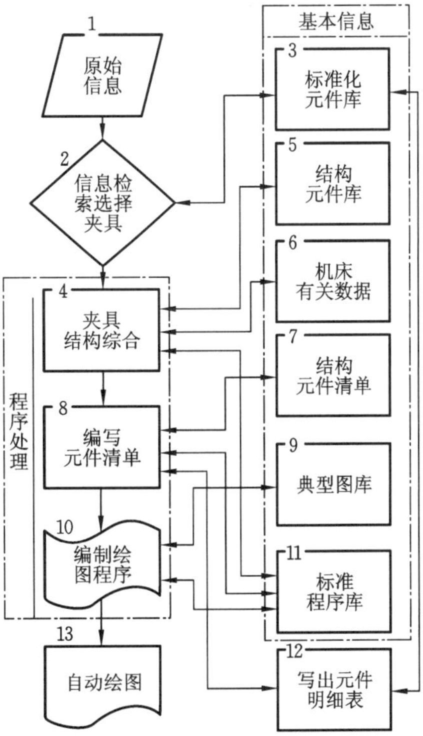

图 6.29　夹具计算机辅助设计框图

6.6.3 夹具计算机辅助设计的数据库和零件信息描述及输入

(1) 夹具计算机辅助设计的数据库

夹具计算机辅助设计的数据库包括下列七个部分：

① 材料及切削力计算数据库。

② 刀具数据库。

③ 机床资料数据库。

④ 夹具体结构元素数据库。

⑤ 定位元件元素数据库。

⑥ 夹紧机构元素数据库。

⑦ 对刀导向元件数据库。

(2) 夹具计算机辅助设计的零件信息描述及输入

零件的信息描述及输入应有利于编码输入和自动生成夹具总图。

① 信息输入

要输入的信息有零件的结构、尺寸、加工精度要求、生产批量、刀具、机床及基准种类等。零件信息包括两个方面内容：零件的几何信息和工艺信息。这些信息是夹具设计的依据。数量数据可直接输入；工艺和几何参数则要经过转换方可输入。转换常用编码法。

② 零件信息的描述

零件分类的描述可用要素描述法和拓扑描述法。拓扑描述法将三维的几何体分解成有限量的点、线、面、体的一组单元，因而可详尽地描述几何体的形状。

数据的结构有多种。数据的线性结构是有限个元素的有序集合，可采用顺序存储法存入，用于查找一些标准数据。数据的队列结构用于绘制线段、圆弧等。数据的数组结构常用于描述机床数据等。

6.7 专用机床夹具设计实例

图 6.30 所示为拨叉钻孔工序图。零件生产类型为大批量生产，设计在 Z525 立式钻床上钻拨叉零件上 M10 螺纹底孔 ϕ8.4 mm 的钻床夹具。

(1) 工件的加工工艺性分析

① 孔 ϕ8.4 mm 为自由尺寸，可一次钻削保证。该孔在轴线方向的设计基准距离槽 $14.2^{+0.1}_{0}$ mm的对称中心线为 3.1 mm±0.1 mm；在径向方向的设计基准是孔 ϕ15.81F8 的中心线，其对称度要求为 0.2 mm，该尺寸精度可以通过钻模保证。

② 孔 ϕ15.81F8、槽 $14.2^{+0.1}_{0}$ mm 和拨叉槽口 $51^{+0.1}_{0}$ mm 是已完成的尺寸，钻底孔ϕ8.4 mm 后攻螺纹 M10。

③ 立钻 Z525 的最大钻孔直径为 ϕ25 mm，主轴端面到工作台面的最大距离 H 为 700 mm，工作台面尺寸为 375 mm×500 mm，其空间尺寸完全能够满足夹具的布置和加工

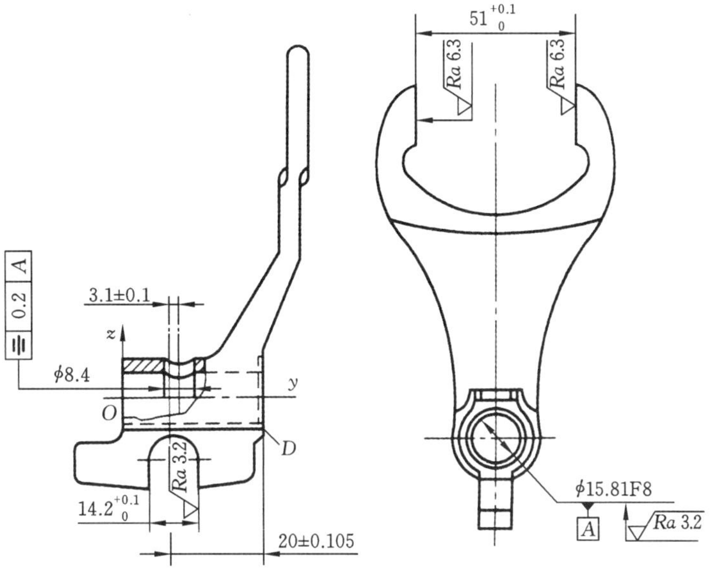

图 6.30　拨叉钻孔工序图

范围的要求。

④ 本工序为单一的孔加工,夹具可采用固定式。

(2) 方案设计

① 定位方案设计

为了保证孔 ϕ8.4 mm 对基准孔 ϕ15.81F8 垂直并对该孔中心线的对称度符合要求,应当限制工件的 $\vec{X}$、$\widehat{X}$ 和 $\widehat{Z}$ 三个自由度;为了保证孔 ϕ8.4 mm 处于拨叉的对称面内且不发生扭斜,应当限制 $\widehat{Y}$ 自由度;为了保证孔对槽的位置尺寸 3.1 mm±0.1 mm,还应当限制 $\vec{Y}$ 自由度。由于 ϕ8.4 mm 为通孔,孔深度方向的自由度 $\vec{Z}$ 可以不加限制,因此,本夹具应当限制五个自由度。

孔 ϕ15.81F8 是已经加工好的,且又是本工序要加工的孔 ϕ8.4 mm 的设计基准,按照基准重合原则,选择此孔作为主要定位基准。定位元件采用 ϕ15.81h6 的心轴,该心轴限制了 $\vec{X}$、$\vec{Z}$、$\widehat{X}$ 和 $\widehat{Z}$ 四个自由度。心轴水平放置并与钻床主轴垂直和共面,待加工孔与基准孔之间的垂直度与对称度就可以保证,其定位精度取决于配合间隙。

为限制 $\widehat{Y}$ 自由度,应以拨叉槽口 $51^{+0.1}_{0}$ mm 为定位基准。这时有两种定位方案。图 6.31(a)所示是在叉口的一个槽面上布置了一个防转销;图 6.31(b)所示是利用叉口的两侧面布置一个大削边销,其尺寸采用 ϕ51g6,从定位稳定和有利于夹紧来考虑,后一方案较好。

② 定位元件的布置

以槽口两侧面为定位基准,采用具有对称结构的定位元件(可伸缩的锥形定位销或带有对称斜面的偏心轮等)定位,此时,定位基准与设计基准完全重合,定位间隙也可以消除。此方案虽结构复杂一点,却能完成夹紧的任务,因此合适。

③ 夹紧机构的确定

在槽 14.2 mm 中采用带对称斜面的偏心轮定位件夹紧,偏心轮转动时,对称斜面楔入槽

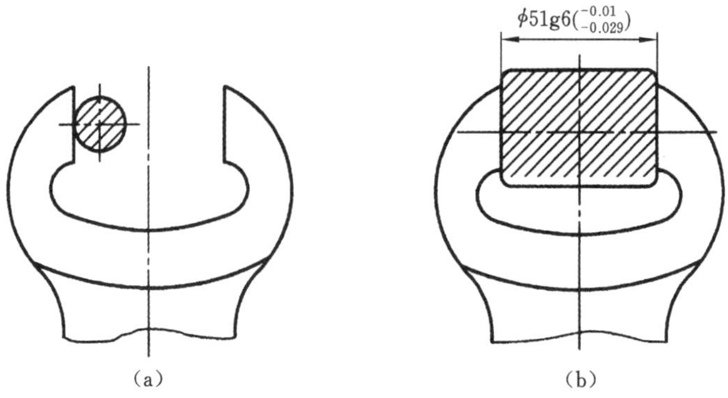

图 6.31　定位方案分析

中，斜面上的向上分力迫使工件孔 ϕ15.81F8 与定位心轴的下母线紧贴，而轴向分力又使斜面与槽紧贴，使工件在轴向被偏心轮固定，起到了既定位又夹紧的作用。

(3) 总体结构设计

按设计步骤，先在各视图部位用双点画线画出工件的外形，然后围绕工件布置定位、夹紧和导向元件(图 6.32)，再进一步考虑零件的装卸、各部件结构单元的划分、加工时操作的方便性和结构工艺性的问题，使整个夹具形成一个整体。

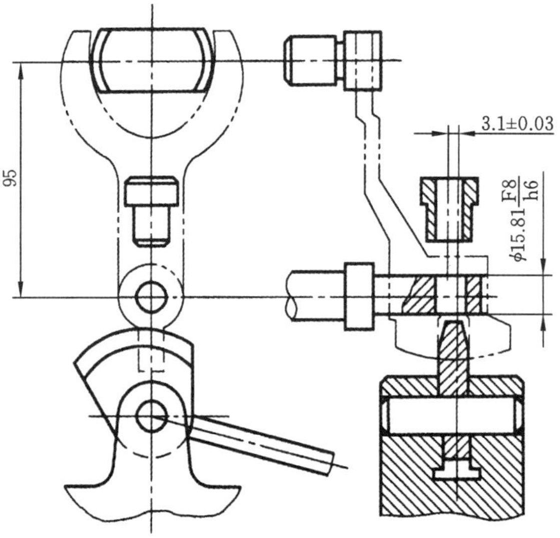

图 6.32　定位夹紧元件的布置

(4) 绘制夹具装配总图

图 6.33 所示为该夹具的夹具装配总图，从该图可以看出，该夹具具有如下结构特点：

① 夹具体采用整体铸件结构，刚性较好。为保证铸件壁厚均匀，内腔掏空。为减少加工面，各部件的结合面处设置铸件凸台。

② 定位心轴 6 和定位防转扁销 1 均安装在夹具体的立柱上，通过夹具体上的孔与底面

的平行度来保证心轴与夹具底面的平行度要求。

③ 为了便于装卸零件和钻孔后进行攻丝，夹具采用了铰链式钻模板结构。钻模板 4 用销轴 3 采用基轴制装在模板座 7 上，翻下时与支承钉 5 接触，以保证钻套的位置精度，并用锁紧螺钉 2 锁紧。

④ 钻套孔对心轴的位置，在装配时，通过调整模板座来达到要求。在设计时，提出了钻套孔对心轴轴线的对称度要求 0.04 mm。夹具调整达到此要求后，在模板座与夹具体上配钻铰定位孔，打入定位销使之位置固定。

⑤ 偏心轮装在其支座中，安装调整夹具时，偏心轮的对称斜面的中心与夹具钻套孔中心线保证 3.1 mm±0.03 mm 的要求，并在调整好后打入定位销使之固定。

⑥ 夹紧时，通过手柄顺时针转动偏心轮，使其对称斜面楔入工件槽内，在定位的同时将工件夹紧。由于钻削力不大，故工作可靠。

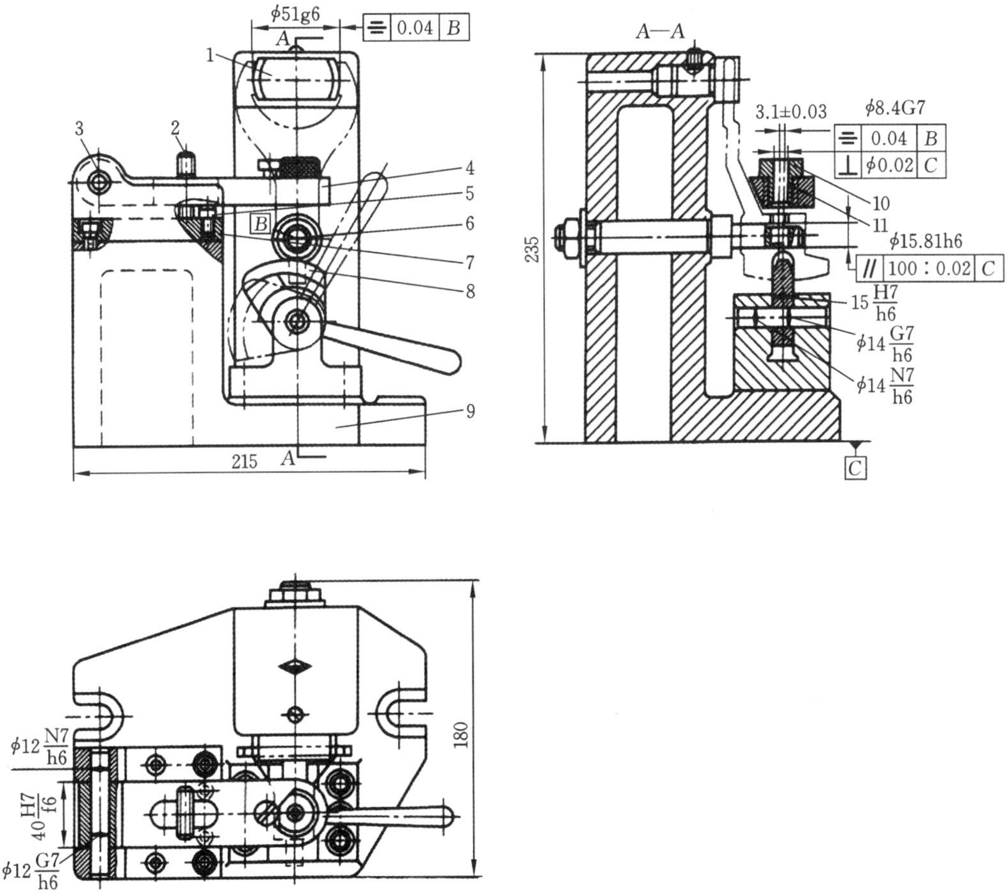

图 6.33 定位夹紧元件的布置

1—扁销；2—锁紧螺钉；3—销轴；4—钻模板；5—支承钉；6—定位心轴；
7—模板座；8—偏心轮；9—夹具体；10—钻套；11—衬套

夹具总图上的尺寸和公差的标注如下：

① 夹具外形轮廓尺寸。图 6.33 中最大轮廓尺寸为：215 mm、180 mm 和 235 mm。

② 工件与定位元件间的联系尺寸和公差。图 6.33 中标注的定位基面与限位基面的配合尺寸：ϕ51g6，ϕ15.81F8/h6。

③ 夹具与刀具的联系尺寸和公差。图 6.33 中标注的钻套导向孔的尺寸 ϕ8.4G7。

④ 夹具与机床连接部分的联系尺寸和公差。图 6.33 中，钻模的安装基面是平面，可不标注。

⑤ 夹具内部的配合尺寸和公差。如图 6.33 中标注的钻套的轴线与安装基面的垂直度 0.02 mm；定位轴与安装基面的平行度 0.02 mm 等。

⑥ 其他尺寸公差和表面粗糙度的标注。定位元件的表面粗糙度应比工件定位基面的粗糙度低 1～2 级。如图 6.33 中标注的配合尺寸 ϕ14G7/h6 等。

本 章 小 结

本章介绍了专用机床夹具设计的基本要求和设计步骤、夹具体的基本要求和类型、夹具总图的绘制步骤、装配总图尺寸和公差及技术要求的标注、工件在夹具中加工的精度分析、夹具的制造及工艺性等基本内容。最后通过拨叉钻孔工序专用夹具设计讲解，可使学生进一步加深对专用机床夹具设计方法的理解。

思考与练习

1. 对专用夹具的基本要求是什么？
2. 在设计夹具方案时，要考虑哪些主要问题？试述夹具设计的步骤。
3. 绘制夹具装配图时应注意哪些事项？
4. 夹具体上哪些表面之间应有尺寸和位置精度要求？
5. 影响加工精度的因素有哪些？保证加工精度的条件是什么？何为精度储备？
6. 夹具体上哪些表面之间应有尺寸和位置精度要求？
7. 夹具体的结构形式有哪几种？
8. 夹具体毛坯有哪些类型？如何选用？
9. 保证夹具制造精度的方法有哪些？
10. 在夹具计算机辅助设计框图中，一般有哪些内容？

参考文献

[1] 陈旭东.机床夹具设计[M].3 版.北京:清华大学出版社,2022.

[2] 王启平.机床夹具设计[M].3 版.哈尔滨:哈尔滨工业大学出版社,2019.

[3] 李名望.机床夹具设计实例教程[M].2 版.北京:化学工业出版社,2014.

[4] 薛源顺.机床夹具设计[M].3 版.北京:机械工业出版社,2011.

[5] 吴拓.机床夹具设计[M].2 版.北京:机械工业出版社,2018.

[6] 柳青松.机床夹具设计与应用[M].2 版.北京:化学工业出版社,2014.

[7] 陈爱华.机床夹具设计[M].北京:机械工业出版社,2019.

[8] 许大华.机床夹具设计[M].北京:机械工业出版社,2018.

[9] 张晓林,李继平.机械制造技术基础[M].北京:化学工业出版社,2023.

[10] 张江华,史琼艳.机床夹具设计与实践[M].武汉:华中科技大学出版社,2019.